Krauss / Führer / Neukäter / Willems / Techen

Grundlagen der Tragwerklehre 1

Grundlagen der Tragwerklehre 1

11., überarbeitete Auflage
mit 540 Abbildungen und 20 Tabellen

Univ.-Prof. em. Dr.-Ing. Franz Krauss
Univ.-Prof. Dr.-Ing. Wilfried Führer
ehem. Inhaber des Lehrstuhls
für Tragkonstruktionen
RWTH Aachen

Prof. Dipl.-Ing. Hans Joachim Neukäter
Architekt
Leiter des Hochbauamtes der Stadt Kassel
Lehrerbeauftragter der RWTH Aachen

Prof. Dipl.-Ing. Claus-Christian Willems
Architekt
Professor für Ingenieurhochbau/Baukonstruktion
Hochschule Anhalt (FH), Dessau

Prof. Dr.-Ing. Holger Techen
Bauingenieur
Professor für Tragwerklehre/Baukonstruktion
FH Frankfurt/Main

Bibliografische Information Der Deutschen Nationalbibliothek

Die Deutsche Nationalbibliothek verzeichnet diese Publikation in der Deutschen Nationalbibliografie; detaillierte bibliografische Daten sind im Internet über http://dnb.d-nb.de abrufbar.

11. überarbeitete Auflage 2010

© Verlagsgesellschaft Rudolf Müller GmbH & Co. KG. Köln 2010
Alle Rechte vorbehalten

Das Werk einschließlich seiner Bestandteile ist urheberrechtlich geschützt. Jede Verwertung außerhalb der engen Grenzen des Urheberrechtsgesetzes ist ohne die Zustimmung des Verlages unzulässig und strafbar. Dies gilt insbesondere für Vervielfältigungen, Bearbeitungen, Übersetzungen, Mikroverfilmungen und die Einspeicherung und Verarbeitung in elektronische Systeme.

Maßgebend für das Anwenden von Normen ist deren Fassung mit dem neuesten Ausgabedatum, die bei der Beuth Verlag GmbH, Burggrafenstraße 6, 10787 Berlin, erhältlich ist.
Maßgebend für das Anwenden von Regelwerken, Richtlinien, Merkblättern, Hinweisen, Verordnungen usw. ist deren Fassung mit dem neuesten Ausgabedatum, die bei der jeweiligen herausgebenden Institution erhältlich ist. Zitate aus Normen, Merkblättern usw. wurden, unabhängig von ihrem Ausgabedatum, in neuer deutscher Rechtschreibung abgedruckt.

Das vorliegende Werk wurde mit größter Sorgfalt erstellt. Verlag und Autoren können dennoch für die inhaltliche und technische Fehlerfreiheit, Aktualität und Vollständigkeit des Werkes keine Haftung übernehmen.

Wir freuen uns, Ihre Meinung über dieses Fachbuch zu erfahren. Bitte teilen Sie uns Ihre Anregungen, Hinweise oder Fragen per E-Mail: fachmedien.architektur@rudolf-mueller.de oder Telefax: 0221 5497-6141 mit.

Umschlaggestaltung: Designbüro Lörzer, Köln
Satz: Druckhaus »Thomas Müntzer« GmbH, Bad Langensalza
Druck und Bindearbeiten: Grafisches Centrum Cuno GmbH, Calbe
Printed in Germany

ISBN 978-3-481-02734-6

Vorwort zur 11. Auflage

Mit Holger Techen wurde der Kreis der Autoren um einen Ingenieur und Hochschullehrer der jüngeren Generation erweitert.

Claus-Christian Willems, Mitautor des zweiten Bandes und am ersten Band seit der ersten Auflage beteiligt, wird jetzt als Autor auch des ersten Bandes mitgenannt.

Die DIN ist nunmehr so weit an Eurocode (EC) angeglichen, dass wieder die Bezeichnungen nach DIN übernommen werden können. Dies wurde durchgehend ausgeführt.

Der Text wurde unter Berücksichtigung neuerer Entwicklungen vollständig überarbeitet und teilweise gekürzt. Einige Beispiele wurden gestrichen.

Die Bände »Grundlagen der Tragwerklehre« 1 und 2 bilden eine Einheit und umfassen den für das Architektur-Studium erforderlichen Stoff.

Beibehalten wurde das pädagogische Konzept, das Bemühen um Verständlichkeit und Anschaulichkeit. Ziel ist das Entwerfen tragender Konstruktionen als Teil der Architektur-Studiums.

Aachen im September 2010   Die Autoren

Vorwort zur 1. Auflage

Der Entwurf der tragenden Konstruktion ist ein wesentlicher Teil des architektonischen Gesamtentwurfes. Die Einheit dieser Konstruktion mit Funktion und Gestaltung des Gebäudes muß Ziel des Architekten sein. In wirtschaftlicher Hinsicht wirkt sich der richtige Entwurf der tragenden Konstruktion weit stärker aus als deren spätere genaue Berechnung. Nur aus einer guten Grundkonzeption kann der Ingenieur ein wirtschaftliches Tragwerk weiterentwickeln.

Der Architekt muß mit dem Tragwerk-Ingenieur verständnisvoll zusammenarbeiten. Hierfür darf nicht das Wissen des einen erst dort beginnen, wo das des anderen aufhört. Das Ineinandergreifen der Kenntnisse ist notwendig.

Ziel dieses Buches ist, Architekten die für das Entwerfen tragender Konstruktionen und für das Zusammenarbeiten mit dem Ingenieur erforderlichen Grundlagen zu vermitteln. Dabei kann es nicht darum gehen, das Aufstellen statischer Berechnungen zu lehren, doch sollte der entwerfende Architekt den Kraftverlauf verfolgen, die Größenordnung der Kräfte sowie Abmessungen von Bauteilen überschlagen und Varianten vergleichen können. Dazu genügt nicht das oft zitierte statische Gefühl allein, sondern dieses Gefühl muß durch Kenntnisse und durch Verstehen der Zusammenhänge unterbaut sein.

Der vorliegende erste Band hat die Grundbegriffe des Tragverhaltens von Bauteilen zum Inhalt, im wesentlichen beschränkt auf statisch bestimmte Systeme. Zur Erläuterung und zum Begreifen ist ein wenig Rechenarbeit unvermeidbar. Auf diesen Grundlagen aufbauend, soll im zweiten Band die Tragkonstruktion als Ganzes im Vordergrund stehen. Dort werden u. a. Windaussteifung, Rahmen, Seile und Bogen behandelt werden; dabei wird die rechnerische Erfassung weiter zurücktreten – sie würde zum Verständnis nur noch wenig beitragen.

Curt Siegel war der Wegbereiter einer architekturbezogenen Lehre über Tragwerke. Selbst Architekt und Ingenieur, verstand er es, das für Architekten Wesentliche herauszuarbeiten und anschaulich zu lehren. Als sein Schüler baue ich auf seinem Wirken auf. Vieles in diesem Buch geht auf Grundgedanken Siegels zurück.

Dieses Buch entstand in laufender Zusammenarbeit der drei Verfasser. Es basiert auf deren Vorlesungsmanuskripten. Für die endgültige Ausarbeitung danken wir Herrn Dipl.-Ing. Claus-Christian Willems und vielen Studenten.

Franz Krauss   Aachen, Mai 1980

Inhalt

Übersicht der Bezeichnungen 9

1 Lasten 13
   Zahlenbeispiel – Lastaufstellungen 25

2 Gleichgewicht der Kräfte und Momente 33

3 Auflager 39
   3.1 Art der Auflager 39
   3.2 Ermittlung der Auflagerkräfte 42
   3.3 Lastfälle 48
   3.4 Lasten in Richtung der Stabachse 49
   3.5 Einspannung 51

4 Statische Bestimmtheit 53

5 Innere Kräfte und Momente 59
   5.1 Längskräfte 61
   5.2 Querkräfte 63
   5.3 Momente 70
   5.4 Beziehung von Querkraft und Moment 76
   5.5 Ermittlung der Momente über die Querkraft 84

6 Lastfälle und Hüllkurven 85

7 Festigkeit von Baumaterialien 93
   7.1 Kräfte und Spannungen 93
   7.2 Elastische und plastische Verformungen 95
   7.3 Elastizitätsmodul, Hookesches Gesetz 98
   7.4 Besonderheiten der Baumaterialien 100
   7.5 Sicherheit gegen Bruch von Tragkonstruktionen 104

8 Bemessung von Biegeträgern in Holz und Stahl 109
   8.1 Widerstandsmoment und Trägheitsmoment 110
   8.2 Schub 132
   8.3 Durchbiegung 141
   8.4 Gestalt von Biegeträgern 146

9 Zug- und Druckstäbe ... 151
9.1 Zugstäbe ... 151
9.2 Druckstäbe ... 152
Zahlenbeispiel zu den Kapiteln 1 bis 9 ... 169

10 Wände und Pfeiler aus Mauerwerk ... 189
10.1 Grundzüge der vereinfachten Wandberechnung nach DIN 1053 ... 194
10.2 Typische Beispiele als Entwurfshilfen für den Architekten ... 198

11 Grafische Statik ... 203
11.1 Grundlagen ... 203
11.2 Zusammensetzen von mehreren Kräften ... 206
11.3 Poleck und Seileck ... 211
11.4 Zerlegen von Kräften ... 215
11.5 Zusammensetzen und Zerlegen ... 219
11.6 Seillinie und Momentenlinie ... 220

12 Fachwerke ... 223
12.1 Zeichnerische Methode zur Ermittlung der Stabkräfte – Cremonaplan ... 228
12.2 Rechnerische Methode zur Ermittlung der Stabkräfte – Rittersches Schnittverfahren ... 236
12.3 Eine Überschlagsmethode ... 241
12.4 Erkennen von Stabkräften ... 242
12.5 Aussteifung des Druckgurtes ... 247

13 Schräge und geknickte Träger ... 249

14 Decken und Träger aus Stahlbeton ... 263
14.1 Allgemeines ... 263
14.2 Stahlbetonbalken ... 270
14.3 Stahlbetonplatten ... 284
14.4 Plattenbalken ... 293
14.5 Rippendecke und deckengleiche Träger ... 304
Zahlenbeispiele ... 316

15 Stützen und Wände aus Beton und Stahlbeton ... 333
15.1 Allgemeines ... 333
15.2 Gedrungene Beton- und Stahlbetonstützen ... 334
15.3 Schlanke Beton- und Stahlbetonstützen ... 341

Literaturverzeichnis ... 353

Stichwortverzeichnis ... 358

Übersicht der Bezeichnungen

A	Querschnittsfläche
A_S	Querschnittsfläche des Stahles
A_C	Querschnittsfläche des Betons
C	Betonfestigkeitsklasse z. B. C 20/25
BSt	Betonstahlfestigkeitsklasse z. B. BSt 500
d	Dicke eines Querschnitts
	Statische Nutzhöhe eines Betonquerschnitts
c_{nom}	Abstand der Bewehrung vom Rand
E	Elastizitätsmodul
e	Exzentrizität, Ausmittigkeit
F	Last, Kraft (Force)
F_C	Betondruckkraft
F_S	Stahlzugkraft
F_H	Horizontalkraft
F_V	Vertikalkraft
σ_{cd}	Bemessungswert der Betondruckfestigkeit
f_{Yk}	Nennstreckgrenze Stahl, charakteristischer Wert
f_{Yd}	Rechenwert der Stahlfestigkeit, Bemessungswert, = σ_{Rd} Grenzspannung
h	Höhe eines Betonquerschnittes
I	Trägheitsmoment = Flächenmoment 2. Grades
i	Trägheitsradius $\sqrt{\dfrac{I}{A}}$
k	Abminderungsbeiwerte
l	Stützweite
l_i	ideelle Stützweite = Entfernung der Momenten-Nullpunkte
M	Biegemoment
N	Normalkraft, Längskraft } innere Schnittgrößen allgemein
V	Querkraft
g, G	ständige Last (ständige Einwirkung)
p, P	Verkehrslast (veränderliche Einwirkung)
q	Last allgemein
q, Q	veränderliche Last (Einwirkung) (DIN 1055, bisher p, P)
R_d	Widerstand eines Tragwerkes oder Bauteiles (Beanspruchbarkeit, resistance)
S_d	Einwirkungen auf ein Tragwerk oder Bauteil (Beanspruchung)
s	Index für Stahl
s	Systemlänge, auch Abstand zwischen zwei Bauteilen
s	Schneelast

s_0		Regelschneelast
S		statisches Moment
s_k		Knicklänge
w, W		Windlast
W		Widerstandsmoment
x y z		Koordinaten
z		Hebelarm der inneren Kräfte
x		Höhe der Betondruckzone
α		fester Winkel
		Abminderungsfaktor für Langzeitwirkung (DIN 1045)
γ		Teilsicherheitsbeiwert (bisher Sicherheitsfaktor)
$\gamma_{G,\,Q} = \gamma_F$		Teilsicherheitsbeiwert Einwirkungen G, Q
γ_M		Teilsicherheitsbeiwert Material
γ_C		Teilsicherheitsbeiwert Beton
γ_s		Teilsicherheitsbeiwert Betonstahl
ε		Dehnung $= \dfrac{\Delta l}{l} = \dfrac{\sigma}{E}$
ε_C		Betondehnung
ε_S		Stahldehnung
δ		Durchbiegung
λ		Schlankheit $\dfrac{s_k}{i}$
ρ		Bewehrungsgrad (DIN 1045)
σ_{ki}		Knickspannung (allgemein)
σ_i		ideelle Spannung
σ_D		Druckspannung
σ_N		Normalspannung
σ_M		Biegespannung auch σ_B
τ		Schubspannung

Nebenzeichen

cal	rechnerisch (calculated)
crit	kritisch, auch kr
erf	erforderlich
max	maximal (Größt-)
min	minimal (Kleinst-, auch Größtwerte mit neg. Vorzeichen)
tot	gesamt (total)
vorh	vorhanden
zul	zulässig
bü	Bügel
nom	nominell

Indices

k	charakteristische Größe
d	Bemessungsgröße
c	Beton (concrete)
s	Stahl
R	Widerstand
S	Einwirkung
M	Material
F	Last, Kraft
H	horizontal
V	vertikal

G **Grundkenntnisse**

E **Erweiterungskenntnisse** für besonders interessierte Leser – zum Verständnis der Grundkenntnisse nicht notwendig.

H **Herleitung** von Zusammenhängen und Formeln. Das Durcharbeiten dieser Herleitungen ist nicht unbedingt erforderlich, wird aber – vor allem mathematisch interessierten Lesern – das Verständnis vertiefen.

Z **Zahlenbeispiel.** Der Stoff wird an praktischen Beispielen erläutert und vertieft.

Hinweise »Tabellenbuch« beziehen sich auf den Band »Tabellen zur Tragwerklehre«.

1 Lasten

 Ein Gebäude ist vielen *Einwirkungen* ausgesetzt. Lasten und andere Kräfte, Witterungseinflüsse wie Wind, Sonneneinstrahlung, Wärme und Kälte, das alles sind Einwirkungen.

Uns werden hier vor allem die *Lasten* (direkte Einwirkungen) interessieren und die *Beanspruchung*, der das Gebäude durch sie unterworfen wird. Und wir werden später untersuchen, wie weit das Gebäude ihnen *Widerstand* entgegenzusetzen vermag, wie groß also die *Beanspruchbarkeit* ist und mit welchen Mitteln des Entwurfs und der Konstruktion diese Widerstände und die erforderlichen Sicherheiten erreicht werden können.

Tragende Konstruktionen haben die Aufgabe, Lasten aufzunehmen, d. h. zu »*tragen*« und in den Baugrund abzuleiten. Dieses Tragen und Ableiten von Lasten kann entweder die alleinige Aufgabe eines tragenden Bauteils sein oder kann verbunden sein mit anderen Aufgaben. So haben viele Stützen und Balken oft nur den Zweck, Lasten zu tragen, während Wände und Decken meist auch Räume umhüllen und gegen klimatische Einflüsse, gegen Sicht, Lärm etc. schützen sollen.

Eigengewichte der tragenden Bauteile, Eigengewichte anderer Bauteile, Gewicht der Benutzer, der Einrichtung, gelagerter Gegenstände und Güter, Schnee und Wind – das alles sind Lasten. Nach DIN 1080 wird die Benennung »*Last*« für Kräfte verwendet, die von außen auf ein Gebäude einwirken.

Für Bremskräfte (z. B. auf Brückenfahrbahnen) und Kräfte aus Längenänderung der Bauteile (z. B. infolge Erwärmung) wird nicht das Wort »*Last*«, sondern der umfassendere Begriff »*Kraft*« gebraucht.

Wir unterscheiden Lasten und andere Kräfte
– nach der **Dauer** ihres Wirkens,
– nach der **Richtung**, in der sie wirken,
– nach der Art ihrer **Verteilung**.

Nach der **Dauer** des Wirkens unterscheiden wir zwischen *ständigen* und *nicht ständigen* (vorübergehenden) Lasten. Unter den nicht ständigen Lasten bilden die *dynamischen* Lasten eine besondere Gruppe.

Ständige Lasten (ständige Einwirkungen) sind die:
– *Eigengewichte* der unveränderlichen Bauteile, sowohl der tragenden als auch der nicht tragenden. Sie sind immer da.

Zu den *nicht ständigen* Lasten und Kräften (vorübergehende Einwirkungen) gehören die:
- *Verkehrslasten,* d. h. die Lasten, die durch Benutzer, Einrichtung, Lagerstoffe etc. entstehen,
- *Schneelasten,*
- *Windlasten,*
- *Erddruck* (z. B. auf eine Kellerwand),
- Kräfte, die aus Längenänderung infolge *Temperaturänderung, Trocknen, Schwinden* etc. in der Konstruktion entstehen (Sie zählen zu den indirekten Einwirkungen).

Auch solche Bauteile, die eingebaut, aber auch wieder entfernt werden können – z. B. variable Trennwände – sind den nicht ständigen Lasten zuzurechnen.

Eine wichtige Gruppe der nicht ständigen Lasten sind die *dynamischen* Lasten:
- *Bremskräfte,* die durch allmähliches Beschleunigen bzw. Bremsen (z. B. von Krananlagen) entstehen.
- *Anpralllasten* entstehen durch stoßartiges Abbremsen, z. B. von anprallenden Fahrzeugen.
- *Schwingungen,* z. B. durch Maschinen, Glocken, aber auch durch Wind. Sie können zu einer ernsten Gefahr für Bauwerke werden, wenn durch sie die Tragstruktur zum Schwingen angeregt wird.
- Bei *Erdbeben* bewegt sich der Baugrund unter dem Gebäude. Infolge Massenträgheit der Gebäudeteile entstehen hieraus Kräfte auf das Bauwerk.

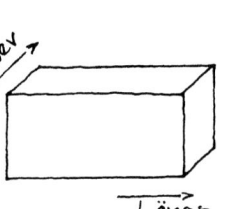

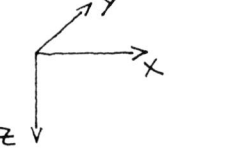

 Nach der **Richtung** werden unterschieden:
- *vertikale* Lasten,
- *horizontale* Lasten in *Gebäudelängsrichtung*,
- *horizontale* Lasten in *Gebäudequerrichtung*.

Anstelle der nicht immer eindeutigen Begriffe »Längs-« und »Querrichtung« können Bezeichnungen wie x- und y-Richtung eingeführt werden. Die Vertikale wäre dann die z-Richtung. Schräg wirkende Lasten können in x- und y- und z-Komponenten zerlegt werden, wenn dies die weiteren Untersuchungen erleichtert.

Erfahrungsgemäß wird das Abtragen der *vertikalen* Lasten meist schon bei den Vorentwürfen konstruktiv richtig bedacht. Hingegen ist oft ein Vernachlässigen der *horizontalen* Lasten – wie z. B. Wind – im Entwurf festzustellen. Die Stabilisierung gegen horizontale Lasten – z. B. durch Wandscheiben – kann aber den Entwurf entscheidend beeinflussen. Deshalb sollte der Entwerfende gerade der Horizontalstabilisierung eines Bauwerkes von Anfang an besonderes Augenmerk widmen!

1 Lasten

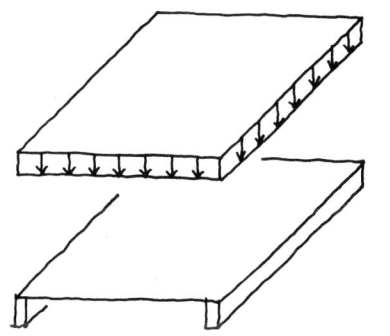

Verteilung

Lasten, die auf eine Fläche verteilt sind, heißen *Flächenlasten*. So ist z. B. das Eigengewicht einer Deckenplatte eine ständige Flächenlast, die auf diese Decke wirkende Verkehrslast wird als nichtständige Flächenlast betrachtet; hierbei werden die Lasten aus Menschen, Möbeln etc. als gleichmäßig verteilt angenommen. Eigengewicht und Verkehrslast wirken hier vertikal.

Der Wind erzeugt auf die Gebäudehülle Flächenlasten, ihre Richtung ist immer senkrecht zur Angriffsfläche, kann also horizontal, aber auch schräg, bei Windsog sogar vertikal sein.

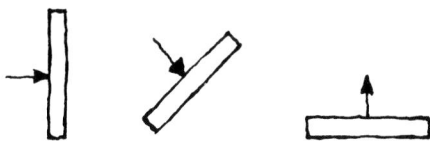

Kräfte, die entlang einer Linie angreifen, werden als *Linienlasten* oder als *Streckenlasten* bezeichnet. Wenn z. B. eine Platte auf Balken oder Trägern auflagert, so wirken damit Streckenlasten auf diese Balken. Hinzu kommt die ständige Streckenlast aus dem Eigengewicht des Balkens.

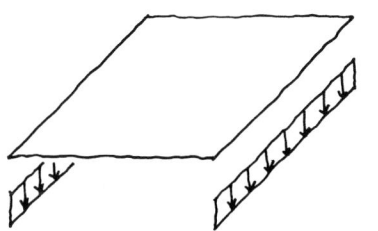

Bei dieser Betrachtung wird die Breite des Balkens außer Acht gelassen, wir vereinfachen den Balken in Gedanken zu einem linienförmigen Tragwerk, die auf ihn wirkenden Lasten zu Streckenlasten.

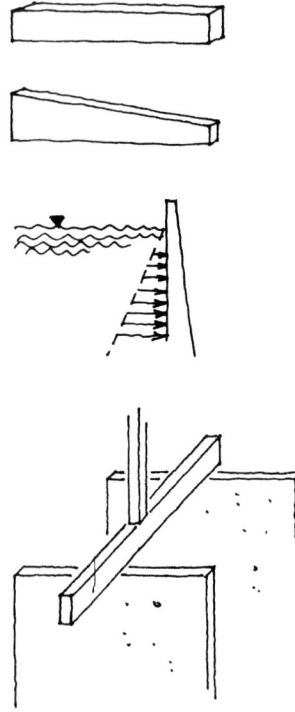

 Flächen- und Streckenlasten sind meist gleichmäßig verteilt oder werden zumindest vereinfacht als gleichmäßig verteilt angenommen – also ihre Größe ist an jedem Ort der Fläche oder der Strecke gleich groß.

Diese Lasten können aber auch ungleichmäßig verteilt sein, so z. B. das Eigengewicht eines konisch zulaufenden Trägers oder der Wasserdruck gegen eine Staumauer – er wird nach unten größer.

Ein Balken, der auf zwei Wänden aufliegt, belastet diese Wände durch *Einzellasten*, auch *punktförmige* Lasten genannt. Auch ein Pfosten, der auf einem horizontalen Balken aufsteht, erzeugt dort eine Einzellast.

Wie vorher bei der Breite des Balkens, so vernachlässigen wir jetzt die geringe Fläche des Auflagers und betrachten sie als einen Punkt.

Vereinfachungen dieser Art werden wir im Folgenden noch oft brauchen. Sie sind notwendig, um mit angemessenem Aufwand Tragsysteme untersuchen zu können. Selbstverständlich müssen solche Vereinfachungen der Wirklichkeit möglichst nahe kommen.

Bezeichnungen und Symbole

Nach DIN 1055 werden ständige Lasten mit G, nicht ständige mit Q bezeichnet, unabhängig von ihrer Verteilung. Zur weiteren Differenzierung schlagen die Verfasser vor, die Lasten nach Verteilung und Dauer zu bezeichnen und damit von der DIN-Bezeichnung bewusst abzuweichen:

Flächen- und Streckenlasten mit kleinen Buchstaben, und zwar
- ständige Lasten mit g,
- Verkehrslasten mit p,
- Schneelast mit s,
- Windlast mit w.

Bei der Windlast kann getrennt werden in Winddruck w_D und Windsog w_S.

Kombinationen von g, p und evtl. s können mit q bezeichnet werden. Doch Vorsicht: Nicht immer darf man diese Lasten einfach addieren. So sind z. B. auf einem begehbaren Dach nicht die Verkehrslast p und die Schneelast s gleichzeitig anzunehmen.

Zur Unterscheidung der Flächenlasten von den Streckenlasten sei empfohlen, Flächenlasten außerdem mit einem Querstrich zu versehen, also $\bar{g}, \bar{p}, \bar{s}, \bar{w}$.

Flächenlasten werden in kN/m² angegeben, Streckenlasten in kN/m.

Für Einzellasten werden nach diesem Vorschlag Großbuchstaben gewählt, also für ständige Einzellasten G, für solche aus Verkehrslast P, für Schnee S etc.

1 Lasten

 Bezeichnungen für Lasten, Übersicht

	Flächenlasten	Streckenlasten	Einzellasten
	kN/m²	kN/m	kN
ständige Lasten Verkehrslasten (nicht ständige Lasten) Schnee	$\bar{g}$ $\bar{p}$ $\bar{s}$	g p s	G P S
Wind andere Horizontalkräfte	$\bar{w}$ $\bar{h}$	w h	W H

Kombinationen von g und p oder s können mit q bzw. q̄, bezeichnet werden (vergleiche dazu Seite 19).

In Systemskizzen werden Lasten durch folgende Symbole dargestellt:

gleichmäßig verteilte *Streckenlasten*

 p

ungleichmäßig verteilte *Streckenlasten*

Einzellasten

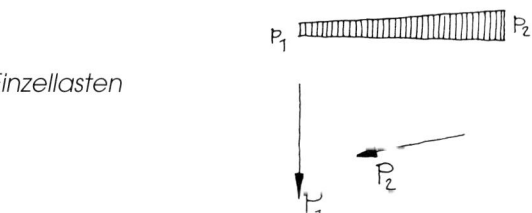

Für Einzellasten kann auch allgemein die Bezeichnung F (Force) und für Horizontalkräfte H verwendet werden.

DIN 1055

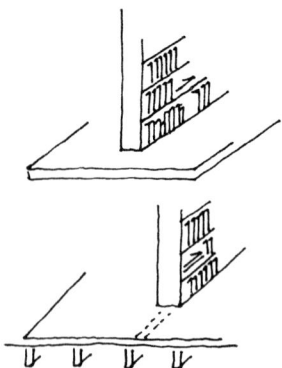

Tabellenbuch L 3

 Lasten nach DIN 1055

Die Gewichte der Baustoffe und der als Belastung in Frage kommenden Lagerstoffe, die erfahrungsgemäß möglichen Verkehrslasten sowie Wind- und Schneelasten sind in DIN 1055 festgelegt.

Es ist also nicht notwendig, im Einzelfall Untersuchungen anzustellen, etwa über Zahl und Gewicht der Personen, die sich möglicherweise in einem Raum aufhalten, sondern in Abhängigkeit von der Funktion dieses Raumes können die Werte der DIN 1055 entnommen werden.

Die wichtigsten dieser Werte sind im Tabellenbuch unter Abschnitt L »Lastannahmen« zu finden. Dazu einige Anmerkungen:

Beim Betrachten dieser Tabellen erscheint es zunächst verwunderlich, dass bei Wohnräumen über Decken mit ausreichender Querverteilung der Lasten (z. B. Stahlbetonplatten) geringere Lasten anzunehmen sind als für Decken unter denselben Räumen ohne ausreichende Querverteilung der Lasten (z. B. Holzbalken). Der Grund liegt nicht etwa darin, dass die einen Räume tatsächlich weniger belastet wären als die anderen, sondern er liegt darin, dass hohe Einzellasten, die in Wohnräumen auftreten können – z. B. durch einen Bücherschrank oder ein Klavier – bei der einen Decke auf eine größere mittragende Breite verteilt werden, bei der anderen Decke hingegen, z. B. bei der Holzbalkendecke, von nur einem oder zwei Balken aufgenommen werden müssen (Tabellenbuch L 3).

1 Lasten

DIN 1055

Tabellenbuch L 4

Schnee verteilt sich auf einer Dachfläche selten gleichmäßig. Verwehungen und einseitige Sonneneinstrahlung führen zu hohen lokalen Lasten.

Die *Schneelast* hängt ab von der Dachneigung. Auf einem flachen oder wenig geneigten Dach kann mehr Schnee liegen bleiben als auf einem steilen.

Die zu erwartende Schneemenge ist je nach geografischer Lage verschieden. Die anzunehmende Schneelast ergibt sich nach Schneelastzone und nach Geländehöhe über Meereshöhe. Eine Karte in DIN 1055 gibt Aufschluss über die Zonen.

Die *Windlasten* nehmen zu mit der Höhe über Erdboden. Der Staudruck – er wird q benannt – ist deshalb abhängig von der Gebäudehöhe (Tabellenbuch L 5). An der See, im Gebirge und in exponierten Lagen sind höhere Werte anzunehmen.

Tabellenbuch L 5

Wind wirkt immer im rechten Winkel zur betroffenen Fläche!

Wind wirkt nicht nur als Druck, sondern auch als Sog. So ist es zu erklären, dass Wind Dächer abdecken kann, wenn diese nicht genügend befestigt sind.

Wind ist nicht nur auf der Luv-, sondern auch auf der Leeseite zu berücksichtigen.

Für das Gebäude als Ganzes ist der Staudruck q mit dem Beiwert c = 1,3 zu multiplizieren. Davon entfallen 0,8 q als Druck auf die Luvseite und 0,5 q als Sog auf die Leeseite.

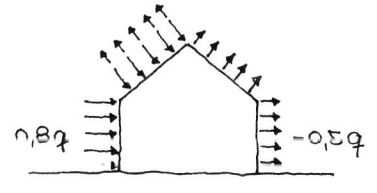

Die Windlast auf Dächern ist abhängig von der Dachneigung. Hier mag manches überraschen: So wirkt auf Flachdächern und auf der Luv- wie auf der Leeseite leicht geneigter Dächer nur Sog. Bei Neigungen zwischen 25° und 50° wirkt auf der Leeseite nur Sog, auf der Luvseite jedoch kann entweder Druck oder Sog entstehen.

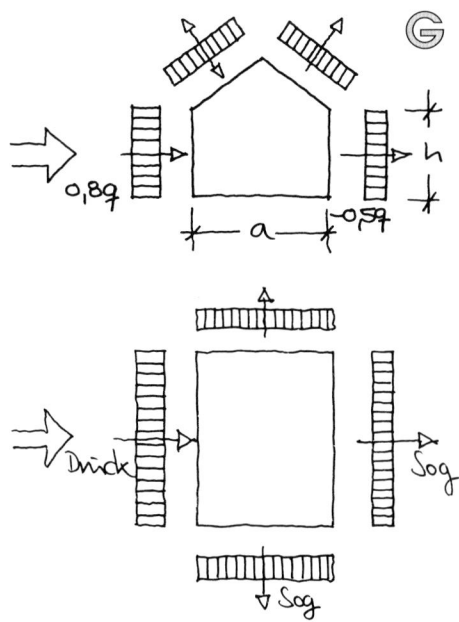

Wir müssen vorsichtshalber das jeweils Ungünstigere annehmen. Erst bei Neigungen über 50° herrscht stets auf der Luvseite Druck, auf der Leeseite Sog (Tabellenbuch L 5).

An den Rändern und insbesondere an den Ecken von Dächern können vielfach höhere Sogwerte auftreten. Eine sorgsame Verankerung der Dächer ist hier besonders notwendig.

Auch an Wänden parallel zur Windrichtung entsteht Sog. Die Stärke hängt von der Gebäudeform und dem Verhältnis von Gebäudehöhe und -länge parallel zur Windrichtung ab.

Tabellenbuch L 5

DIN 1055

DIN 1055 gibt für viele Gebäudeformen Werte der Windlasten an. Für Sonderformen können Windkanal-Versuche mit geeigneten Modellen Aufschluss geben.

Die in den Tabellen des Tabellenbuches angegebenen Lasten werden, statistisch betrachtet, einmal in 50 Jahren überschritten.

Z Zahlenbeispiel – Lastaufstellungen

Tabellenbuch L 2 bis L 5

Im folgenden Beispiel werden Lastaufstellungen für ein einfaches Holzhaus gezeigt. Die Lasten sind dem Tabellenbuch L 2 bis L 5 zu entnehmen.

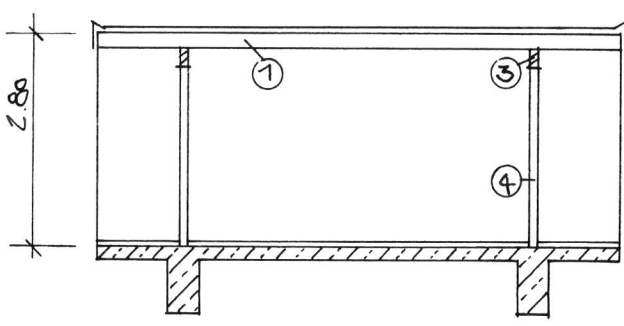

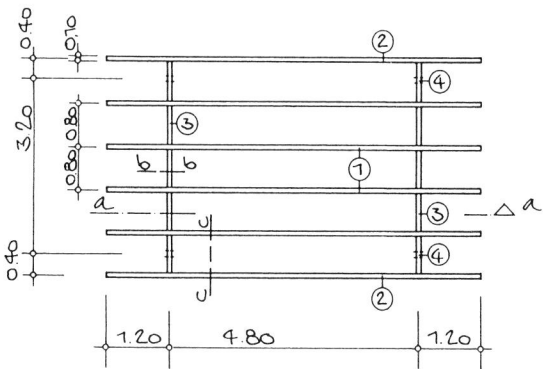

Position 1: Balken der Dachdecke

Mit »Position« werden die verschiedenen Bauteile bezeichnet, wobei gleiche Bauteile meist die gleiche Positionsnummer haben. Im Positionsplan – einer Übersichtsskizze zum schnellen Auffinden der Bauteile (Positionen) und zum Erkennen ihrer gegenseitigen Beziehung – werden die Positionsnummern in kleine Kreise gesetzt, also ① im Positionsplan bedeutet: Position 1.

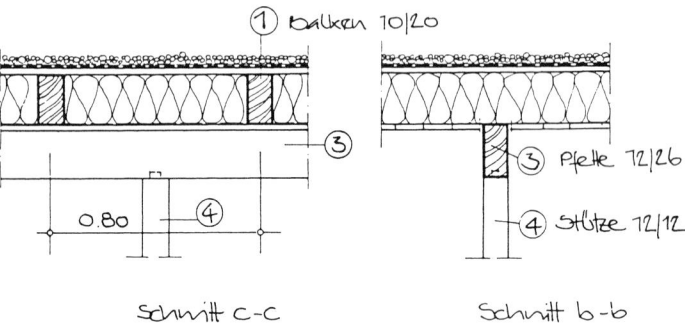

Schnitt c-c   Schnitt b-b

Alle Holzbauteile:
Nadelholz Gkl II

Tabellenbuch L 2

Flächenlasten

Ständige Lasten:		kN/m²
3 cm Kies		
$\quad$ 0,03 · 18 kN/m³		0,54
3-lagige Dachabdichtung,		
$\quad$ verschweißt		0,22
20 cm Glaswolle		0,20
2,2 cm Spanplatte		
$\quad$ 0,022 m · 7,0 kN/m³		0,15
2,4 cm Holzschalung		
$\quad$ 0,024 m · 6 kN/m³		0,14
	$\bar{g}_1 =$	1,25
Schneelastzone II		
für horizontale Dächer	$\bar{s}_0 =$	0,75
	$\bar{q}_1 = \bar{g}_1 + \bar{s}_0 =$	2,00

Tabellenbuch L 4

Zahlenbeispiel – Lastaufstellungen

Z Streckenlasten je 1 m Balken

Ständige Lasten
Eigengewicht:

	kN/m
Da wir die endgültigen Abmessungen der Balken bei der Lastaufstellung noch nicht kennen, schätzen wir den Balken mit 10/20 cm. $0{,}10\,m \cdot 0{,}20\,m \cdot 6{,}0\,kN/m^3$ *) =	0,12
Die weiteren Streckenlasten ergeben sich aus den Flächenlasten mal Balkenabstand. Sie werden immer auf 1,0 m Balkenlänge bezogen.	
aus $\bar{g}_1$: $1{,}25\,kN/m^2 \cdot 0{,}80\,m$ =	1,00
$g_1 =$	1,12
Schnee: $0{,}75\,kN/m^2 \cdot 0{,}80\,m =$ $s_1 =$	0,60
$q_1 = g_1 + s_1 =$	1,72

Balkenabstand 0,80 m

Tabellenbuch H 2

*) Die Eigenlast der Hölzer kann auch den Tabellen H 2 des Tabellenbuches entnommen werden.

Position 1

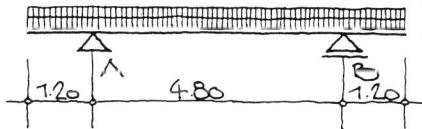

$s = 0{,}60\ kN/m$
$g = 1{,}12$
$q = 1{,}72\ kN/m$

Das Ergebnis dieser Lastaufstellung wird für jede Position in einer Systemskizze niedergelegt. Diese Skizze ist für weitere Untersuchungen eine wichtige Grundlage. In einer statischen Berechnung würde jetzt die eingehende Untersuchung und Bemessung des Bauteils erfolgen (siehe spätere Zahlenbeispiele).

Z In diesem Beispiel jedoch beschränken wir uns auf die Ermittlung der Auflagerreaktionen und fahren dann mit der Lastaufstellung für die anderen Positionen fort.

Die Balken Position 1 liegen auf den Pfetten Position 3. Wir müssen also die *Auflagerkräfte* kennen, die hier von den Balken auf die Pfetten übertragen werden. Die Ermittlung von Auflagerkräften wird in Kapitel 3 besprochen werden. Jedoch hier, in diesem Beispiel, können wir uns schon jetzt helfen: Wegen der Symmetrie sind die beiden Auflagerkräfte des Balkens – wir nennen sie A und B – gleich groß, also gleich der Streckenlast mal der halben Gesamtlänge. Hierbei trennen wir ständige Last g und Schnee s.

Aus g_1:
$$A_{g1} = B_{g1} = 1{,}12 \text{ kN/m} \cdot \frac{1{,}20 \text{ m} + 4{,}80 \text{ m} + 1{,}20 \text{ m}}{2} = 4{,}03 \text{ kN}$$

Aus s_1:
$$A_{s1} = B_{s1} = 0{,}60 \text{ kN/m} \cdot \frac{1{,}20 \text{ m} + 4{,}80 \text{ m} + 1{,}20 \text{ m}}{2} = 2{,}16 \text{ kN}$$

$$\underline{A_{q1} = B_{q1} = 6{,}19 \text{ kN}}$$

Position 2: Randbalken der Dachdecke

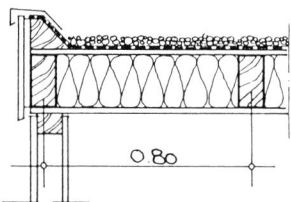

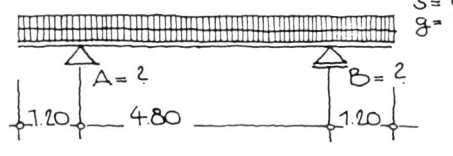

Position 2

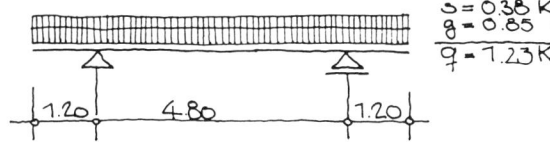

	kN/m
Aus konstruktiven Gründen wird der Randbalken gleich den anderen Balken gewählt. Geschätzt wie Position 1: 10/20 cm	0,12
Weitere Randhölzer, geschätzt:	0,10
Die Streckenlast des Randbalkens ergibt sich aus dem halben Balkenabstand. Hinzu kommt die Breite von Balkenmitte bis zum äußeren Rand (ca. 10 cm).	
Aus $\bar{g}_1$: $1{,}25 \text{ kN/m}^2 \cdot \left(\dfrac{0{,}80 \text{ m}}{2} + 0{,}10 \text{ m} \right) =$	0,63
$g_2 =$	0,85
Schnee: $0{,}75 \text{ kN/m}^2 \cdot \left(\dfrac{0{,}80 \text{ m}}{2} + 0{,}10 \text{ m} \right)$	
$= s_2 =$	0,38
$q_2 = g_2 + s_2 =$	1,23

Auflagerkräfte (wie in Position 1 wegen Symmetrie leicht zu ermitteln).
Aus q_2:

$$A_{g2} = B_{g2} = 0{,}85 \text{ kN/m} \cdot \frac{1{,}20 \text{ m} + 4{,}80 \text{ m} + 1{,}20 \text{ m}}{2} = 3{,}06 \text{ kN}$$

Aus s_2:

$$A_{s2} = B_{s2} = 0{,}38 \text{ kN/m} \cdot \frac{1{,}20 \text{ m} + 4{,}80 \text{ m} + 1{,}20 \text{ m}}{2} = 1{,}37 \text{ kN}$$

$$\underline{A_{q2} = B_{q2} = 4{,}43 \text{ kN}}$$

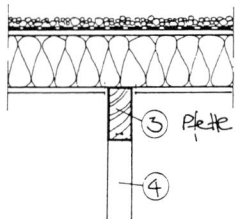

Ζ Position 3: Pfetten

Streckenlast	kN/m
Eigengewicht: (geschätzt: 12/26 cm) $0{,}12 \text{ m} \cdot 0{,}26 \text{ m} \cdot 6{,}0 \text{ kN/m}^3 \approx$	0,20
$g_3 =$	0,20

(Die Balken Position 1 und Position 2 belasten als Einzellasten die Pfette Position 3)

Einzellasten aus Position 1:		kN
aus A_{g1}:	$G_1 =$	4,03
aus A_{s1}:	$S_1 =$	2,16
	$G_1 + S_1 =$	6,19
Einzellasten aus Position 2:		
aus A_{g2}:	$G_2 =$	3,06
aus A_{s2}:	$S_2 =$	1,37
	$G_2 + S_2 =$	4,43

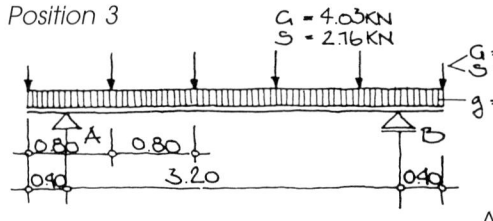

Position 3

Auch hier können wir wegen Symmetrie des Systems und der Lasten in einfacher Weise die Auflagerkräfte bestimmen; je die Hälfte der Lasten entfällt auf jedes Auflager.

$A_{g3} = B_{g3} =$

$0{,}20 \text{ kN/m} \cdot \dfrac{0{,}40 \text{ m} + 3{,}20 \text{ m} + 0{,}40 \text{ m}}{2} + 3{,}06 \text{ kN} + 2 \cdot 4{,}03 \text{ kN} \quad = 11{,}52 \text{ kN}$

$A_{s3} = B_{s3} = 1{,}37 \text{ kN} + 2 \cdot 2{,}16 \text{ kN} \quad = 5{,}69 \text{ kN}$

$A_{q3} = B_{q3} \quad = 17{,}21 \text{ kN}$

Zahlenbeispiel – Lastaufstellungen

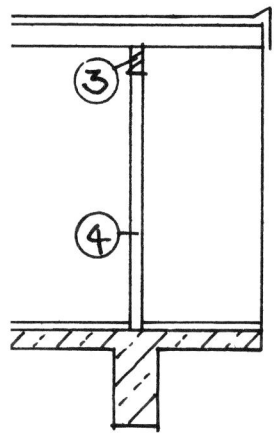

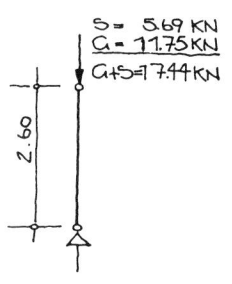

Position 4: Stütze

Einzellast		kN
Eigengewicht: (geschätzt: 12/12 cm) $0{,}12\ m \cdot 0{,}12\ m \cdot 6\ kN/m^3 \cdot 2{,}6\ m$		0,23
Die Pfette Position 3 liegt auf der Stütze Position 4 auf. Deshalb belasten die Auflagerkräfte der Pfette die Stützen als Einzellasten.		
A_{g3} aus Position 3:		11,52
	$G_4 =$	11,75
A_{s3} aus Position 3:	$S_4 =$	5,69
	$G_4 + S_4 =$	17,44

Anmerkung:

1. In der Praxis wird weit mehr als hier mit Überschlagwerten und Vernachlässigungen gearbeitet. Dem Anfänger sei jedoch die hier geübte detaillierte Betrachtung empfohlen – nicht wegen der genauen Zahlenrechnung, sondern um den Kraftverlauf exakt zu verfolgen.
2. Die Ermittlung der Auflagerkräfte kann so, wie in diesem Beispiel gezeigt, nur bei Symmetrie angewandt werden. Näheres dazu in Kapitel 3.
3. Die Windkräfte wurden bei diesem Beispiel nicht erfaßt. Sie müssen durch Diagonal-Hölzer oder Entsprechendes aufgenommen werden.
4. Ein kurzgefaßtes Schema einer Lastaufstellung enthält der Tabellenband unter L 1.
5. Das Eigengewicht der Stütze schon oben anzusetzen, obwohl es sich erst allmählich aufaddiert, ist praxisüblich – eine der vielen gebräuchlichen Vereinfachungen.

2 Gleichgewicht der Kräfte und Momente

 Eine Kraft ist die Ursache einer Bewegungsänderung. Ein Gebäude sollte sich aber nicht in Bewegung setzen, es soll in Ruhe sein und bleiben. Deshalb muss jeder Kraft eine andere, gleichgroße entgegenwirken. *Die Kräfte müssen im Gleichgewicht stehen.*

Ein Bauteil wird auf dem darunterliegenden aufgelagert. Die Auflager oder der Baugrund müssen die erforderlichen Gegenkräfte entwickeln können, um das Bauteil im Gleichgewicht zu halten.

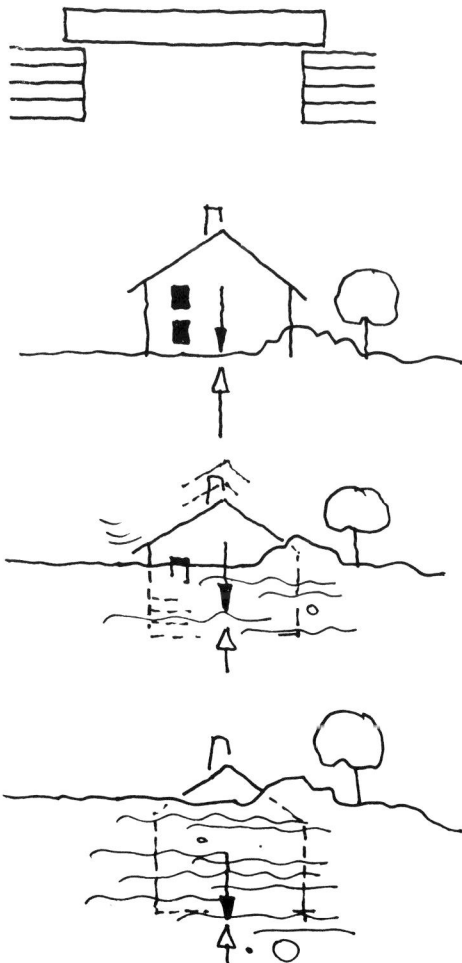

Wenn z. B. ein Bauwerk insgesamt 500 kN wiegt, d. h. mit einer Vertikalkraft von 500 kN auf den Baugrund drückt, so muss dieser Baugrund in der Lage sein, einen Gegendruck von 500 kN zu entwickeln. Kann er dies nicht, weil die Fundamente zu klein sind oder weil ein genialer Baumeister auf Sumpf gegründet hat, dann besteht kein Gleichgewicht der Kräfte; das Gebäude wird sich in Bewegung setzen, Richtung Erdmittelpunkt. Die Bewegung wird allerdings gebremst werden, denn selbst Sumpf kann der Last eines Bauwerks eine – wenn auch nicht ausreichende – Kraft entgegensetzen. Der Baugrund wird, immer stärker zusammengedrückt, allmählich eine immer größere Gegenkraft entwickeln, und diese wird entweder schließlich die erforderliche Größe erreichen, oder das Bauwerk wird so lange absinken, bis es auf festeren Grund gerät, der ihm die erforderliche Kraft entgegensetzen kann.

In diesem Beispiel war also die Reaktionskraft nicht von vornherein vorhanden, sondern sie wurde erst allmählich aufgebaut bzw. nach tieferem Absinken gefunden.

(Wir werden übrigens bald sehen, dass ein *geringes* Absinken immer nicht nur unvermeidbar, sondern sogar notwendig ist, damit der Boden gepresst und so in die Lage versetzt wird, die erforderliche Gegenkraft aufzubringen.)

Der Baugrund muss also eine *Reaktionskraft* entwickeln, die der *Aktionskraft* – in unserem Beispiel 500 kN – gleich, aber entgegengesetzt gerichtet ist.

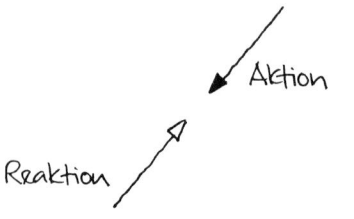

Aktion = Reaktion
ist eine grundlegende Voraussetzung der Statik, damit ein Gegenstand, Bauteil oder Gebäude in Ruhe bleibt und sich nicht verschiebt oder bewegt. Dies steht im Gegensatz zur Dynamik, bei der die Bewegung die Grundlage aller Betrachtungen ist.

Wir stellen Aktionskräfte durch einen geschlossenen Pfeil dar, Reaktionskräfte durch einen offenen.

In dem Beispiel mit dem Sumpf als Baugrund wirkte die Aktionskraft und folglich auch die Reaktionskraft vertikal. Wir können Vertikalkräfte mit F_V bezeichnen. Zur besseren Verdeutlichung wird die Richtung, in die eine Kraft wirkt, durch die Pfeilrichtung dargestellt. Eine Kraft in Pfeilrichtung ist demnach eine positive (+) Kraft, eine der Pfeilrichtung entgegenwirkende eine negative (–) Kraft.

Vorzeichen

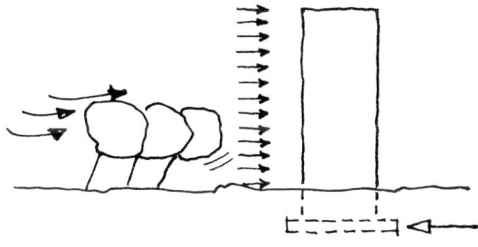

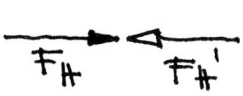

 Es gilt:
Die Summe der *Vertikalkräfte* ist Null.
Bezeichnet man Summe mit Σ (dem griechischen Buchstaben Groß-Sigma), so können wir schreiben:

$$\Sigma F_V = 0$$

Entsprechendes gilt für die Horizontalkräfte. Wind und vielleicht ein anstoßendes Fahrzeug bewirken horizontale Kräfte auf das Bauwerk, die wir mit F_H bezeichnen. Würde das Gebäude auf Rollen stehen, so könnte diese Lagerung nicht die erforderliche Reaktion gegen F_H-Kräfte entwickeln, es bestünde kein Gleichgewicht der F_H-Kräfte, der Bau würde wegrollen. Aber beruhigenderweise steht er nicht auf Rollen, sondern auf Fundamenten, deren Bodenreibung groß genug ist, um der Kraft F_H eine gleich große Reaktionskraft entgegenzustellen.

Es gilt:
Die Summe der *Horizontalkräfte* ist Null.

$$\Sigma F_H = 0$$

Wie schon bei den Lasten sind auch hier die beiden Horizontalrichtungen F_{Hx} und F_{Hy} zu unterscheiden, es muss also gelten:

$\Sigma F_{Hx} = 0$ und
$\Sigma F_{Hy} = 0$

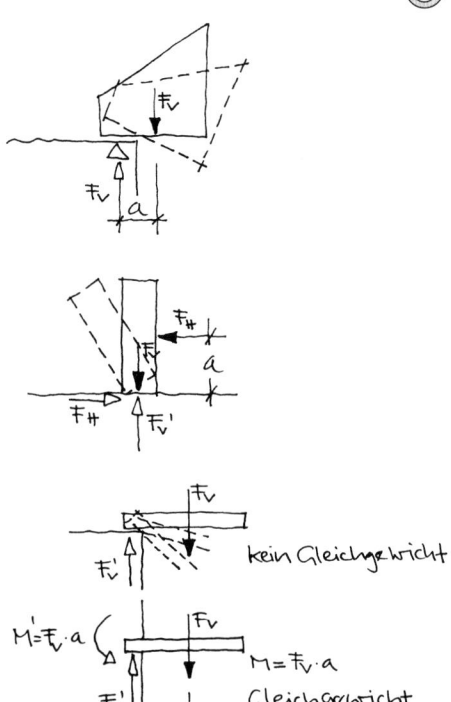

 Doch selbst wenn für ein Bauwerk oder für ein Bauteil die Bedingungen

$\Sigma F_V = 0$ und
$\Sigma F_H = 0$ (in jeder Richtung)

erfüllt sind, so ist sein Gleichgewicht noch nicht gewährleistet.

Die Hütte am Felsrand würde trotz bestem Untergrund abstürzen, der Turm trotz guter horizontaler Verankerung kippen, wenn nicht auch Maßnahmen zur Aufnahme des *Drehmomentes* getroffen würden, das entsteht, wenn Aktion und Reaktion nicht in derselben Wirkungslinie angreifen, sondern um einen Hebelarm a gegeneinander versetzt sind. (Solche gleich große, entgegengesetzt wirkende und um einen Abstand versetzte Kräfte heißen »Kräftepaar«. Jedes Kräftepaar erzeugt einen Moment.)

Dem Drehmoment M muss ein gleich großes Reaktionsmoment M' entgegenwirken, damit Gleichgewicht herrscht.

Es gilt:
Die Summe der *Momente* ist Null.

$$\Sigma M = 0$$

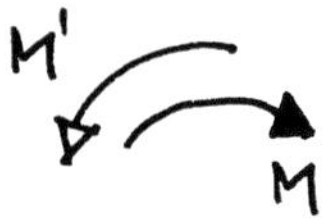

Diese Bedingung muss in jeder der drei Ebenen gelten, die durch die vertikale Richtung, die horizontale x-Richtung und die horizontale y-Richtung bestimmt werden.

2 Gleichgewicht der Kräfte und Momente

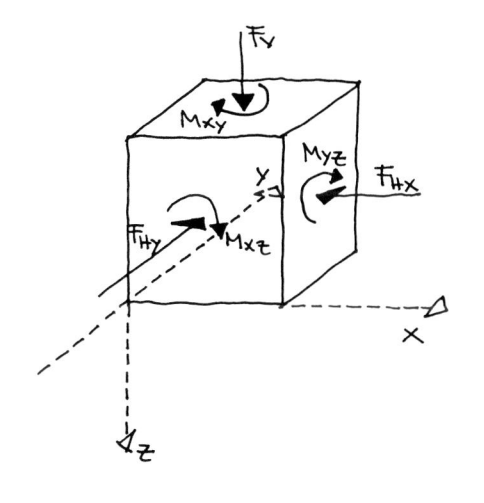

Im dreidimensionalen Raum – d. h. für jedes Bauwerk und jedes Bauteil – müssen also insgesamt sechs Gleichgewichtsbedingungen erfüllt werden:

$\Sigma F_V = 0$
$\Sigma F_{Hx} = 0$
$\Sigma F_{Hy} = 0$
$\Sigma M_{xz} = 0$
$\Sigma M_{yz} = 0$
$\Sigma M_{xy} = 0$

Bei den meisten Gebäuden und Bauteilen ist es möglich, die verschiedenen Ebenen getrennt zu betrachten und nacheinander zu untersuchen. Dies führt zu einer wesentlichen Erleichterung der Arbeit.

Bei der Betrachtung in jeder einzelnen Ebene genügt es, jeweils drei Gleichgewichtsbedingungen zu erfüllen, in der Regel:

$\Sigma F_V = 0$
$\Sigma F_H = 0$
$\Sigma M = 0$

Diese drei Gleichgewichtsbedingungen stellen die Grundlage unserer weiteren Arbeit dar. Sie gelten nicht nur für jedes Bauwerk und jedes Bauteil, sondern auch für jedes kleine Teilchen. Mithilfe dieser drei Gleichgewichtsbedingungen werden wir unbekannte Kräfte ermitteln. Wir werden sie aber auch heranziehen, um Spannungen in Bauteilen zu bestimmen und um die erforderlichen Abmessungen festzulegen.

Der entwerfende Architekt wird darauf zu achten haben, dass das Gleichgewicht der Kräfte und Momente am Bauwerk und in jedem Bauteil für jeden möglichen Lastfall hergestellt werden kann, mit einfachen und wirtschaftlichen Mitteln, die sich sinnvoll in die Gesamtheit des Entwurfs einfügen.

3 Auflager

Ⓖ 3.1 Art der Auflager

Ein Bauteil liegt auf einem anderen Bauteil auf. Es ist auf diesem »aufgelagert«. Die Verbindungsstelle zwischen diesen beiden Bauteilen heißt *Auflager*.

Wir unterscheiden drei Arten der Auflager:

1. **einspannende Auflager**
2. **unverschieblich gelenkige Auflager**
3. **verschiebliche Auflager**

3.1.1 Einspannende Auflager

(Meist – sprachlich unkorrekt – als »eingespannte Auflager« oder »Einspannung« bezeichnet.)

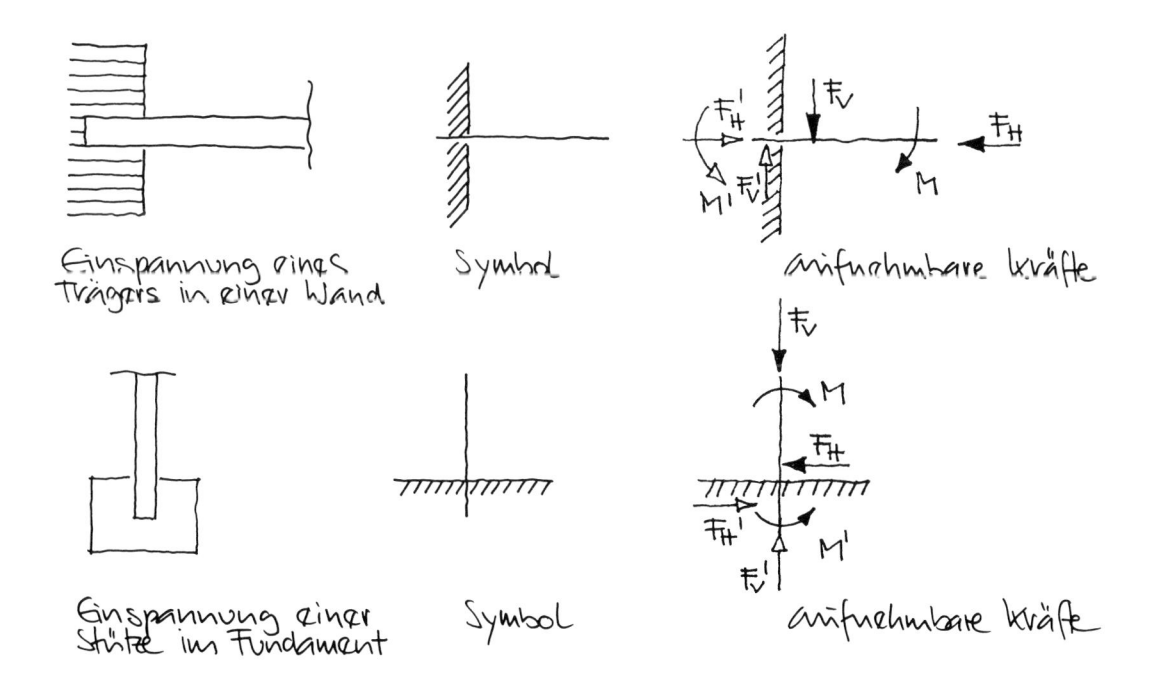

Einspannung eines Trägers in einer Wand — Symbol — aufnehmbare Kräfte

Einspannung einer Stütze im Fundament — Symbol — aufnehmbare Kräfte

Ⓖ Der skizzierte Träger ist in einer Wand, die skizzierte Stütze in einem Fundament *eingespannt*. Am einspannenden Auflager können Vertikalkräfte, Horizontalkräfte und Momente aufgenommen werden, d. h. das Auflager kann diesen Kräften und Momenten entsprechende Reaktionen entgegensetzen.

3.1.2 Unverschieblich gelenkige Auflager

Von diesen Auflagern können vertikale und horizontale Kräfte, jedoch keine Momente aufgenommen werden. Die Bauteile sind zwar unverschieblich, aber drehbar gelagert. Das Auflager bildet ein *Gelenk*; es wird durch einen kleinen Kreis oder die Spitze eines Dreiecks symbolisch dargestellt.

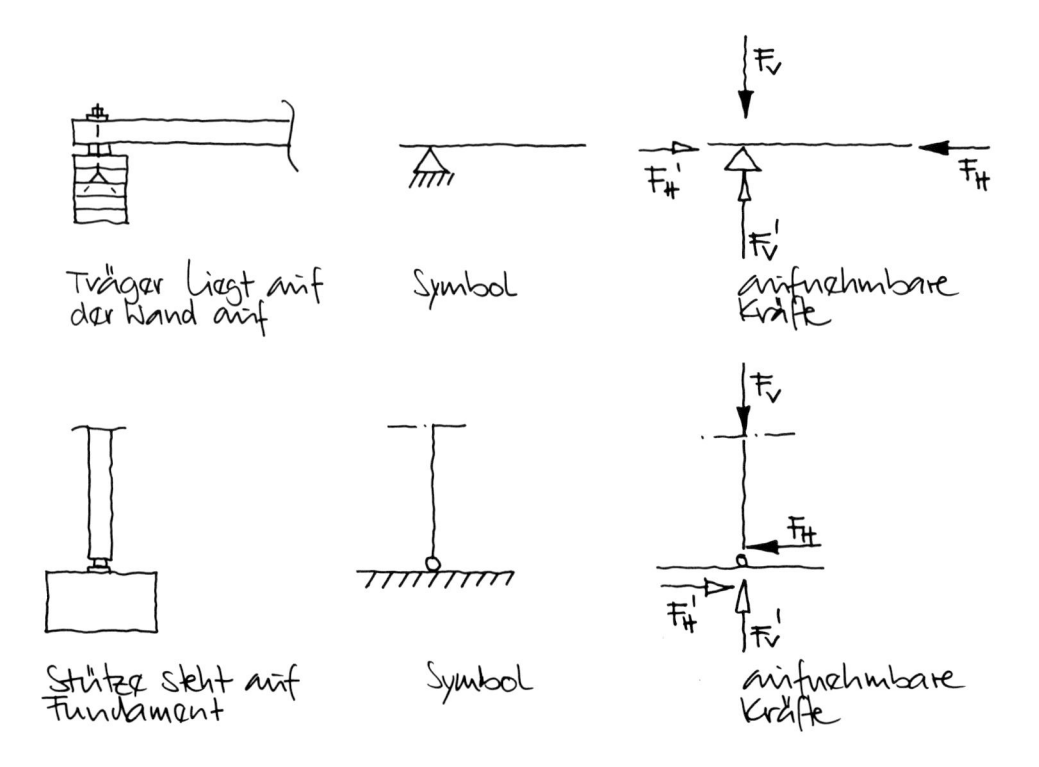

Träger liegt auf der Wand auf — Symbol — aufnehmbare Kräfte

Stütze steht auf Fundament — Symbol — aufnehmbare Kräfte

3.1.3 Verschiebliche Auflager

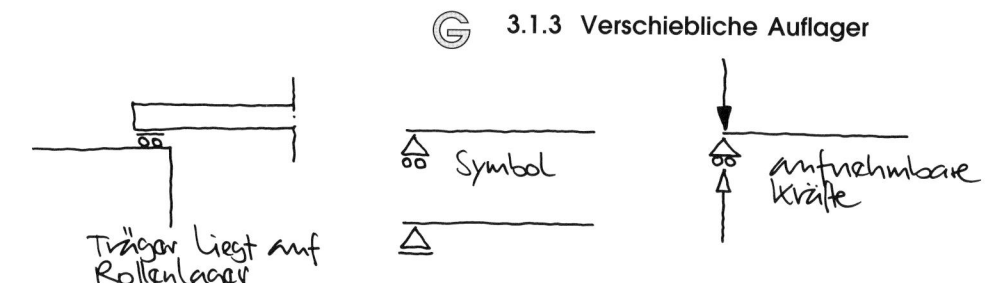

Träger liegt auf Rollenlager

Symbol

aufnehmbare Kräfte

Viele Brückenauflager sind deutlich erkennbar als Rollenlager ausgebildet. Die Wärmedehnung der Brücke erfordert, dass der Brückenträger nur an *einem* Auflager unverschieblich, an dem anderen (bzw., falls er über mehrere Auflager läuft, an allen anderen Auflagern) verschieblich gelagert ist, weil sonst die Wärmedehnung zu hohen Spannungen in den Bauteilen führen könnte.

Jedes Bauteil, nicht nur der Brückenträger, ist Wärmedehnungen und anderen Volumenänderungen unterworfen. Um die Bewegungen spannungsfrei zu ermöglichen, sind *verschiebliche Auflager* erforderlich. Sie sind jedoch im Hochbau nur selten als Rollenlager ausgebildet, hier genügen meist einfachere Konstruktionen, z. B. mit Gleitfolien etc. Oft reicht schon der kleine Bewegungsspielraum zwischen zwei nur locker verbundenen Bauteilen, um die erforderliche Verschieblichkeit zu gewährleisten.

Verschiebliche Auflager sind in der Praxis immer gelenkig. Es ist daher nicht notwendig, von »verschieblich gelenkigen Auflagern« zu sprechen, das Wort »verschieblich« schließt »gelenkig« ein.

Verschiebliche Auflager können nur **Kräfte in einer Richtung** und **keine Momente** aufnehmen.

3.2 Ermittlung der Auflagerkräfte

Beispiel 3.2.1: Einzellast

Gegeben ist ein Träger auf zwei Stützen, belastet mit einer Einzellast P. Das Eigengewicht oder andere Lasten sollen zunächst außer Acht bleiben, wir betrachten nur P. Gesucht sind die Auflagerreaktionen A und B.

Zur Lösung stehen uns die drei Gleichgewichtsbedingungen zur Verfügung. Welche ist hier geeignet?

$$\Sigma F_V = 0$$
führt zu $\quad -A - B + P = 0$

Bei dieser Gleichung bezeichnen wir alle nach unten gerichteten Kräfte als positiv (+) und entsprechend alle nach oben gerichteten Kräfte als negativ. Sie werden mit einem Minuszeichen (−) versehen.

Aber nur eine Gleichung mit zwei Unbekannten ist nicht lösbar. Mit dieser Gleichung allein kommen wir also nicht zum Ziel.

Versuchen wir es mit:

$\Sigma F_H = 0$

Das bringt uns nicht weiter, weil F_H-Kräfte nicht auftreten. Nächster Versuch:

$\Sigma M = 0$

Diese Bedingung muss um jeden Punkt gelten. Wenn das System im Gleichgewicht ist, so dreht es sich um keinen Punkt. Das heißt: Um jeden Punkt ist die Summe der Momente (ΣM) = 0.

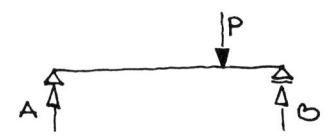

3.2 Ermittlung der Auflagerkräfte

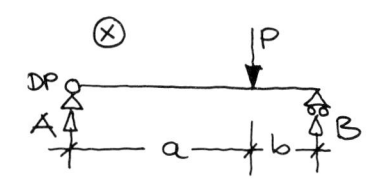

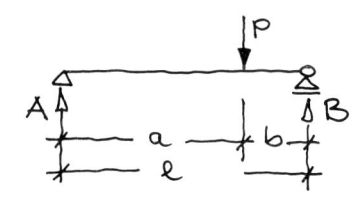

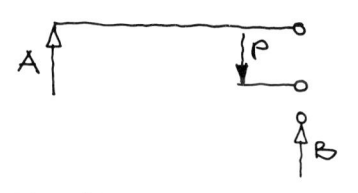

Vorzeichen

Wir können also einen beliebigen Drehpunkt wählen – z. B. den Punkt ⊗ in unserer Skizze. Mithilfe eines anderen Drehpunktes oder mithilfe der Bedingung $\Sigma F_V = 0$ können wir dann eine zweite Gleichung aufstellen, um so die zwei Unbekannten zu lösen. Doch dieses Verfahren wäre mühsam. Wir suchen nach einer einfacheren Methode. Wir nehmen den Drehpunkt in einem Auflager an – z. B. am Auflager B. Das hat zur Folge, dass die unbekannte Auflagerkraft B keinen Hebelarm um den Drehpunkt besitzt und sich so leicht eliminieren lässt. Es wirken um den Drehpunkt B folgende Drehmomente:

$A \cdot l$ rechtsdrehend ⤵
$P \cdot b$ linksdrehend ⤶
$B \cdot 0$ keine Drehung

Um eine Gleichung bilden zu können, müssen wir eine Vereinbarung über die Vorzeichen treffen.

Wahl der Vorzeichen für Drehmomente:
Wir nennen Drehmomente rechtsdrehend positiv (+) und linksdrehend negativ (–).

(Selbstverständlich könnte die Wahl auch anders getroffen werden, sie würde dieselben Ergebnisse liefern. Eine einmal getroffene Wahl muss aber innerhalb einer Untersuchung beibehalten werden.)

Damit lautet die Gleichung für Drehpunkt B:

$+ A \cdot l - P \cdot b \pm B \cdot 0 = 0$

$\Rightarrow A = \dfrac{P \cdot b}{l}$

Um B zu ermitteln, können wir jetzt zwischen zwei Methoden wählen:

1. Methode: Wir verfahren wie oben und wenden die Bedingung $\Sigma M = 0$ an mit dem Drehpunkt A.

Dann ist:

$B \cdot l$ linksdrehend und
$P \cdot a$ rechtsdrehend, also

$- B \cdot l + P \cdot a \pm A \cdot 0 = 0$

$\Rightarrow B = \dfrac{P \cdot a}{l}$

2. Methode: Nachdem A bekannt ist, können wir B auch bestimmen über $\Sigma F_V = 0$.

$+ P - A - B = 0$
$B = P - A$

Für A setzen wir den bereits bekannten Wert ein und erhalten damit:

$B = P - \dfrac{P \cdot b}{l} = \dfrac{P \cdot l - P \cdot b}{l}$

$B = \dfrac{P(l - b)}{l} \quad\bigg|\quad l - b = a$

$\Rightarrow B = \dfrac{P \cdot a}{l}$

Dasselbe Ergebnis hat bereits $\Sigma M = 0$ geliefert.

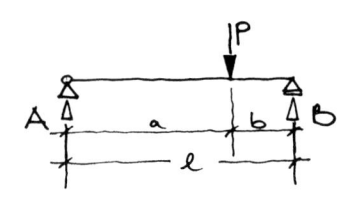

3.2 Ermittlung der Auflagerkräfte

Vorzeichen

Das Ergebnis zeigt, dass die ermittelten Auflagerkräfte in Richtung der anfangs aufgezeichneten Pfeilrichtungen wirken.

So bleibt das Ergebnis unabhängig von der Vorzeichenwahl des Rechenganges: **(+) im Ergebnis bedeutet immer: Die getroffene Annahme über die Kraftrichtung war richtig.**

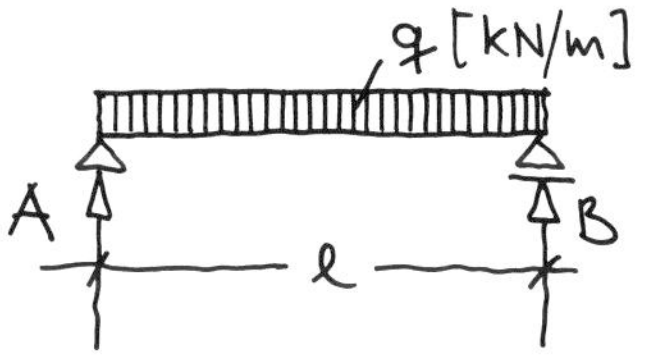

Beispiel 3.2.2: Streckenlast

Dieser Träger ist mit einer gleichmäßig verteilten Last q belastet. Zur Ermittlung der Auflagerreaktionen denken wir uns das ganze Lastpaket $q \cdot l$ in seinem Schwerpunkt – d. h. in der Mitte – zusammengefasst. Jetzt können wir mit dieser zusammengefassten Last umgehen, wie vorhin mit der Einzellast:

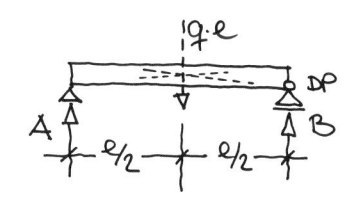

$\Sigma M = 0$

Drehpunkt sei B.

$\Sigma M_B = 0 \quad \text{führt zu} \quad -q \cdot l \cdot \dfrac{l}{2} + A \cdot l \pm B \cdot 0 = 0$

$\Rightarrow A = \dfrac{q \cdot l}{2}$

Ebenso können wir auch B ermitteln: Drehpunkt sei A.

$\Sigma M_A = 0 \quad \text{führt zu} \quad +q \cdot l \cdot \dfrac{l}{2} - B \cdot l \pm A \cdot 0 = 0$

$\Rightarrow B = \dfrac{q \cdot l}{2}$

(Dieses Ergebnis – auf jedes Auflager entfällt die Hälfte des gesamten Lastpaketes – war vorauszusehen. Wir hätten es auch ohne Rechnung unmittelbar anschreiben können.)

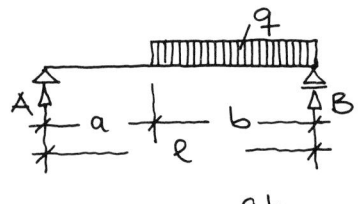

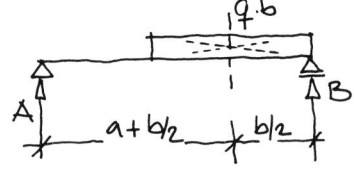

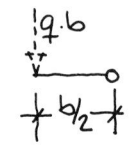

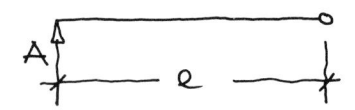

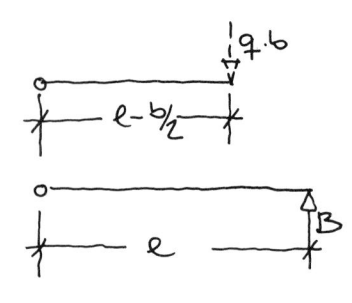

Beispiel 3.2.3: Streckenlast

Das Lastpaket q · b – diesmal nur über einen Teil der Spannweite l verteilt – wird wieder in Gedanken zusammengefasst in seinem Schwerpunkt, d. h. in seiner Mitte.

Mit Drehpunkt B ermitteln wir die Auflagerreaktion A:

$\Sigma M_B = 0$ führt zu $+ A \cdot l - q \cdot b \cdot \dfrac{b}{2} \pm B \cdot 0 = 0$

$\Rightarrow A = \dfrac{q \cdot b^2}{2\, l}$

Entsprechend wird Auflagerreaktion B mit dem Drehpunkt im Auflager A ermittelt:

$\Sigma M_A = 0$ führt zu

$- B \cdot l + q \cdot b \left(1 - \dfrac{b}{2}\right) \pm A \cdot 0 = 0$

$\Rightarrow B = q \cdot b \left(1 - \dfrac{b}{2\, l}\right)$

Zur Probe können wir

$\Sigma F_V = 0$ ansetzen:

$-\dfrac{q \cdot b^2}{2\, l} - q\, b \left(1 - \dfrac{b}{2\, l}\right) + q \cdot b = 0$

Anmerkung:

Die Glieder A · 0 und B · 0 zu schreiben, ist überflüssig. Wir werden sie im Folgenden weglassen.

3.2 Ermittlung der Auflagerkräfte

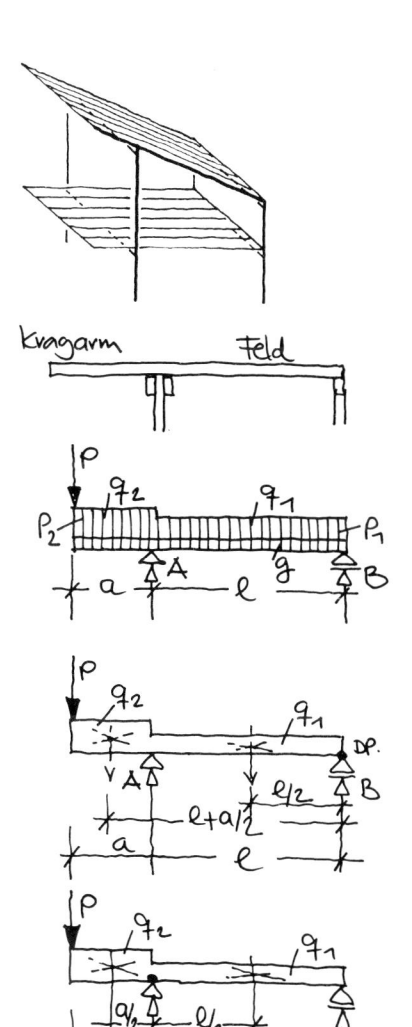

Beispiel 3.2.4: Träger mit Kragarm

Auch die Auflagerreaktionen des Trägers mit Kragarm werden mit Hilfe der Gleichgewichtsbedingungen ermittelt.

$\Sigma M = 0$, Drehpunkt B:

$\Sigma M_B = 0$ führt zu

$$-P(l+a) - q_2 \cdot a \left(l + \frac{a}{2}\right) - q_1 \cdot l \cdot \frac{l}{2} + A \cdot l = 0$$

$$\Rightarrow A = \frac{P \cdot (l+a)}{l} + \frac{q_2 \cdot a \left(l + \frac{a}{2}\right)}{l} + \frac{q_1 \cdot l}{2}$$

Drehpunkt A:

$\Sigma M_A = 0$ führt zu

$$-P \cdot a - q_2 \cdot a \cdot \frac{a}{2} + q_1 \cdot l \cdot \frac{l}{2} - B \cdot l = 0$$

$$\Rightarrow B = -\frac{P \cdot a}{l} - \frac{q_2 \cdot a^2}{2l} + \frac{q_1 \cdot l}{2}$$

An diesem Beispiel wird deutlich, dass ein belasteter Kragarm das ihm nahe Auflager **be**lastet, das gegenüberliegende Auflager hingegen **ent**lastet.

Entsprechendes gilt für den Träger mit zwei Kragarmen – es erübrigt sich, das an einem weiteren Beispiel zu erläutern.

3.3 Lastfälle

Ein Träger mit einem stark belasteten Kragarm und einem kurzen, schwach belasteten Feld droht abzukippen.

Hier ist es wichtig, **ständige** und **nicht ständige** Lasten getrennt zu betrachten. Denn nicht nur die *größt*mögliche kippende Last auf dem Kragarm muss erfasst werden, sondern auch die *kleinst*mögliche stabilisierende Last im Feld und auf dem gegenüberliegenden Kragarm – es geht ja darum, den jeweils ungünstigsten Fall zu untersuchen.

Wir unterscheiden mehrere Lastfälle:

Lastfall 1 »Volllast«
Ein Balkon ist mit Menschen voll besetzt. Auch im anschließenden Raum ist die größtmögliche Last, also überall g + p. Wir nennen diesen Lastfall »Volllast«.

Lastfall 2
Wenn jetzt die Bewohner den Raum verlassen, so wird das stabilisierende Gewicht kleiner, die Gefahr des Kippens größer.

Auf dem Balkon lastet g + p, im Feld hingegen nur g. Aus Gründen der Sicherheit muss gewährleistet sein, dass nicht nur für jeden möglichen Lastfall das Gleichgewicht gewährleistet ist, sondern dass das stabilisierende *Standmoment* mindestens 1,5-mal so groß ist wie das *Kippmoment* (Sicherheitsfaktor gegen Kippen: 1,5).

$M_{stand} \geq 1,5\ M_{kipp}$

Lastfall 3
führt zur größten Auflagerreaktion B und zur größten Beanspruchung im Feld.

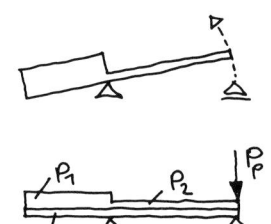

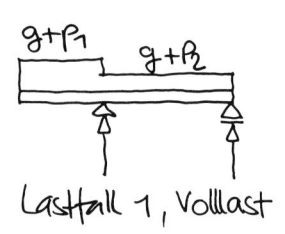

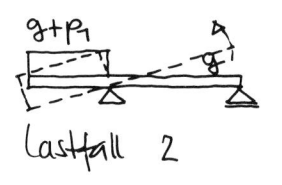

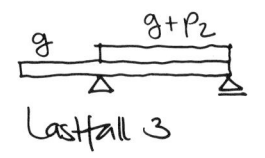

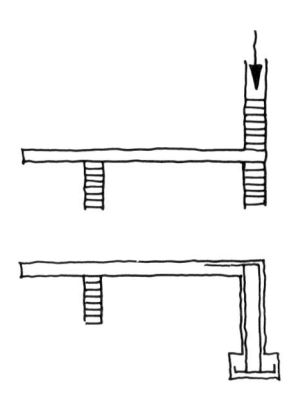

Ⓖ Reichen die vorhandenen Eigengewichte der Decke nicht aus, um das für den Lastfall 2 erforderliche Standmoment zu bilden, so muss dafür gesorgt werden, dass im Auflager die entsprechenden abhebenden Kräfte aufgenommen werden können, sei es durch Wände oder andere Lasten, die über diesem Auflager wirken, sei es durch Verankerung an anderen Bauteilen, wie z. B. an Wänden *unter* der Decke oder an Fundamenten.

In jedem Fall muss die ungünstigste aller Möglichkeiten dem weiteren Vorgehen zugrunde gelegt werden. Keinesfalls darf argumentiert werden: »Es ist ja nicht erwiesen, dass dieser Fall eintreten wird.« Für den Bauenden wäre solch eine Denkweise grob verantwortungslos. Hier genügt die bloße Möglichkeit einer ungünstigen Lastverteilung – und sei ihr Eintreten noch so unwahrscheinlich –, um nach ihr zu bemessen.

3.4 Lasten in Richtung der Stabachse

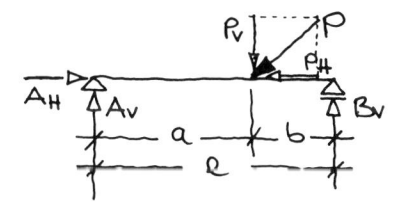

Eine *schräg* auf den Träger wirkende Last kann aufgeteilt werden in eine *vertikale* und eine *horizontale* Komponente. Die horizontale Kraft kann nur im *unverschieblichen Auflager* aufgenommen werden; das verschiebliche Auflager ist ja seinem Wesen nach nicht geeignet, horizontale Kräfte zu übernehmen. Die Auflagerreaktionen aus der Vertikalkomponente werden in der bekannten Weise ermittelt.

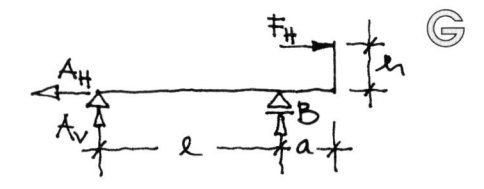

Beispiel 3.4.1

Am Geländerholm eines Balkons wirkt eine Horizontalkraft. Sie ist dort als nicht ständige Last anzunehmen für den Fall, dass Menschen gegen dieses Geländer stoßen.

Aus $\Sigma F_H = 0$ ergibt sich
$A_H - F_H = 0$
$A_H = F_H$

Im verschieblichen Auflager B kann keine Horizontalkraft aufgenommen werden.

$B_H = 0$

Die H-Kraft auf dem Holm erzeugt aber auch ein Moment $M = F_H \cdot h$ in Höhe der Trägerachse. Dieses Moment muss zu Vertikalkräften in den Auflagern führen. Wir finden diese über:

$\Sigma M = 0$

Drehpunkt A:
Die Auflagerreaktionen werden auch hier nach oben wirkend angenommen. Auflager B dreht daher um A linksherum (−).

$\Sigma M_A = 0$ führt zu $-B_V \cdot l + F_H \cdot h = 0$

$$B_V = \frac{F_H \cdot h}{l}$$

Aus $\Sigma F_V = 0$ folgt

$-A_V - B = 0$
$A_V = -B$

$$A_V = -\frac{F_H \cdot h}{l}$$

Das (−) besagt, dass A_V entgegen der ursprünglich eingesetzten Richtung, also nach unten wirkt.

3.5 Einspannung

Beispiel 3.5.1

Eine Stufe ist in einer Mauer eingespannt. Durch die Last P auf der Stufe entsteht ein Moment M. Die Mauer muss also in der Lage sein, dieses Einspannmoment aufzunehmen, d. h. das **Reaktionsmoment M'** zu erzeugen. Sie muss zudem die Vertikalkraft P aufnehmen. Der Drehpunkt sei A.

$+ M' + P \cdot a = 0$
$+ M' = -P \cdot a$

Beispiel 3.5.2

Auch in diesem Fall sei der Drehpunkt A.

$+ M' + q \cdot a \cdot \dfrac{a}{2} = 0$

$M' = \dfrac{-q \cdot a^2}{2}$

Für die Vertikalkraft gilt:

$- A + q \cdot a = 0$
$A = q \cdot a$

Die vertikale Auflagerkraft A ist also gleich dem gesamten Lastpaket. Das ist unmittelbar einzusehen.

Das negative Vorzeichen besagt, dass die Auflagerreaktion tatsächlich nicht in anfangs angenommener Pfeilrichtung, sondern entgegengesetzt dreht.

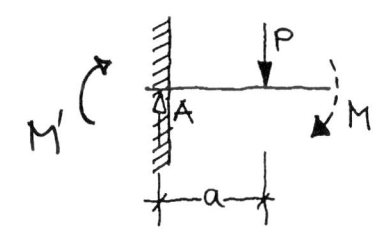

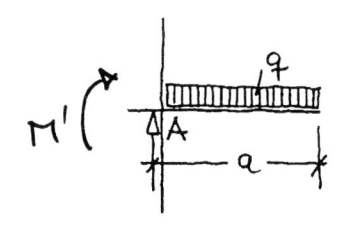

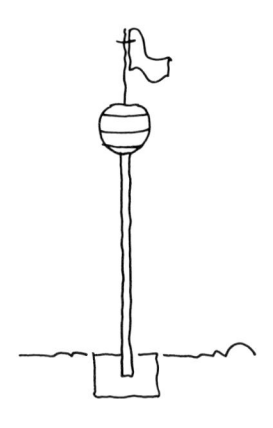

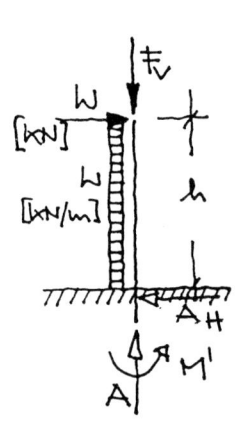

Beispiel 3.5.3

Dieser Mast mit einem Beobachtungskorb ist in seinem Fundament fest eingespannt.
Als Lasten treten auf:

- der Wind, der auf den Korb mit der Gesamtkraft W und auf den Mast mit der Streckenlast w wirkt,
  sowie
- die Gesamtlast F_V von Korb und Mast.

Das Einspannmoment ergibt sich aus $\Sigma M = 0$:

$$W \cdot h + w \cdot h \cdot \frac{h}{2} - M_A \pm F_V \cdot 0 = 0$$

$$M_A = W \cdot h + \frac{w \cdot h^2}{2}$$

Die vertikale Auflagerreaktion A ist nach $\Sigma F_V = 0$:

$$-A + F_V = 0$$

$$A = F_V$$

Entsprechend ist die horizontale Auflagerreaktion nach $\Sigma F_H = 0$:

$$W + w \cdot h - A_H = 0$$
$$A_H = W + w \cdot h$$

4 Statische Bestimmtheit

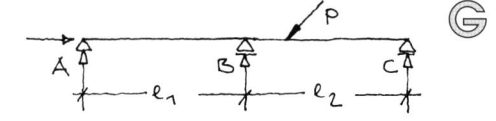

Dies ist ein **Durchlaufträger** über zwei Felder bzw. über drei Auflager – er läuft über zwei Felder bzw. drei Auflager in einem Stück durch. Bitte versuchen Sie, die Auflagerreaktionen A_H, A_V, B und C zu ermitteln!

Geht es nicht?
Nein, es geht nicht.
Warum nicht?

Mit den drei Gleichgewichtsbedingungen

$\Sigma F_V = 0$
$\Sigma F_H = 0$
$\Sigma M = 0$

sind drei Gleichungen zur Lösung der unbekannten Auflagerkräfte vorhanden. Hier aber sind es vier Unbekannte, also eine zuviel. (Auch wenn in unserem Fall A_H leicht zu ermitteln ist, so ist es doch als eine der Unbekannten zu werten.)

Ein solches System heißt **statisch unbestimmt**.

Statisch unbestimmt ist nichts Böses, es heißt nur, dass wir mithilfe der drei Auflagerbedingungen allein nicht weiterkommen, sondern andere Methoden brauchen – Näheres folgt in Band 2. Für das Tragwerk bedeutet statische Unbestimmtheit sogar eine erhöhte Sicherheit: Wenn z. B. an unserem Durchlaufträger über drei Auflager eins dieser Auflager versagt, so hat er immer noch eine Chance: Vielleicht schafft er es kraft seiner Biegesteifigkeit, auch auf den verbleibenden zwei Auflagern zu halten.

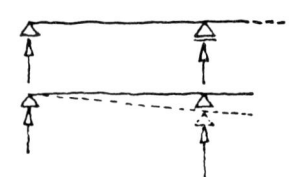

Die Frage, ob ein Tragsystem statisch bestimmt oder statisch unbestimmt ist, lässt sich zunächst von der Anschauung beantworten:

Stellen Sie sich vor, eines der Auflager senke sich ab, oder der Träger würde sich bei einer Erwärmung ausdehnen. In beiden Fällen verschiebt sich der Träger, ohne sich zu verformen und innere Zwängungen aufzubauen.

Dieser Durchlaufträger hingegen kann sich zwar ungehindert unter Temperatur dehnen, aber es fällt ihm schwer, sich der Absenkung eines Auflagers anzupassen. Er wird gezwängt; er ist statisch unbestimmt.

4 Statische Bestimmtheit

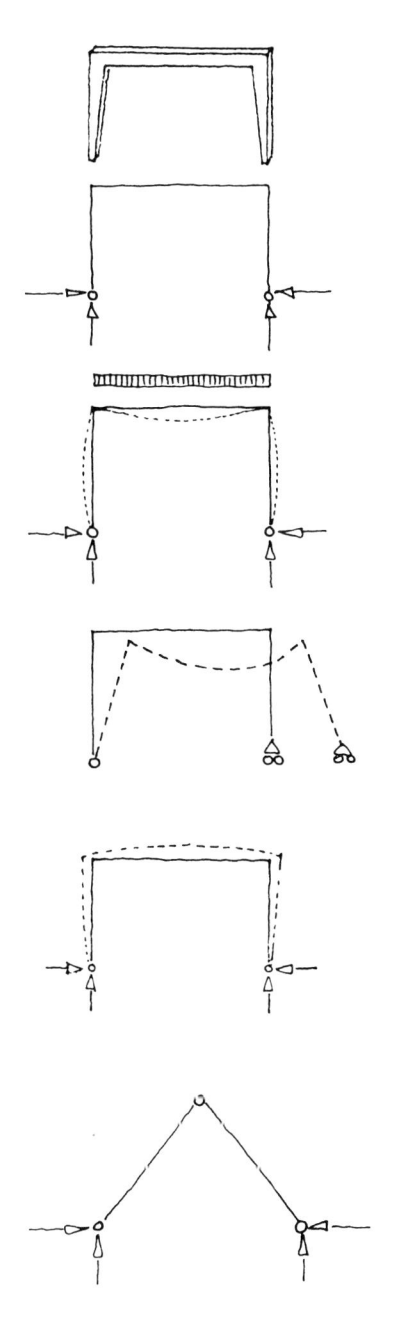

Ⓖ Dieses Gebilde heißt »**Rahmen**«; wir werden es in Band 2 näher kennenlernen.

Ein Rahmen, der an den zwei Fußpunkten gelenkig gelagert ist, heißt **Zweigelenkrahmen**.

Die Auflager sind unverschieblich – das ist wesentlich für den Rahmen; durch diese Unverschieblichkeit der Auflager wird das Tragverhalten des Rahmens günstig beeinflusst. Ein Rahmen, dessen Fußpunkte verschieblich gelagert wären, würde erheblich an Tragfähigkeit verlieren.

Uns interessiert hier die statische Bestimmtheit. Die Vergrößerung infolge Wärme stößt auf den Widerstand der unverschieblichen Auflager. Dieser Rahmen muss sich verbiegen, um sich trotz der unverschieblichen
Auflager dehnen zu können; es treten Zwängungen auf. Diese Zwängungen sind charakteristisch für statisch unbestimmte Systeme.

Die unterste Skizze zeigt einen **Dreigelenkrahmen**. Er ist nicht nur an seinen beiden Auflagern gelenkig gelagert, sondern hat in sich ein weiteres Gelenk.

Von der Anschauung wird klar, dass sich dieser Dreigelenkrahmen in der Wärme dehnen kann oder dass sich ein Auflager senken kann, ohne Zwängungen zu erleiden; er ist statisch bestimmt.

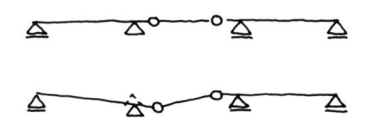

Ⓖ Auch dieser Gelenkträger – **Gerberträger** genannt – ist statisch bestimmt. Wärmedehnungen oder Stützensenkungen führen nicht zu inneren Zwängungen.

In diesem Band werden wir uns fast nur mit statisch bestimmten, erst im nächsten Band auch mit statisch unbestimmten Systemen befassen.

Ⓔ Wir unterscheiden nicht nur zwischen statisch bestimmten und statisch unbestimmten Systemen, sondern es gibt auch verschiedene Grade der statischen Unbestimmtheit. Sie lassen sich nicht mehr durch die Anschauung, sondern durch eine einfache Rechnung feststellen.

Der Durchlaufträger unserer Ausgangsbetrachtung hat eine Unbekannte zu viel, wir bezeichnen das System deshalb als *einfach* statisch unbestimmt.

$\quad$ 4 unbekannte Auflagerreaktionen
$-$ 3 Gleichgewichtsbedingungen
$\quad$ 1 fach statisch unbestimmt.

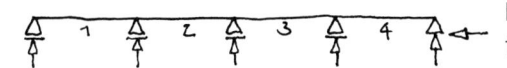

Durchlaufträger über vier Felder bzw. über fünf Auflager. In diesem Fall haben wir:

$\quad$ 6 unbekannte Auflagerreaktionen
$\quad\quad$ (1 horizontal, 5 vertikal)
$-$ 3 Gleichgewichtsbedingungen
$\quad$ 3 fach statisch unbestimmt.

Das gilt genauso bei Belastung von nur einem Feld. Die statische Bestimmtheit ist unabhängig von der Art der Belastung.

4 Statische Bestimmtheit

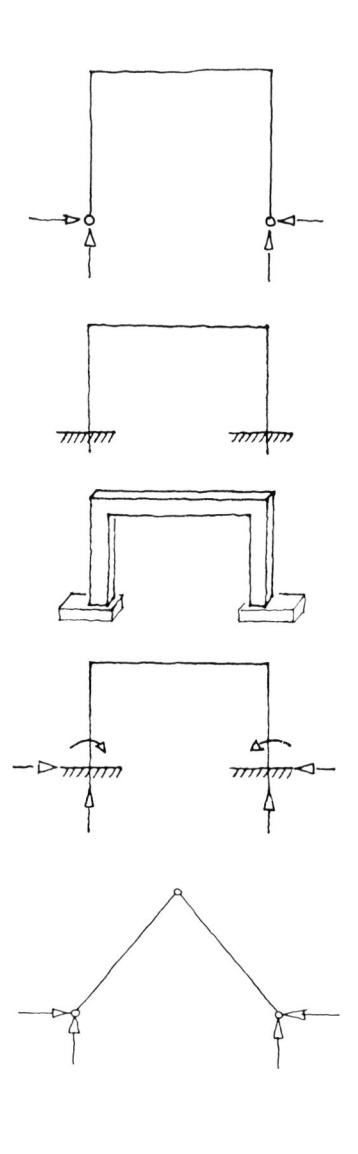

Der Zweigelenkrahmen hat zwei vertikale und zwei horizontale, also

    4 unbekannte Auflagerreaktionen
− 3 Gleichgewichtsbedingungen
    1 fach statisch unbestimmt.

Dieser Rahmen ist an seinen Auflagern eingespannt. Zu den zwei vertikalen und zwei horizontalen Auflagerreaktionen kommen noch zwei Einspannmomente an den Auflagern.

    6 unbekannte Auflagerreaktionen
− 3 Gleichgewichtsbedingungen
    3 fach statisch unbestimmt

Der Dreigelenkrahmen hat neben den Gelenken an seinen beiden Auflagern noch ein weiteres, ein drittes Gelenk. Dieses dritte Gelenk bedeutet eine zusätzliche Angabe über die Kräfte, denn es besagt ja: »Hier können keine Momente übertragen werden, hier ist also das Moment M = 0.« Damit haben wir neben den drei Gleichgewichtsbedingungen eine weitere Angabe:

    4 unbekannte Auflagerreaktionen
− 3 Gleichgewichtsbedingungen
− 1 Gelenk
    0 fach statisch unbestimmt = statisch bestimmt, wie schon die Anschauung ergab.

5 Innere Kräfte und Momente

Wir haben bisher die Kräfte und Momente untersucht, die lastend oder stützend von *außen* an einem Tragteil angreifen – die *äußeren* Kräfte und Momente. Nachdem wir diese äußeren Kräfte und Momente kennen, können wir untersuchen, welche Kräfte und Momente im *Inneren* des Tragteils wirken, wie sie das Tragteil zusammenhalten, verformen oder zerstören.

Auch für diese *inneren Kräfte und Momente* muss sein:

Aktion = Reaktion.

Dieser Satz gilt an jedem Punkt und für jedes kleinste Teilchen.

Die inneren Kräfte und Momente in einem Tragteil sind ein Ergebnis der äußeren Kräfte und Momente, die auf dieses Tragteil einwirken. Deshalb müssen wir zunächst die äußeren Kräfte und Momente kennen, bevor wir darangehen können, die inneren Kräfte zu ermitteln. Dort hatten wir unterschieden:

– horizontale Kräfte F_H,
– vertikale Kräfte F_V und
– Momente M.

Für die **inneren** Kräfte ist eine etwas andere Unterteilung zweckmäßiger. Hier ist es vor allem von Bedeutung, ob eine Kraft längs oder quer zur Stabachse gerichtet ist. Wir unterscheiden deshalb:

- Längskräfte N. Sie wirken in Richtung der Stabachse (auch Normalkräfte genannt, weil sie normal, d. h. senkrecht auf den Querschnitt wirken).
- Querkräfte V. Sie wirken quer zur Stabachse.
- Momente M.

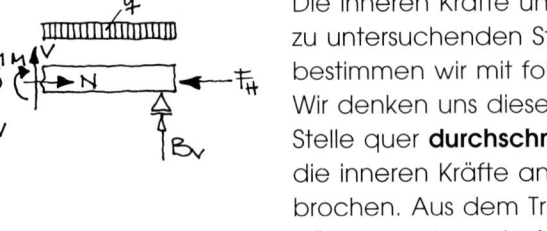

Die inneren Kräfte und Momente an einer zu untersuchenden Stelle eines Tragteiles bestimmen wir mit folgendem Denkmodell: Wir denken uns dieses Tragteil an dieser Stelle quer **durchschnitten**. Damit werden die inneren Kräfte an der Schnittstelle unterbrochen. Aus dem Tragteil werden zwei Teilstücke, die herunterfallen würden, träfen wir keine weiteren Maßnahmen. Als solche Maßnahme, die ein abgeschnittenes Teilstück wieder ins Gleichgewicht bringt, führen wir in Gedanken am Schnitt Kräfte und ein Moment ein, die – gleichsam von außen – so angreifen, wie vor dem Schneiden die inneren Kräfte über die Schnittfläche von Teilstück zu Teilstück wirkten.

Wir fragen uns also: Welche Kräfte und welches Moment müssen wir an den gedachten Schnittflächen ansetzen, um die inneren Kräfte und Momente zu ersetzen, d. h. um am untersuchten Querschnitt wieder Gleichgewicht herzustellen?

Wegen dieses Denkmodelles sprechen wir auch von **Schnittkräften**. Dieser Begriff umfasst auch das innere Moment.

5.1 Längskräfte

Vorzeichen

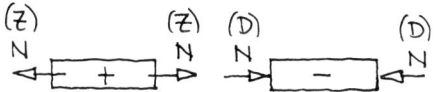

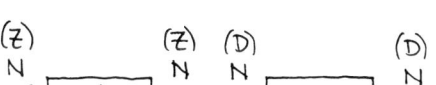

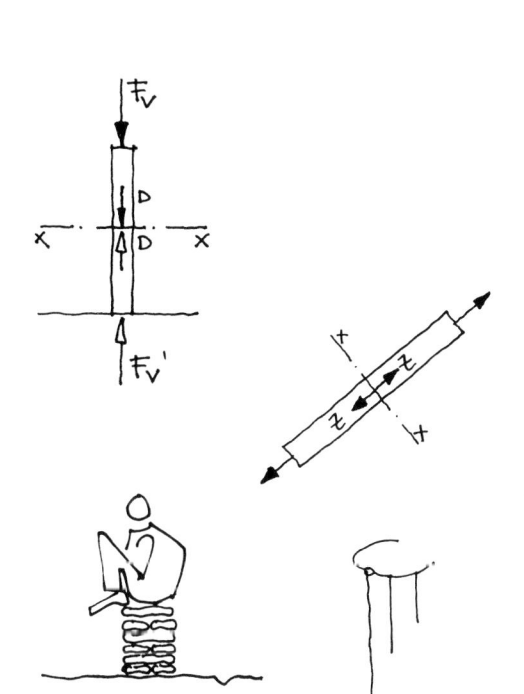

Längskräfte wirken in Richtung der Stabachse

Als *Zugkräfte* längen sie das Bauteil, als *Druckkräfte* verkürzen sie es. Für Längskräfte gilt die Vorzeichenregel:

Zug +   (wird länger)
Druck − (wird kürzer)

Längskräfte – auch **Normalkräfte** genannt – werden in der Regel mit N bezeichnet.

Will man hervorheben, dass es sich um eine Zugkraft handelt, so kann man auch die Bezeichnung Z bzw. für Druck D wählen.

Die **äußeren** Kräfte erzeugen im Inneren des Tragteiles entsprechende **innere** Kräfte. Die Vertikalkraft F_V (äußere Kraft), die auf diese Stütze wirkt, erzeugt im Schnitt x – x eine gleich große Druckkraft D (innere Kraft).

In diesem Fall wirken die äußeren Kräfte vom Bauteil weg, deshalb wirkt in dem Bauteil eine Zugkraft Z.

Wir kennen Tragteile, die nur Druck aufnehmen können, z. B. Mauerpfeiler, solche, die nur Zug aufnehmen können, z. B. Seile, und solche, die Druck und Zug aufnehmen können, z. B. Holz- oder Stahlstützen.

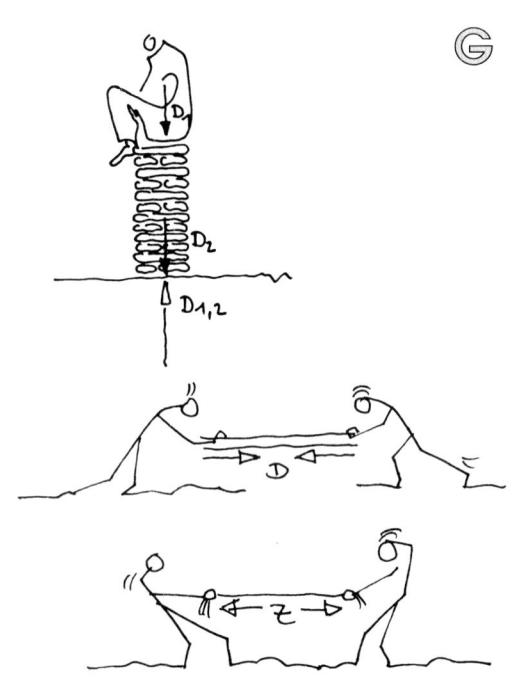

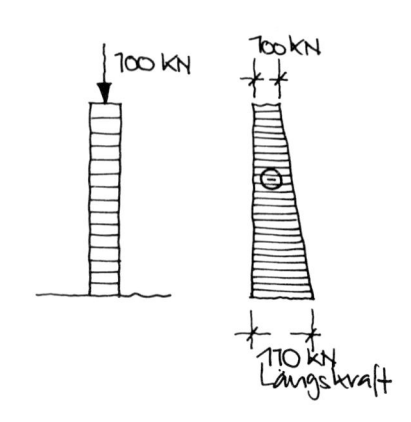

Die Längskraft – wie auch die anderen inneren Kräfte und Momente – kann über die ganze Länge eines Bauteiles gleichbleiben, sie kann sich aber auch von Querschnitt zu Querschnitt ändern.

So wird z. B. in einem Mauerpfeiler die Druckkraft nach unten immer größer – wegen des Eigengewichtes. In dem gezogenen bzw. gedrückten Stab in den nebenstehenden Skizzen bleibt die Längskraft von einem Ende bis zum anderen gleich – es wirkt ja dazwischen keine äußere Kraft, die die innere Längskraft verändern könnte.

Da sich die inneren Kräfte von Querschnitt zu Querschnitt ändern können, hätte es wenig Sinn, sie nur an einer Stelle durch einen Pfeil anzugeben.

Wir brauchen eine Darstellung, die es erlaubt, die inneren Kräfte an *jedem* Querschnitt abzulesen. Wir zeichnen dazu ein Diagramm längs der Stabachse.

Auf diesen Mauerpfeiler wirkt oben eine Last von 100 kN. Sein Eigengewicht betrage 10 kN. Die innere Kraft beträgt also oben – wo noch kein Eigengewicht wirkt – 100 kN, sie nimmt bis zu seinem Fuß um das Eigengewicht von 10 kN auf 110 kN zu. Die Zunahme ist gleichmäßig, denn der Pfeiler ist überall gleich dick, er wiegt auf jedem Teilstück seiner Höhe das gleiche. Wir können also den Wert an der Spitze und den am Fußpunkt *linear* verbinden.

Aus diesem Verlauf lässt sich für jeden Querschnitt die innere Längskraft ablesen.

Das Zeichen (–) im Diagramm deutet auf eine Druckkraft hin. Schließlich zeigen wir noch durch das Wort »Längskraft oder Normalkraft an, um welche Art innerer Kräfte es sich handelt.

5.2 Querkräfte

Querkräfte wirken – der Name sagt es – *quer* **zur Stabachse.**

Diese Hölzer – durch einen »Schwalbenschwanz« verbunden – werden durch die Querkraft gegeneinander verschoben.

Das Prinzip des Abscherens wird beim Schneiden mit einer Schere angewendet.

Querkraft ist Scherkraft.

Diese Schere ist offensichtlich etwas locker geworden, das Werkstück wird durch den Abstand a der Schneiden gebogen. Die Querkraft ist hier zwar nicht mehr so deutlich zu erkennen, weil ihr das Papier durch Verbiegen ausweicht, aber sie ist genauso vorhanden, wie bei der festeren Schere oben.

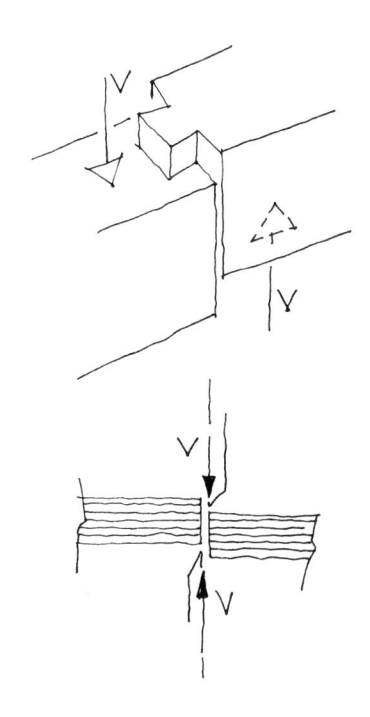

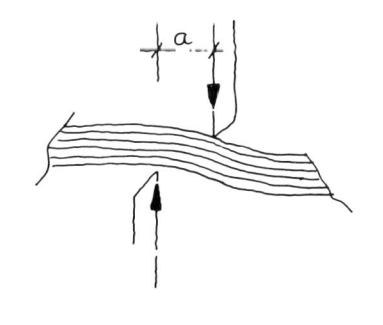

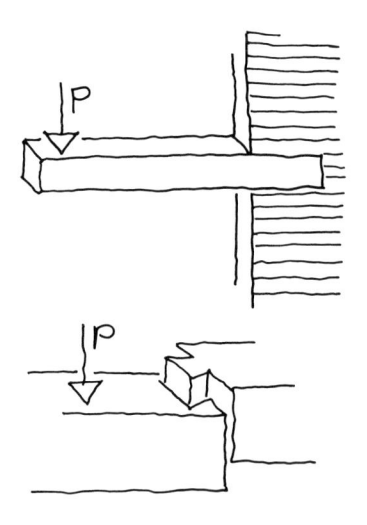

Wäre dieser auskragende Balken durch einen Schwalbenschwanz unterbrochen, so würde er an diesem Schwalbenschwanz nach unten abrutschen, denn diese Verbindung könnte keine Querkräfte aufnehmen. Das führt zu einer Verschiebung.

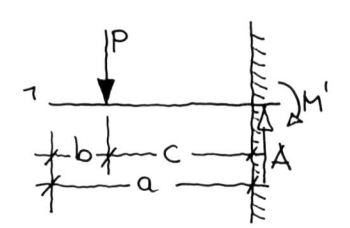

Beispiel 5.2.1

In diesem Beispiel betrachten wir nur die Kraft P und vernachlässigen das Eigengewicht des Balkens.

Zunächst müssen wir die Auflagerreaktionen kennen.

Aus $\Sigma F_V = 0$ folgt:
$P - A = 0$
$A = P$

Aus $\Sigma M = 0$ um Drehpunkt A folgt:
$- P \cdot c + M' = 0$
$M' = + P \cdot c$

Jetzt sind alle äußeren Kräfte und Momente – Last und Auflagerreaktionen – bekannt, und wir können uns der Ermittlung der inneren Kräfte widmen.

5.2 Querkräfte

Wir werden bei der Ermittlung der Querkraft von links nach rechts vorgehen. (Genauso gut könnten wir auch von rechts nach links gehen – es ist nur gebräuchlich, von links nach rechts zu gehen, wahrscheinlich deshalb, weil wir gewohnt sind, von links nach rechts zu schreiben.)

Wir beginnen also links am vorderen Ende des Balkens, am Punkt 1. Hier denken wir uns einen Schnitt quer durch den Balken gelegt und fragen uns: »Welche äußeren Kräfte quer zur Stabachse wirken *links* von diesem Schnitt?«

Antwort: Keine. Die Querkraft ist hier:

$V_1 = 0$

Wir gehen dem Balken entlang nach rechts – zunächst tritt kein äußerer Einfluss auf, der die Querkraft verändern könnte. Den nächsten Schnitt legen wir unmittelbar links von Punkt 2, an dem die Kraft P wirkt. Dieser Schnitt heißt 2 li.

Wieder betrachten wir die äußeren Kräfte links von diesem Schnitt und stellen fest: noch kein Einfluss quer zur Stabachse.

Es besteht weiterhin keine äußere Kraft quer zur Stabachse, also:

$V_{2\,li} = 0$

Den nächsten Schnitt legen wir ein kleines Stück rechts von Punkt 2, es ist der Schnitt 2 re. Wieder schauen wir nach links und stellen fest: Jetzt hat sich etwas geändert. Die äußere Kraft P wirkt links von diesem Schnitt. Damit ist die Querkraft um diesen Wert P größer geworden.

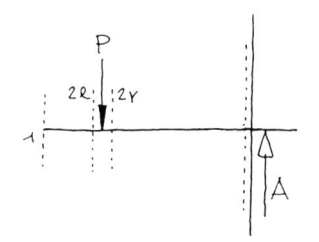

Vorzeichen

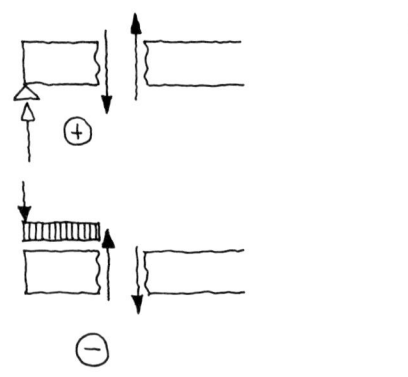

Denn die Querkraft ist ja die Summe aller querwirkenden Kräfte links von dem betrachteten Schnitt.

Die Querkraft V_{2re} muss also gleich P sein.

Wir bezeichnen die Querkraft als positiv, wenn die Summe aller links vom Schnitt quer zur Achse wirkenden Kräfte nach oben wirkt (sodass die Querkraft ihr nach unten entgegenwirken muss), und zeichnen im Diagramm diese positiven Querkräfte nach oben. Wir bezeichnen die Querkraft als negativ, wenn die Summe aller links vom Schnitt quer zur Achse wirkenden Kräfte nach unten wirkt (sodass die Querkraft ihr nach oben entgegenwirken muss), und zeichnen sie im Diagramm nach unten.

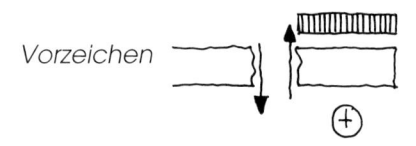

Der Kraft, die links vom Schnitt nach oben wirkt, muss rechts vom Schnitt eine gleich große nach unten wirkende entgegenstehen, damit an diesem Schnitt Gleichgewicht herrscht.

Deshalb gilt auch: Eine Querkraft ist positiv, wenn die Summe aller rechts vom Schnitt quer zur Achse wirkenden Kräfte nach unten wirkt etc.

In unserem Fall ist also:

$V_{2re} = -P$

Als Nächstes betrachten wir den Schnitt A li, also unmittelbar links neben dem Auflager A. Hier hat sich die Querkraft nicht gegenüber V_{2re} geändert – es ist keine äußere Kraft hinzugekommen.

$V_{Ali} = V_{2re} = -P$

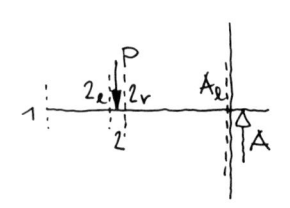

5.2 Querkräfte

㋐ Im Auflager A wirkt die Auflagerreaktion A, sodass im Querschnitt A_r, also unmittelbar rechts von A, gilt:

$V_{Are} = V_{Ali} + A = -P + P = 0$

Am rechten Ende des Trägers ist die Querkraft wieder 0, denn auch die Summe aller äußeren Kräfte, die über die ganze Trägerlänge quer zur Stabachse wirken (hier der F_V-Kräfte), muss ja gleich Null sein. (Was innerhalb der Einspannlänge geschieht, lassen wir hier noch außer Acht, es wird uns später beschäftigen.)

Die so ermittelten Werte können in einem Querkraft-Diagramm aufgetragen werden. Es wird so unter die Systemskizze gezeichnet, dass der Zusammenhang von Last und Querkraft klar ersichtlich ist.

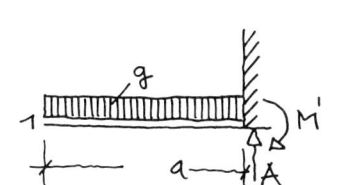

Beispiel 5.2.2

Das Eigengewicht des Kragträgers ist eine gleichmäßig verteilte Last.

Die Auflagerreaktion ergibt sich aus:

$g \cdot a - A = 0$
$A = g \cdot a$

Für die Querkraft aus dieser gleichmäßig verteilten Last sind nur zwei Punkte markant: Der Punkt 1 und der Auflagerpunkt A.

Links von Punkt 1 wurde noch keine querwirkende Kraft eingetragen:

$V_1 = 0$

Es erübrigt sich, bei nur gleichmäßig verteilten Lasten zwischen Schnitt 1_l und 1_r zu unterscheiden, das tun wir nur dort, wo eine Einzellast wirkt, sodass links von dieser Einzellast eine andere Querkraft auftritt als rechts von ihr.

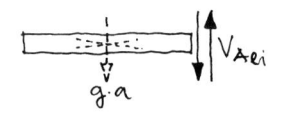

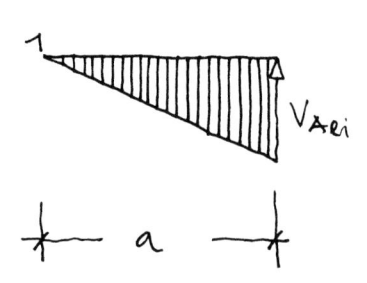

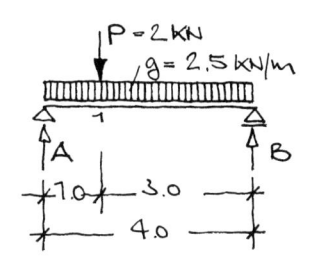

Im Querschnitt links vom Auflager A wirkt die gesamte Gleichstreckenlast g · a nach unten:

$V_{Ali} = - g \cdot a$

Zwischen den Querschnitten A_{li} und A_{re} verändert sich die Querkraft um die Auflagerkraft A:

$V_{Are} = V_{Ali} + A = - g \cdot a + A$
$V_{Are} = 0$

Zwischen den beiden untersuchten Querschnitten wirkt die Last gleichmäßig verteilt, die Querkraft nimmt also kontinuierlich zum Auflager hin zu.

Wir können daher die Werte V_1 und V_{Ali} durch eine gerade Linie verbinden. Aus diesem Diagramm lässt sich jetzt an jedem Punkt die Querkraft ablesen.

Beispiel 5.2.3

In diesem Beispiel wirken auf den Einfeldträger sowohl eine Einzellast als auch eine Gleichstreckenlast. Um die Querkraft für diese beiden Lasten zu ermitteln und in einem Querkraftverlauf darzustellen, werden die Werte aus P und g an den verschiedenen Querschnitten addiert.

Zunächst die Auflagerreaktionen:

A = 6,5 kN

B = 5,5 kN

5.2 Querkräfte

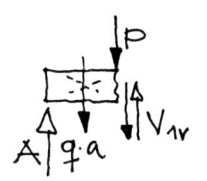

Daraus ergeben sich für die markanten Punkte A, 1 und B die Querkräfte:

$V_{Ali} = 0$
$V_A = 6{,}5$ kN
$V_{1li} = 6{,}5$ kN $- 2{,}5$ kN/m $\cdot 1{,}0$ m $= 4{,}0$ kN
$V_{1re} = 4{,}0$ kN $- 2{,}0$ kN $= 2{,}0$ kN
$V_{Bli} = 2{,}0$ kN $- 2{,}5$ kN/m $\cdot 3{,}0$ m $= -5{,}5$ kN
$V_{Bre} = -5{,}5$ kN $+ 5{,}5$ kN $= 0$

V_{Bre} muss gleich Null sein, da weiter rechts keine Kräfte mehr quer zur Trägerachse wirken. Dies wird klar, wenn man bedenkt, dass man die Untersuchung ja auch von rechts nach links hätte durchführen können (die Arbeitsweise von links nach rechts ist ja nur eine Vereinbarungsregel), dann hätte sich als erster Wert ergeben:

$V_{Bre} = 0$

Nur dann, wenn ein Verlauf der Querkraft über die gesamte Trägerlänge im Querkraftdiagramm gezeichnet werden soll, müssen wir die Querkraft Schritt für Schritt an jedem markanten Punkt bestimmen. Oft aber genügt es, die Querkraft nur für einzelne, maßgebende Querschnitte zu ermitteln. Welche dieses sind, werden wir noch sehen. Für diese Schnitte aber kann man die Querkraft auch unmittelbar bestimmen: Sie ist gleich der Summe aller links (bzw. rechts) von diesem Schnitt quer zur Stabachse wirkenden Kräfte. So kann in unserem Beispiel

$V_{1re} = A - q \cdot a - P$

auch unmittelbar angeschrieben werden, ohne vorheriges Ermitteln der Querkräfte an anderen Schnitten.

Zu beachten ist, dass bei symmetrischen Systemen und Lasten die Querkraftlinie *nicht* symmetrisch verläuft.

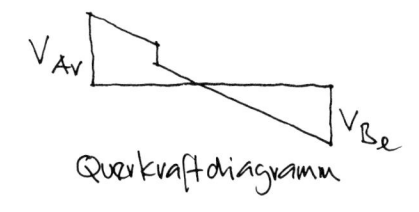

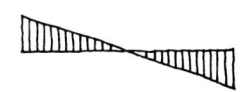

Vorzeichen

5.3 Momente

Moment ist Kraft mal Hebelarm

Bei der Ermittlung der *äußeren* Kräfte und Momente untersuchten wir, welche Kräfte um einen angenommenen Drehpunkt drehen, und ermittelten so die unbekannten Auflagerkräfte und Einspannmomente. Wir können deshalb die *äußeren Momente* auch als *Drehmomente* bezeichnen.

Bei der Ermittlung der *inneren Momente* sind die äußeren Kräfte und Momente bereits bekannt. Jetzt fragen wir uns, welche Momente das Bauteil biegen? Und wir werden dann in einem nächsten Arbeitsgang das Bauteil so ausbilden, so *bemessen*, dass die Biegung klein gehalten und dass der Bruch verhindert wird. Wir bezeichnen deshalb die *inneren Momente* als *Biegemomente*.

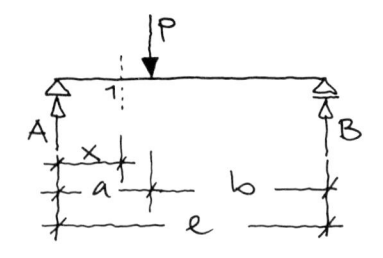

Beispiel 5.3.1

Dieser Träger sei ohne Eigengewicht und von der Einzellast P belastet.

$$A = \frac{P \cdot b}{l}$$

$$B = \frac{P \cdot a}{l}$$

Wir können für jede beliebige Stelle dieses Trägers, also für jeden Schnitt, das dort wirkende Biegemoment ermitteln.

Beginnen wir mit dem willkürlich gewählten Schnitt 1.

5.2 Querkräfte

Ⓖ Um das Biegemoment am Schnitt 1 zu ermitteln, fragen wir uns: Welche Kräfte biegen von einer Seite um diesen Schnitt? In unserem Fall biegt – wenn wir nach links schauen – die Kraft A mit dem Hebelarm x.

Das Biegemoment beträgt also:

$M_1 = A \cdot x$

$M_1 = \dfrac{P \cdot b \cdot x}{l}$

Ist das Moment positiv, weil es rechts herumdreht? Würden wir nach rechts schauen, so würde das Moment linksherum drehen.

Welches Vorzeichen sollen wir also wählen?

Für die inneren Momente, die Biegemomente also, brauchen wir eine andere Vorzeichenregel als für die äußeren:

Es ist leicht vorstellbar, dass dieser Träger unter der Last P sich so durchbiegt, dass er an seiner Unterseite gezogen, an seiner Oberseite gedrückt wird.

Vorzeichen

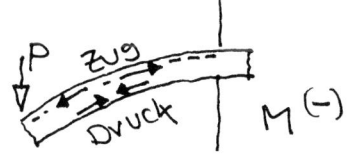

Wir bezeichnen ein Biegemoment, das Zug an der Unterseite erzeugt, als positiv (+), ein Biegemoment, das Zug an der Oberseite erzeugt, als negativ (–).

Das Moment am Schnitt 1 unseres Trägers ist also positiv.

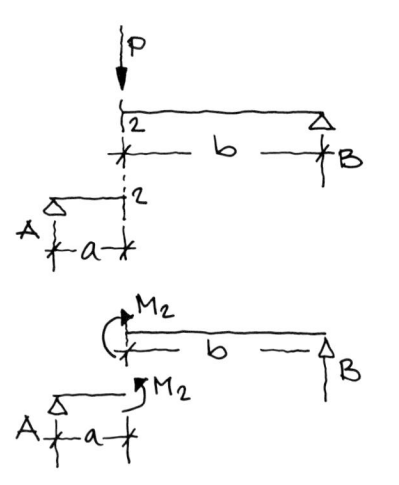

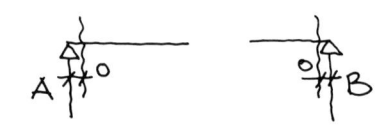

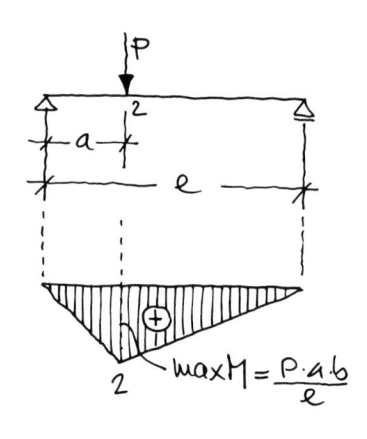

Ein markanter Punkt ist der Angriffspunkt von P.

Dort ist

$$M_2 = + B \cdot b = + \frac{P \cdot a}{l} \cdot b$$

Das Ergebnis muss selbstverständlich das gleiche sein, ob wir die Kräfte rechts oder links vom Schnitt drehen lassen, also gilt auch:

$$M_2 = + A \cdot a = + \frac{P \cdot b}{l} \cdot a$$

Das Moment erzeugt unten Zug, ist also positiv (+).

Bei den Auflagern A und B ist das Moment:

$$M_A = A \cdot 0 = 0 \quad \text{bzw.} \quad M_B = B \cdot 0 = 0$$

Zur Probe sei der Schnitt von der anderen Seite betrachtet:

$$M_A = B \cdot l - P \cdot a$$

$$M_A = \frac{P \cdot a}{l} \cdot l - P \cdot a = 0$$

Das Moment wächst linear von A bis 2 bzw. von B bis 2. Das lässt sich leicht ablesen aus $M_1 = A \cdot x$. Da zwischen den Auflagern und dem Schnitt 2 – also dem Angriffspunkt von P – keine weitere Kraft wirkt, kann das Moment nur proportional mit der Zunahme des Hebelarmes wachsen.

5.3 Momente

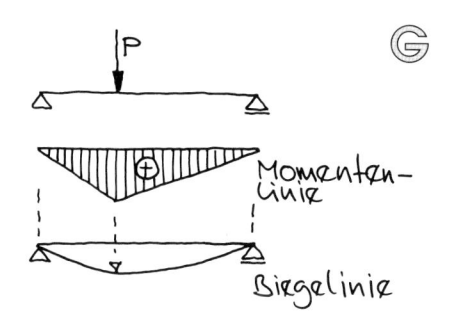

Das Moment im Angriffspunkt von P ist das *maximale* Moment, abgekürzt: max M.

Etwas inkonsequenterweise werden positive Momente im Diagramm nach unten, negative Momente im Diagramm nach oben gezeichnet. Positive Momente werden also in Richtung der Durchbiegung gezeichnet, die sie bewirken.

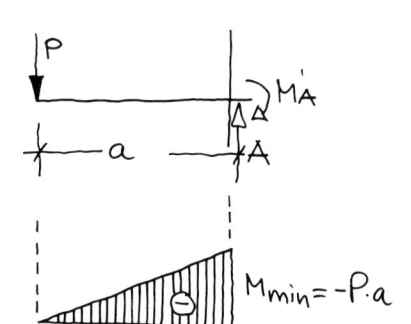

Beispiel 5.3.2

Die Einzellast auf einem gewichtslosen Kragarm erzeugt im Einspannpunkt das Moment $M'_A = - P \cdot a$

Es ist negativ (–), weil oben Zug erzeugt wird. Konsequenterweise muss der Extrem-Wert des negativen Momentes als *minimales* Moment – abgekürzt min M – bezeichnet werden.

Beispiel 5.3.3: Träger mit gleichmäßig verteilter Last

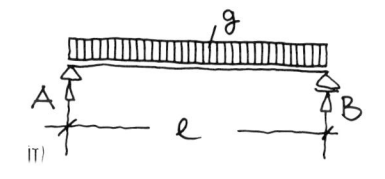

Wegen Symmetrie dieses Einfeldträgers ist unmittelbar zu erkennen, dass je die Hälfte des gesamten Lastpaketes $q \cdot l$ auf die beiden Auflager A und B entfällt.

$$A = \frac{q \cdot l}{2}$$

$$B = \frac{q \cdot l}{2}$$

Es ist weiterhin leicht zu erkennen, dass die größte Biegebeanspruchung – d. h. das größte Biegemoment – in der Mitte des Trägers liegt. Ein exakter Nachweis hierüber wird im Abschnitt 5.4 »Beziehung von Querkraft und Moment« geführt.

Wir betrachten also das Moment in Trägermitte:

$$\max M = + A \cdot \frac{l}{2} - q \cdot \frac{l}{2} \cdot \frac{l}{4} \quad \Big| \quad A = \frac{q \cdot l}{2}$$

$$= \frac{q \cdot l}{2} \cdot \frac{l}{2} - \frac{q \cdot l^2}{8} = \frac{q \cdot l^2}{8}$$

$$\boxed{\max M = \frac{q \cdot l^2}{8}}$$

Trotz aller Abneigung der Verfasser gegen Auswendiglernen – diese Formel sei der geneigten Leserin, dem geneigten Leser zum sorgsamen Merken empfohlen – es ist die meistgebrauchte Formel der Baustatik!!!

Diese Formel gilt aber nur für Träger auf zwei Stützen, ohne Kragarme, mit nur gleichmäßig verteilter Last!

An jedem beliebigen Schnitt 1 ist das Moment:

$$M_1 = A \cdot x - q \cdot x \cdot \frac{x}{2} \quad \Big| \quad A = \frac{q \cdot l}{2}$$

$$M_1 = \frac{q \cdot l}{2} \cdot x - \frac{q \cdot x^2}{2}$$

Hieraus lässt sich eine quadratische Funktion erkennen. Der Momentenverlauf muss eine quadratische Parabel sein.

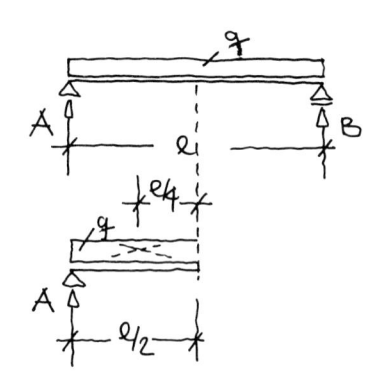

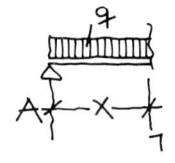

5.3 Momente

Da die Momente in den Auflagerpunkten
$M_A = 0$ und
$M_B = 0$ und das Maximalmoment
$\max M = \dfrac{q \cdot l^2}{8}$ in Trägermitte

bekannt sind, lässt sich diese Parabel konstruieren.

1. Trage die Strecke max M in Trägermitte an; der so gefundene Punkt S ist der Scheitelpunkt der Parabel.
2. Verdopple die Strecke max M bis zum Punkt C.
3. Verbinde C mit A und mit B; die Verbindungsgeraden sind Tangenten an die Parabel in A und B.
4. Ziehe durch S eine Parallele zur Grundlinie. Diese Parallele ist die Tangente bei max M.
5. Halbiere die Strecke $\overline{AE}$ zwischen Auflagerpunkt A und Tangentenschnittpunkt E, ebenso die Strecke $\overline{SE}$. Verbinde die Halbierungspunkte. Diese Verbindungsstrecke ist eine weitere Tangente. In ihrer Mitte ist der neue Tangentialpunkt. Wiederhole das gleiche $\overline{BE'}$ und $\overline{SE'}$.

Die so gefundenen Tangenten und Tangentialpunkte ermöglichen ein hinreichend genaues Zeichnen der Parabel. Diese Konstruktion ist auch zum freihändigen Skizzieren von Parabeln geeignet.

Die Genauigkeit dieser Konstruktion lässt sich durch immer weitere Tangenten beliebig steigern. Dabei ist zu beachten: stets die Strecke zwischen Tangentialpunkt und Schnittpunkt der schon vorhandenen Tangenten halbieren und zwei solche Halbierungspunkte verbinden. Dies ergibt eine weitere Tangente mit Tangentialpunkt in der Mitte. **Nie (!)** einen Halbierungspunkt mit einem Tangentialpunkt verbinden!

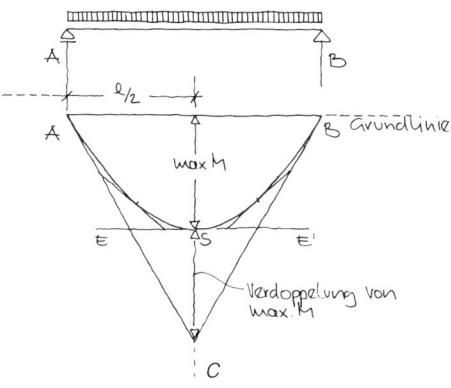

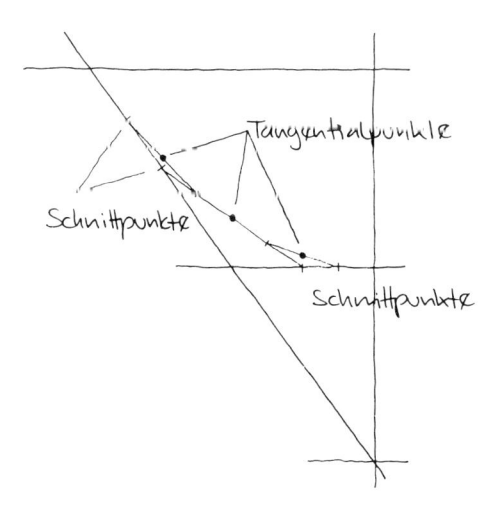

5.4 Beziehung von Querkraft und Moment

Wo liegt in diesem Fall das maximale Biegemoment?

Wo liegt das maximale Moment bei solchen Belastungen, mit mehreren Einzellasten und verschiedenen gleichmäßig verteilten Belastungen?

Oder wo liegt es bei diesem Träger mit Kragarm?

Die Lage der Maximal- bzw. Minimalmomente wird mithilfe des folgenden Gesetzes bestimmt:

Gesetz

Die Momentenlinie hat ein Maximum oder ein Minimum, wo die Querkraft $V = 0$ ist.

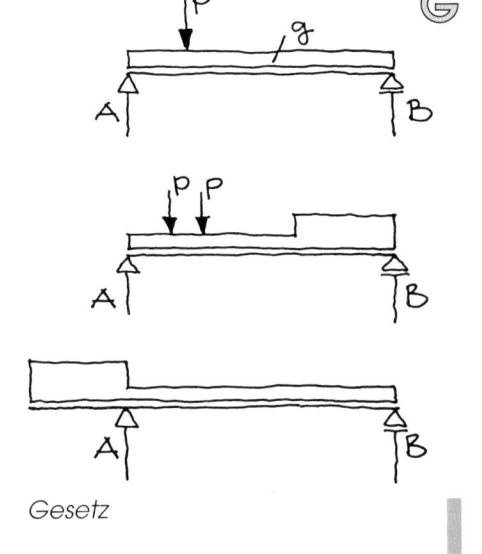

Herleitung dieses Gesetzes

An dem hier skizzierten kleinen Ausschnitt aus einem Träger greifen links das Moment M und die Querkraft V, rechts $M + dM$ und $V + dV$ an. Die Belastung ist p.

Nach $\Sigma F_V = 0$ ist

$$V - (V + dV) - p \cdot dx = 0$$
$$- dV = p \cdot dx$$
$$\frac{dV}{dx} = -p$$

Das heißt: Die Last ist der Differenzialquotient aus der Querkraft, differenziert nach der Strecke. Sie zeigt die Steigung der Querkraftlinie an. Die Steigung der V-Linie ist also proportional der Last.

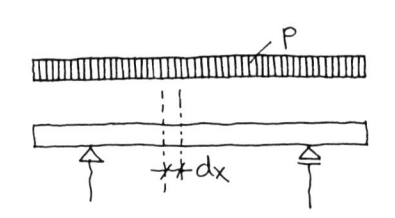

5.4 Beziehung von Querkraft und Moment

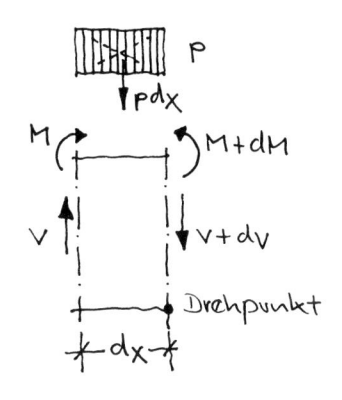

Nach $\Sigma M = 0$ ist

$$M - (M + dM) + V \cdot dx - p \cdot dx \frac{dx}{2} = 0$$

$$- dM + V \cdot dx - p \cdot \frac{(dx)^2}{2} = 0$$

Das Glied $(dx)^2$ kann entfallen – es ist von höherer Ordnung klein.

$$- dM + V \cdot dx = 0$$

$$\frac{dM}{dx} = V$$

Ⓖ Das heißt: Die Querkraft ist der Differenzialquotient des Momentes. Sie zeigt die Steigung der Momentenlinie an. Wo die Querkraft $V = 0$ ist, verläuft die Momentenlinie horizontal – sie hat dort ein Maximum oder ein Minimum. Ein Sprung im Querkraftverlauf führt beim Momentenverlauf zu einem Knick. Entsprechend ergibt sich aus einem linearen Querkraftverlauf ein parabelförmiger Momentenverlauf. Weitere Zusammenhänge zeigt die folgende Tabelle:

Last		keine Last	P			P
V		horizontal	Sprung	geneigte Gerade	Knick	Sprung
	0					
M	Max. oder Min.	gerade	Knick	Parabel	Parabel 1; Parabel 2 Übergang mit gemeinsamer Tangente	Knick

Beispiel 5.4.1: Einfeldträger mit Kragarm

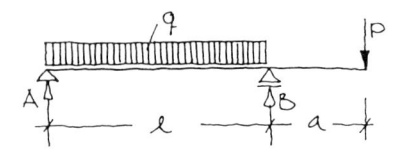

Auflagerreaktionen:

$$A \cdot l + P \cdot a - q \cdot l \cdot \frac{l}{2} = 0$$
$$\Rightarrow A$$

$$-B \cdot l + q \cdot l \cdot \frac{l}{2} + P \cdot (a + l) = 0$$
$$\Rightarrow B$$

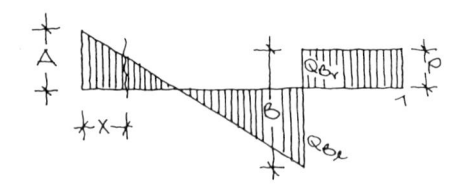

Querkräfte:

$V_{Ali} = 0$

$V_{Are} = A$

$V_{Bli} = V_A - q \cdot l$

$V_{Bre} = V_{Bli} + B$

$V_{1li} = V_{Bre}$

$V_{1re} = V_{1li} - P = 0$

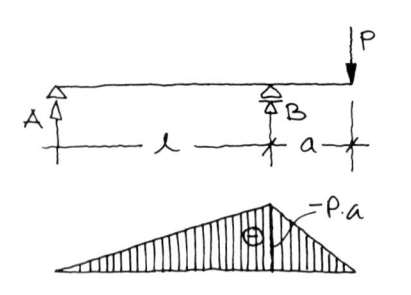

Momente:

Für die Konstruktion der Momentenlinie untersuchen wir zunächst getrennt den Einfluss der Einzellast P und den der gleichmäßig verteilten Last q.

Aus P allein:

$M_{BP} = -P \cdot a$ (d. h. Moment in B aus P)
$M_A = \pm 0$

Die Verbindung zwischen M_B und den Punkten A und 1 verläuft linear, denn es wirkt keine weitere Kraft zwischen diesen Punkten.

5.4 Beziehung von Querkraft und Moment

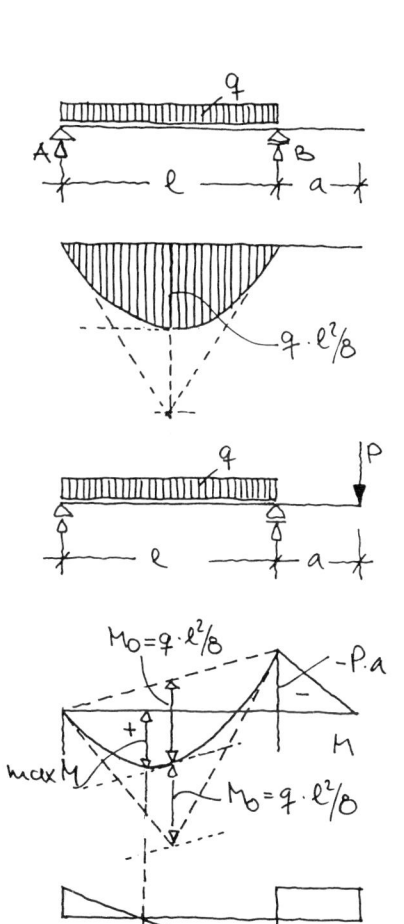

Ⓖ Aus q allein:

Wenn der Kragarm ohne Last ist, so ergibt sich unter q im Feld dasselbe Moment wie an einem Träger ohne Kragarm. Der unbelastete Kragarm übt keinen Einfluss aus. Wir nennen den so gefundenen Wert in Feldmitte M_0.

$$M_0 = \frac{q \cdot l^2}{8}$$

Die Momentenlinie für die *gesamte Belastung* erhalten wir, wenn wir die Momentenlinien aus den Teillasten *überlagern*. Wir tun dies, indem wir an die gerade Verbindungslinie zwischen M_A und M_B in der Mitte den Wert $M_0 = \dfrac{q \cdot l^2}{8}$ antragen und jetzt zwischen diesen drei Punkten die Parabel konstruieren. Die Tangente bei M_0 verläuft parallel zur Verbindungslinie.

Das Maximalmoment max M ist kleiner als $\dfrac{q \cdot l^2}{8}$. Der Kragarm mit der Last P hat zu einer Verminderung des Feldmomentes geführt. Wie aus der Momentenlinie zu erkennen ist, liegt der Wert max M nicht mehr in Mitte des Feldes – er ist nach links, vom Kragarm weg, gewandert. Wo liegt max M und wie groß ist es?

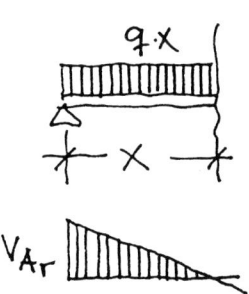

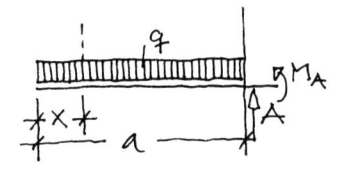

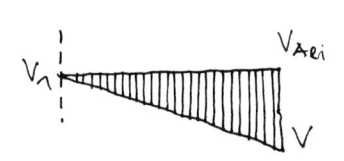

max M liegt da, wo die Querkraft V = 0 ist. Diese Stelle finden wir mit:

$$V_{Are} - q \cdot x = 0$$

$$\boxed{x = \frac{V_{Are}}{q}}$$

An dieser Stelle ist das Moment:

$$\max M = A \cdot x - q \cdot x \cdot \frac{x}{2}$$

$$\boxed{\max M = A \cdot x - \frac{q \cdot x^2}{2}}$$

Beispiel 5.4.2: Kragarm mit gleichmäßig verteilter Last

Auflagerreaktionen:

$$A = q \cdot a$$

$$M_A = -\frac{q \cdot a^2}{2}$$

Querkräfte:

$$V_1 = 0$$
$$V_{Ali} = -q \cdot a$$

Biegemomente:

$$M_1 = 0$$

$$M_A = \min M = -\frac{q \cdot a^2}{2}$$

Wie verläuft die Momentenlinie?

5.4 Beziehung von Querkraft und Moment

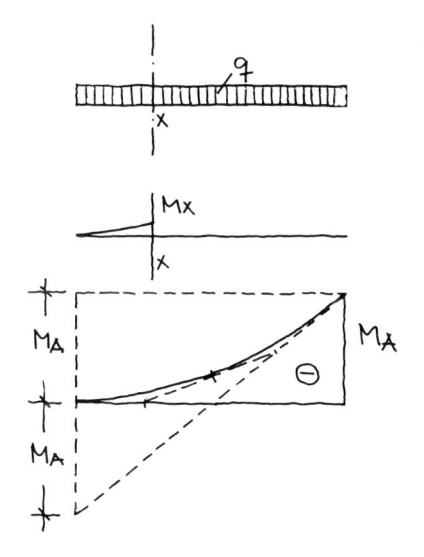

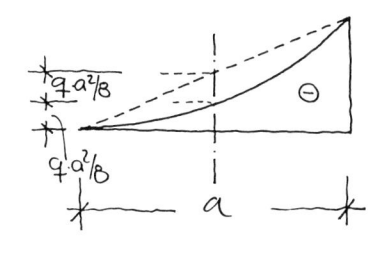

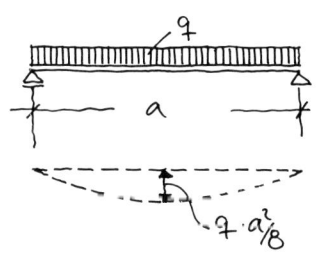

In jedem beliebigen Schnitt x ist

$$M_x = -\frac{q \cdot x^2}{2}$$

Die Strecke x wirkt sich also im Quadrat aus. Dies führt zu einer quadratischen Parabel. Die Steigung dieser Parabel am vorderen Ende des Kragträgers (Schnitt 1) ist 0, weil dort:

$$V_1 = 0$$

Dort liegt also der Scheitel der Parabel. Mit diesen Werten lässt sich die Kurve zeichnen.

Eine andere, noch einfachere Art, die Parabel zu zeichnen, ist die folgende:

Verbinde die Werte der markanten Punkte

$$M_1 = 0 \quad \text{und}$$

$$M_A = -\frac{q \cdot a^2}{2}$$

durch eine Gerade – die »Schlusslinie«. Ermittle den Wert

$$M_0 = \frac{q \cdot a^2}{8},$$

den Wert also, der in einem gedachten gleich langen Einfeldträger mit der Gleichlast q als max M auftreten würde, und trage diesen Wert mittig an. An dem so gefundenen Punkt liegt die Tangente parallel zur Schlusslinie. Damit lässt sich die Parabel in der bekannten Weise konstruieren.

Dasselbe Verfahren haben wir schon im Beispiel 5.4.1 angewandt, als wir die Gerade aus Last P mit der Parabel aus Last q überlagerten.

Dieses Verfahren ist immer anwendbar, wenn zwischen markanten Punkten 1 und 2 mit dem Abstand l_0 nur eine gleichmäßig verteilte Last q wirkt.

Verfahrensweise:
1. Trage die Momente M_1 und M_2 an.
2. Verbinde diese Werte durch die gerade Schlusslinie.
3. Ermittle $M_0 = \dfrac{q \cdot l_0^2}{8}$.
4. Trage M_0 mittig an die Schlusslinie an.
5. Ziehe durch den so gefundenen Punkt S die Tangente parallel zur Schlusslinie.
6. Zeichne die Parabel wie in auf Seite 75 beschrieben, jedoch mit der Tangente bei M_0 parallel zur Schlusslinie.

Beispiel 5.4.3: Einfeldträger mit verschiedenen Belastungen

Der Querkraftverlauf stellt sich wie skizziert dar. Wir gehen bei diesem Beispiel nicht näher darauf ein.

Momente:

1. M_1 (bei Einzellast P)

$$M_1 = A \cdot a - \dfrac{q_1 \cdot a^2}{2}$$

2. M_0-Werte

$$M_{01} = \dfrac{q_1 \cdot a^2}{8}$$

$$M_{02} = \dfrac{q_2 \cdot b^2}{8}$$

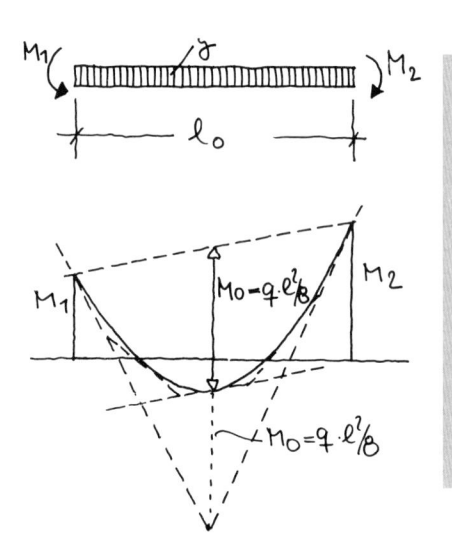

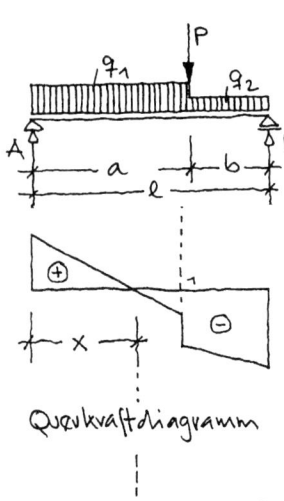

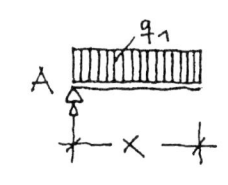

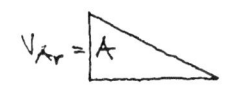

5.4 Beziehung von Querkraft und Moment

Mit diesen Werten lässt sich die Momentenlinie zeichnen.

3. max M:
Wo liegt max M, d. h. wo ist V = 0?

$$V_{Ar} - q_1 \cdot x = 0$$

$$\Rightarrow x = \frac{V_{Ar}}{q_1} = \frac{A}{q_1} \quad \bigg| \quad V_{Ar} = A$$

$$\max M = A \cdot x - \frac{q_1 \cdot x^2}{2}$$

Wir können also den Wert für max M entweder aus der Kurve messen oder ihn rechnerisch ermitteln. Der Vergleich des zeichnerischen und des rechnerischen Wertes kann als Probe dienen.

Beispiel 5.4.4

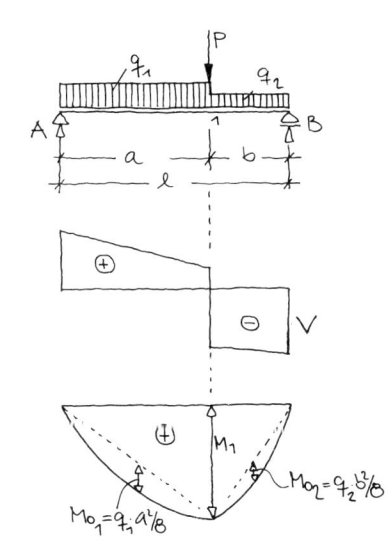

Das ist fast dieselbe Aufgabe wie in 5.4.3, jedoch sind die Lasten etwas anders verteilt, sodass max M unter der Einzellast P liegt. Das ist daran zu erkennen, dass die Querkraft im Schnitt 1 durch 0 geht, dass also

$V_{1li} > 0$ und

$V_{1re} < 0$ ist.

In diesem Fall ist

$$M_1 = \max M = A \cdot a - \frac{q_1 \cdot a^2}{2}$$

oder

$$M_1 = \max M = B \cdot b - \frac{q_2 \cdot b^2}{2}$$

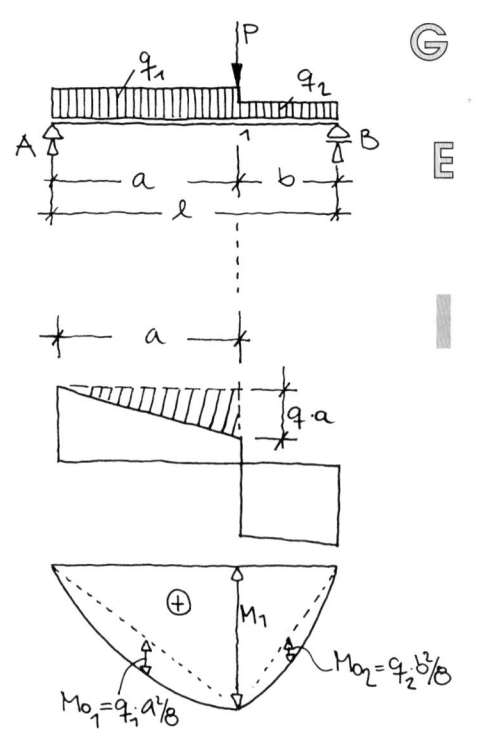

5.5 Ermittlung der Momente über die Querkraft

Wenn die Querkraft der Differenzialquotient des Momentes ist, so muss das Moment das Integral über der Querkraft sein. Daraus folgt:

Das Moment ist gleich der Querkraftfläche bis zu dem untersuchten Querschnitt.

Beispiel 5.5.1 (wie Beispiel 5.4.4)

Das Moment am Schnitt 1 ist gleich der Querkraftfläche links von diesem Punkt. (Hier ist es der Angriffspunkt von P.)

$$M_1 = V_{Ar} \cdot a - q_1 \cdot a \cdot \frac{a}{2}$$

oder

von der Querkraftfläche rechts von Schnitt 1 ermittelt:

$$M_1 = V_{Bl} \cdot b - q_2 \cdot b \cdot \frac{b}{2}$$

Wir erkennen, dass die Ermittlung der Momente über die Querkraftfläche zu den gleichen Ausdrücken führt wie die Ermittlung in Beispiel 5.4.4.

Die Vorzeichenregel für Momente ist unabhängig von der für Querkräfte; wir können also nicht von der negativen Querkraft auf ein negatives Moment schließen.

Für das Moment muss sich selbstverständlich der gleiche Wert (absolut genommen) ergeben, ob wir es nach der Querkraftfläche links oder rechts vom Schnitt 1 ermitteln. Daraus folgt:

Die Querkraftflächen links und rechts von einem Schnitt sind gleich groß, haben jedoch entgegengesetzte Vorzeichen.

6 Lastfälle und Hüllkurven

Träger mit Kragarmen

Eine Last auf einem Kragarm entlastet das Feld. Noch stärker ist die Feld-Entlastung durch Lasten auf zwei Kragarmen.

Die hier skizzierten Durchbiegungsversuche lassen sich leicht mit Reißschiene o. Ä. durchführen. Man kann spüren oder sich vorstellen, wie durch die Belastung der Kragarme das Feld angehoben wird.

Zwar sind die Durchbiegungen keineswegs identisch mit den Momenten, aber sie lassen doch Rückschlüsse auf die Momente zu: Wo die Durchbiegung nach oben konkav ist – also oben Druck wirkt –, zeigt sie ein positives Biegemoment an, wo sie nach oben konvex ist – also oben Zug wirkt –, zeigt sie ein negatives Moment an. Der Übergang von konkav zu konvex – also der Wendepunkt der elastischen Linie – zeigt demnach den Momenten-Nullpunkt an.

Die Kragmomente verschieben die Momenten-Nullpunkte von den Auflagern nach innen. Das Feldmoment ist jetzt nur noch so groß, wie bei einem kragarmlosen Träger von der Spannweite l_i – dabei ist l_i die Entfernung der Nullpunkte.

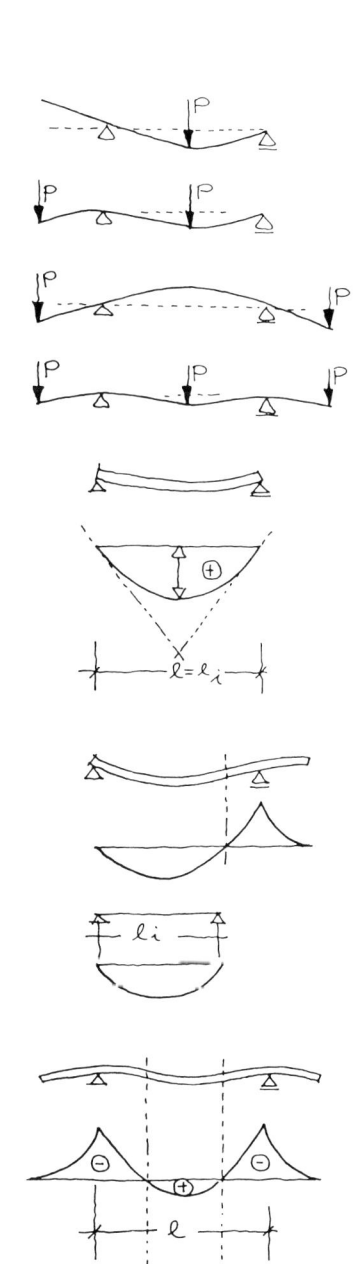

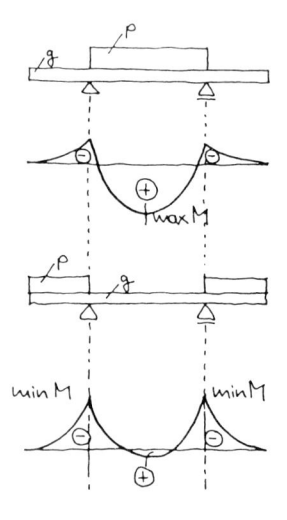

Die Kragarm-Belastung verringert also das Feldmoment. Damit kommt der Verteilung von g und p – also von ständiger und nicht ständiger Last – eine wichtige Bedeutung zu:

Das maximale Feldmoment entsteht dann, wenn das Feld voll belastet ist, d. h. mit g + p = q, die Kragarme hingegen nur mit der kleinstmöglichen Last, d. h. nur mit der ständigen Last g. Für eventuell vorhandene Einzellasten gilt Entsprechendes:

Sie sind zu unterteilen in
- ständige Anteile G
und
- nicht ständige Anteile P.

Die größten Kragmomente min M entstehen unter größter Belastung der Kragarme; sie sind unabhängig von der Feldlast.

Es müssen hier also verschiedene *Lastfälle* betrachtet werden. Für die Bemessung des Trägers – sie wird in den Kapiteln 8 und 14 behandelt – ist nicht nur **ein** Lastfall maßgebend, sondern wir müssen für jede zu bemessende Stelle des Trägers das größte Moment kennen, das im jeweils maßgebenden Lastfall dort auftritt.

6 Lastfälle und Hüllkurven

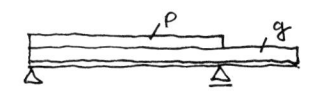

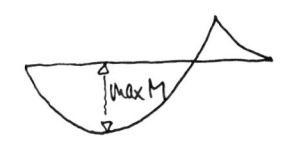

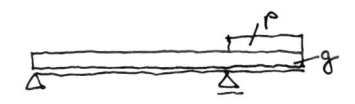

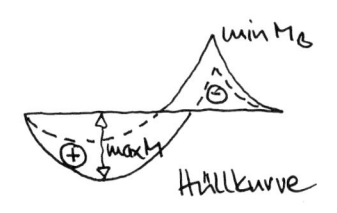

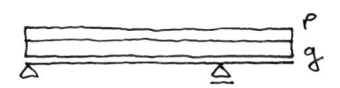

Lastfall 1

größte Last im Feld,
kleinste Last auf dem Kragarm
$\Rightarrow$ maximales Feldmoment max M

Lastfall 2

kleinste Last im Feld,
größte Last auf dem Kragarm
$\Rightarrow$ maximale Stützenmomente min M_B und
kleinstes Feldmoment

Die verschiedenen Lastfälle ergeben verschiedene Momentenkurven. Die maßgebenden Momentenkurven werden in einer Figur zusammengezeichnet. Diese Figur heißt *Hüllkurve*, weil sie alle infrage kommenden Momente umhüllt.

Lastfall 3

Volllast
ergibt keine neuen Maximalmomente. Sie ist aber von Bedeutung für die Schub-Bemessung, die in Kapitel 8 beschrieben wird. Deshalb wird die Querkraft für diesen Lastfall ermittelt.

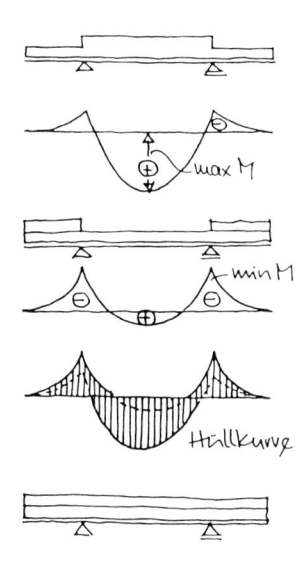

Ⓖ Entsprechendes gilt für den Träger mit zwei Kragarmen.

An der Hüllkurve kann für jede Stelle – d. h. für jeden Schnitt – des Trägers abgelesen werden, welche Momente dort auftreten können. Die jeweils größten Momente – als absolute Werte – sind für die Bemessung des Trägers maßgebend.

Vollast ist maßgebend nur für Querkraft und Schubbemessung.

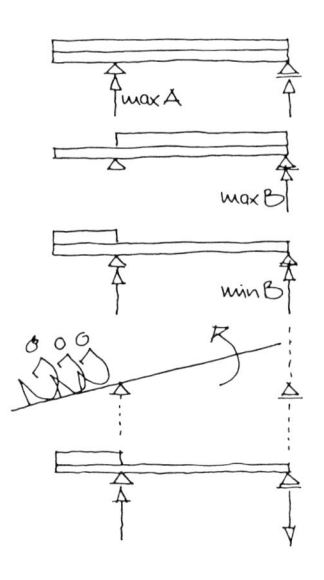

Für den Träger mit nur *einem* Kragarm ergeben sich aus diesen Lastfällen auch die maximalen und die minimalen Auflagerreaktionen und eventuell die Kippsicherheit, die bei großem, schwer belastetem Kragarm eine Verankerung des dem Kragarm gegenüberliegenden Auflagers erfordern könnte.

6 Lastfälle und Hüllkurven   89

Ⓖ Am Träger mit zwei Kragarmen ergeben sich die maximalen bzw. die minimalen Auflagerreaktionen aus weiteren Lastfällen:

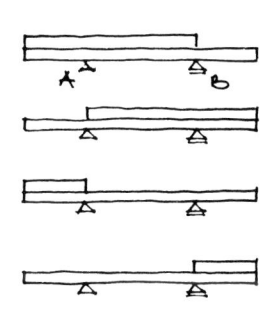

⇒ max A

⇒ max B

⇒ min B

⇒ min A

Die beiden letzten Lastfälle sind nur im Hinblick auf eine eventuelle Kippgefahr zu untersuchen.

Mit etwas Erfahrung lässt sich meist auf den ersten Blick erkennen, ob eine Kippgefahr im Bereich des Möglichen liegt, d. h. ob eine Untersuchung dieser beiden Lastfälle überhaupt erforderlich ist.

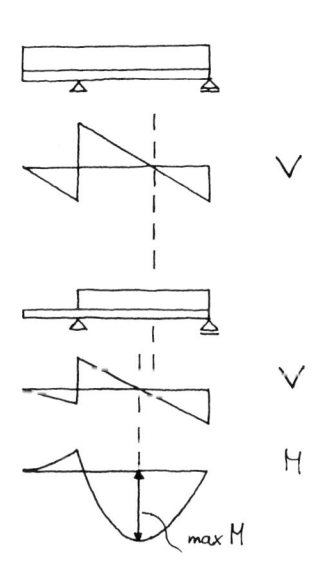

Die Querkraft wird in der Regel nur für den Lastfall Volllast untersucht.

Eine Ausnahme bildet die Querkraft, die wir für die Ermittlung des maximalen Feldmomentes kennen müssen. Sie ist selbstverständlich für den Lastfall zu ermitteln, der dieses maximale Feldmoment ergibt. Bei *diesem* Lastfall ist dann V = 0 dort, wo das maximale Feldmoment liegt. Die Lage des Querkraft-Nullpunktes ist für die verschiedenen Lastfälle verschieden.

6 Lastfälle und Hüllkurven

Beispiele zur Hüllkurve

Beispiel 6.1: Einfeldträger mit Kragarm

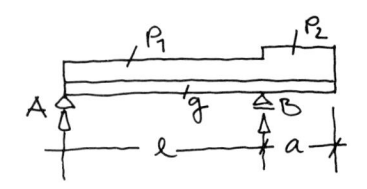

Lastfall 1 $\longrightarrow$ max M
$\longrightarrow$ max A

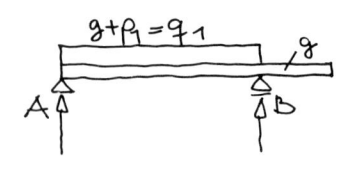

Auflager A:
$$A \cdot l - q_1 \cdot \frac{l^2}{2} + g \frac{a^2}{2} = 0$$
$\Rightarrow$ max A

Maximalmoment:
$$x = \frac{A}{q}$$

$$\max M = A \cdot x - \frac{q \cdot x^2}{2}$$

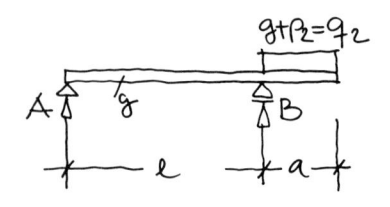

Lastfall 2 $\longrightarrow$ min M_B
$\longrightarrow$ min A

$$\min M_B = - \frac{q_2 \cdot a^2}{2}$$

$$A \cdot l - g \cdot \frac{l^2}{2} + q_2 \cdot \frac{a^2}{2} = 0$$
$\Rightarrow$ min A

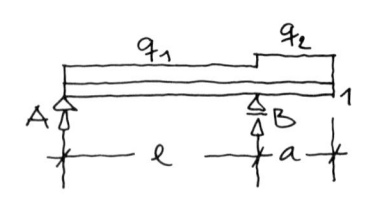

Lastfall 3 Volllast
$\longrightarrow$ max B

Dieser Lastfall ergibt keine weiteren Maximal- bzw. Minimalmomente. Jedoch die Querkraftkurve wird für diesen Lastfall gezeichnet.

Für die Ermittlung der Querkräfte sind zunächst die Auflagerreaktionen zu ermitteln:

Auflager:
$$A \cdot l - q_1 \cdot \frac{l^2}{2} + q_2 \cdot \frac{a^2}{2} = 0$$
$\Rightarrow$ A

$$- B \cdot l + q_1 \cdot \frac{l^2}{2} + q_2 \cdot a \left(l + \frac{a}{2}\right) = 0$$
$\Rightarrow$ max B

6 Lastfälle und Hüllkurven

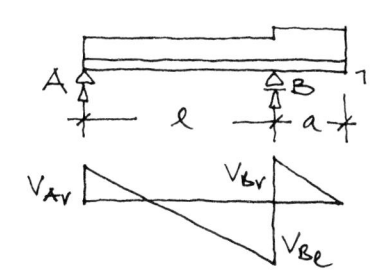

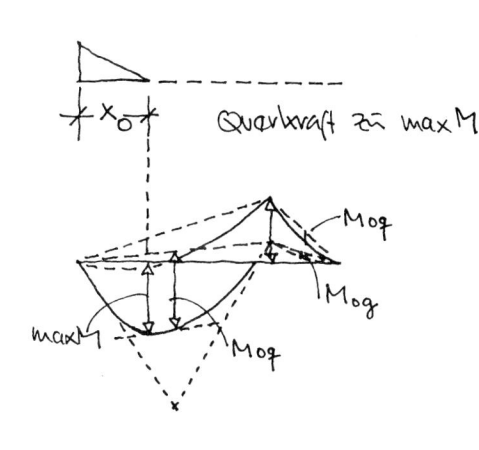

Querkraft: (nach Lastfall 3)

$V_A = A$

$V_{Bl} = A - q_1 \cdot l$

$V_{Br} = V_{Bl} + B$

$V_1 = V_{Br} - q_2 \cdot a = 0$

Hüllkurve:

Zum Zeichnen der Hüllkurve benötigen wir noch die M_0-Werte:

Feld: $\quad M_{0q} = \dfrac{q_1 \cdot l^2}{8}$

$\quad\quad\quad M_{0g} = \dfrac{g \cdot l^2}{8}$

Diese Werte werden in Feldmitte an die zugehörigen Schlusslinien angetragen.

Kragarm: $\quad M_{0q} = \dfrac{q_2 \cdot a^2}{8}$

$\quad\quad\quad\quad M_{0g} = \dfrac{g \cdot a^2}{8}$

Diese Werte werden in Kragarmmitte an die zugehörigen Schlusslinien angetragen.

7 Festigkeit von Baumaterialien

7.1 Kräfte und Spannungen

Materialien können *zugfest* und/oder *druckfest* und/oder *scherfest* sein.
Wie steht es mit der Biegefestigkeit?
Biegung erzeugt Zug-, Druck- und Querkräfte. Ein biegefestes Material muss daher zug-, druck- und scherfest sein.

Ein Seil ist zugfest, nicht jedoch druckfest und folglich auch nicht biegefest. (Seine Druck- und Biegefestigkeit sind so gering, dass sie bei der statischen Untersuchung als nicht vorhanden betrachtet werden.)

Würde dieser Pfeiler nur aus aufgeschichteten Ziegeln ohne Mörtel bestehen, so wäre überhaupt keine Zugfestigkeit vorhanden und auch keine Scherfestigkeit (wenn man von der Reibung absieht). Ein an diesem Pfeiler angebundener Hund könnte sich befreien durch eine horizontale Querkraft und damit Abscheren des Pfeilers.
Dieser Pfeiler ist nur druckfest.

Jede Kraft, die auf einen Körper wirkt, erzeugt dort eine *Spannung*. Im einfachsten Fall, in dem sich eine Druck- oder Zugkraft F gleichmäßig über den Querschnitt A verteilt*), entsteht in diesem Querschnitt die Spannung

$$\sigma = \frac{F}{A} \left[\frac{kN}{cm^2} \right]$$

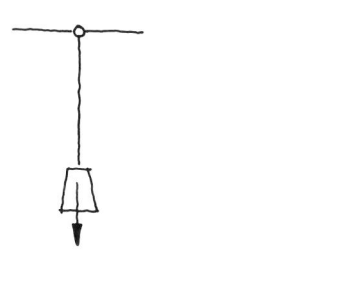

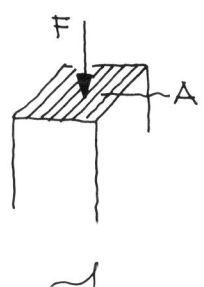

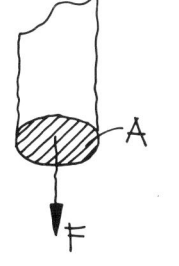

---

*) F ist das allgemeine Zeichen für Kraft (Force), A für Fläche (Area). Dieses A hat nichts mit der Auflager-Bezeichnung A zu tun. In älterer Literatur wird mit F meist die Fläche bezeichnet.

Ⓖ Zugkräfte erzeugen Zugspannungen (+), Druckkräfte erzeugen Druckspannungen (–).

Beide werden mit σ bezeichnet. Zur genaueren Kennzeichnung kann man die Bezeichnungen σ_Z für Zugspannungen und σ_D für Druckspannungen verwenden. Biegung erzeugt in Teilen eines Querschnittes Zug, in anderen Teilen Druck, zur eindeutigeren Beschreibung auch als »*Biegezug*« und »*Biegedruck*« bezeichnet. Die entsprechenden Biegezug- und Biegedruckspannungen werden ebenfalls mit σ bezeichnet.

Querkräfte erzeugen Scher- und Schubspannungen. Zur Unterscheidung von den Zug- und Druckspannungen bezeichnet man sie mit τ.

Hier gilt:

$$\tau \approx \frac{V}{A} \left[\frac{kN}{cm^2} \right]$$

Warum τ nur proportional $\frac{V}{A}$ ist und nicht gleich $\frac{V}{A}$ wird in Kapitel »Schub« erläutert.

Wird eine Spannung σ bis zur *Bruchspannung* des Werkstoffes β_{Bruch} erhöht, so führt dies zum Bruch. Die *Grenzspannungen* σ_{Rd}, bis zu denen Baustoffe ausgenutzt werden dürfen, liegen niedriger.

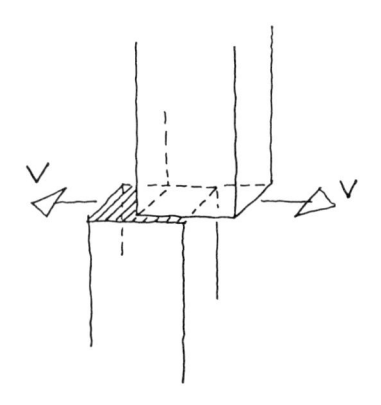

7.2 Elastische und plastische Verformungen

Jede Spannung bewirkt eine Verformung. Erst durch die Verformung erwirbt ein Material die erforderliche *innere Widerstandsfähigkeit*, um die Spannung aufnehmen zu können. Deshalb biegt sich jeder Balken und jede Decke unter einer Belastung, deshalb verkürzt sich jede Druckstütze und längt sich jedes Seil unter einer Last. Die Konstruktion, die sich unter Last nicht verformt, existiert nur in der Fantasie des Bauherren.

Ein Material verhält sich *elastisch*, wenn eine Verformung nur so lange andauert, wie die Spannung besteht, wenn es also nach der Entlastung wieder in seine alte Form zurückkehrt.

Die Kraft F biegt den eingespannten Stab nach unten. Wenn die Kraft F wegfällt, kehrt der Stab in seine alte Form zurück – er hat sich *elastisch* durchgebogen.

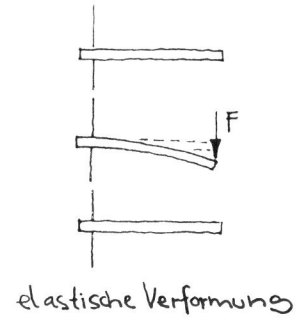

elastische Verformung

Wird der Stab von einer noch größeren Kraft so weit gebogen, dass er nach Wegfall dieser Kraft nicht mehr ganz in seine alte Form zurückkehrt, so ist er nicht nur *elastisch*, sondern auch *plastisch* verformt. Die *Elastizitätsgrenze* wurde überschritten.

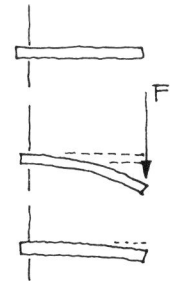

elastische und plastische Verformung

ⓖ Wir kennen solches Verhalten von einem Draht: Nach geringer Biegung nimmt er bei Entlastung seine alte Form wieder an – die Spannungen blieben im elastischen Bereich. Verbiegt man ihn stärker, so bleibt ein Teil der Biegung. Nur um den elastischen Teil geht er zurück, der plastische Teil der Verformung bleibt.

Baustoffe dürfen nur im elastischen Bereich beansprucht werden. Würde eine Durchbiegung bis in den plastischen Bereich führen – d. h. das Bauteil nach Entlastung nicht mehr seine alte Form annehmen –, so hätte ja eine erneute Belastung eine noch weitergehende Durchbiegung zur Folge, die auch wieder zum Teil bleiben würde etc. Die bleibenden Verformungen würden sich aufaddieren, das Bauteil bald unbrauchbar werden.

Allerdings müssen wir hinnehmen, dass manche Baustoffe im Laufe der *Zeit* ihre Form *bleibend verändern*. So wird ein Holzbalken sich im Laufe einer vieljährigen Belastung bleibend – also plastisch – biegen. Durch Trocknen wird er sein Volumen verringern.

Wir sprechen von *Schwinden*, wenn ein Material unabhängig von der Belastung sein Volumen verringert, von *Kriechen*, wenn die Verformung das Ergebnis langzeitiger Belastung ist.

Ⓖ Holz schwindet durch Trocknen, insbesondere in Querrichtung lässt sich dieses Schwinden deutlich beobachten.

Die erwähnte bleibende Durchbiegung des Holzbalkens unter langjähriger Last hingegen ist ein Ergebnis des Kriechens. Auch Beton schwindet beim Abbinden – der Vorgang dauert ca. drei bis fünf Jahre, er ist im Anfang am stärksten und klingt allmählich aus.

Beton kriecht unter Belastung.

Schwinden und Kriechen der Baustoffe müssen bei der Planung bedacht werden – ebenso wie die Verformungen infolge Temperatur. Näheres darüber im nächsten Band.

7.3 Elastizitätsmodul, Hookesches Gesetz

Die Verformungen infolge der Zug- und Druckspannungen heißen *Dehnungen*. Anders als im allgemeinen Sprachgebrauch wird nicht nur die Längung infolge Zugspannung, sondern auch die Verkürzung infolge Druckspannung als Dehnung bezeichnet.

Bei vielen Baustoffen – so bei Holz und Stahl – sind im elastischen Bereich die Dehnungen proportional den Spannungen.

Das heißt: Wenn eine bestimmte Last die Dehnung von 1 cm bewirkt, dann bewirkt die doppelte Last die Dehnung von 2 cm, die dreifache Last die Dehnung von 3 cm etc.

Ein Stab von der ursprünglichen Länge l dehnt sich unter einer Kraft F um den Betrag Δl. Das Verhältnis $\dfrac{\Delta l}{l}$ ist der *Dehnungskoeffizient* ε:

$$\varepsilon = \frac{\Delta l}{l} \left[\frac{cm}{cm}\right]$$
Die Dehnung ist dimensionslos.

Sind Spannungen und Dehnungen zueinander proportional, so ist das Verhältnis $\dfrac{\sigma}{\varepsilon}$ konstant. Das Verhältnis zwischen Spannung und Dehnung ist eine Materialkonstante, die als Elastizitätsmodul bezeichnet wird.

$$E = \frac{\sigma}{\varepsilon} \left[\frac{kN}{cm^2}\right]$$

Diese Gleichung lässt sich umformen
– nach der gesuchten Längenänderung eines Bauteils

mit $\varepsilon = \dfrac{\Delta l}{l}$ $\quad \Delta l = \varepsilon \cdot l$ und $E = \dfrac{\sigma}{\varepsilon}$ $\quad \varepsilon = \dfrac{\sigma}{E}$

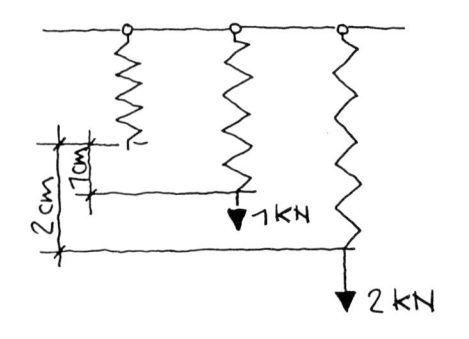

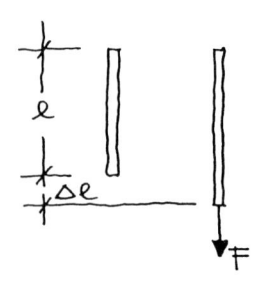

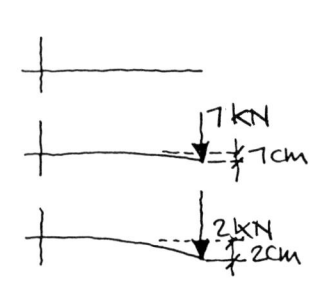

7.3 Elastizitätsmodul, Hookesches Gesetz

Ⓖ wird $\Delta l = \dfrac{\sigma \cdot l}{E}$

– oder nach der gesuchten

Spannung im Querschnitt wird

$\sigma = \dfrac{\Delta l}{l} \cdot E.$

Diese Gesetzmäßigkeit wurde von dem englischen Naturforscher *Robert Hooke* (1635 bis 1703) gefunden.

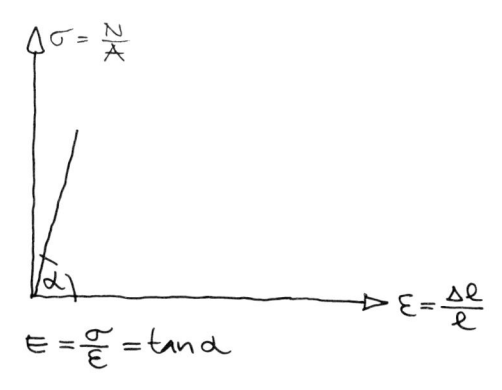

$\sigma = \dfrac{N}{A}$

$\varepsilon = \dfrac{\Delta \ell}{\ell}$

$E = \dfrac{\sigma}{\varepsilon} = \tan \alpha$

Gesetz

Hookesches Gesetz:
Im elastischen Bereich sind die Dehnungen den Spannungen proportional.

7.4 Besonderheiten der Baumaterialien

7.4.1 Holz

»Holz ist ein Röhrenbündel.« Mit diesem Satz erklärte Otto Graf[*], Nestor der Baumaterialforschung, in seinen Vorlesungen wichtige Eigenschaften des Holzes.

Der Aufbau als Röhrenbündel bewirkt, dass Holz in Faserrichtung hohe Druck- und Zugfestigkeiten aufweist, quer zur Faser hingegen nur einen Bruchteil der Druck- und fast keine Zugfestigkeit. Er bewirkt auch die geringe Schubfestigkeit, d. h., die Fasern (»Röhren«) scheren leicht gegeneinander ab. Er bewirkt schließlich, dass die Röhren, die ja zunächst die Säfte des Baumes geführt haben, vor der Verwendung als Bauholz austrocknen müssen und dabei schwinden – vorwiegend quer zur Faserrichtung –, später aber durch ihre Kapillarwirkung auch wieder Feuchtigkeit aufnehmen und dabei quellen können, wenn auch bei trockener Lagerung in weit geringerem Maße als vor der Trocknung. Holz arbeitet, deutlich stärker in Quer- als in Längsrichtung. Dies muss beim Konstruieren mit Holz immer bedacht werden.

---

[*] Graf, Otto, 1881 bis 1956

7.4.2 Stahl

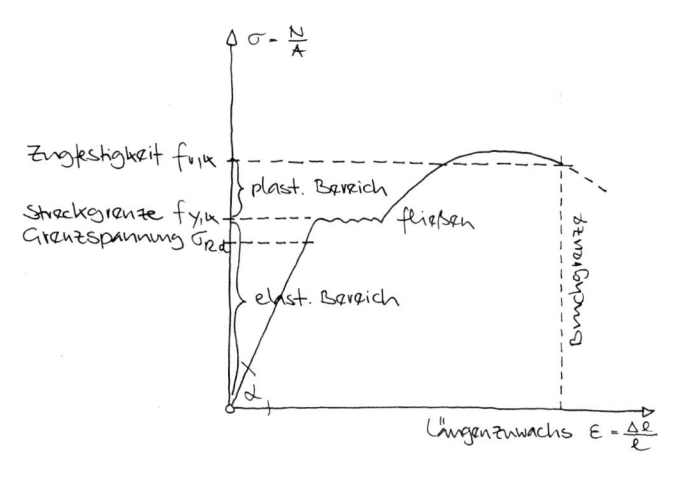

Diagramm: Spannungs-Dehnungs-Diagramm mit $\sigma = \frac{N}{A}$ (vertikal) und Längenzuwachs $\varepsilon = \frac{\Delta \ell}{\ell}$ (horizontal). Eingezeichnet: Zugfestigkeit $f_{u,k}$, Streckgrenze $f_{y,k}$, Grenzspannung σ_{Rd}, elast. Bereich, plast. Bereich, fließen, Bruchgrenze.

Typisch für das Spannungs-Dehnungs-Verhalten von Stahl ist das *Fließen*. Hierunter versteht man nicht den Übergang in den flüssigen Aggregatzustand, sondern eine für den Stahl typische Art des plastischen Verhaltens.

Folgenden Versuch kann man selbst leicht durchführen:

Ein Stahlstab biegt sich zunächst umso stärker, je mehr Kraft man aufwendet. Das bedeutet: Seine Dehnungen nehmen mit den Spannungen zu. Lässt man ihn los, so geht er in seine alte Form zurück. Das bedeutet: Der Stahl verhält sich elastisch.

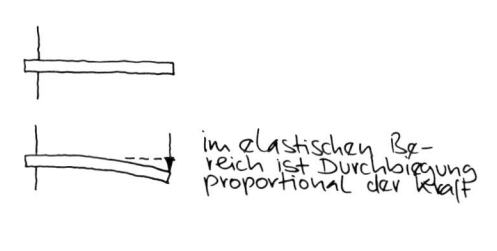

Skizze: im elastischen Bereich ist Durchbiegung proportional der Kraft

Biegt man ihn jedoch weiter, so erreicht man eine Verformung, ab der sich das Verhalten des Stahles ändert: Er lässt sich jetzt weiter biegen, ohne dass die Kraft weiter erhöht wird. Er lässt unter der gleichbleibenden Kraft die weitere Verbiegung über sich ergehen, ohne seinen Widerstand zu erhöhen. Hier ist die *Fließgrenze* des Stahles überschritten worden. Im *Fließbereich* nehmen die Dehnungen bei gleichbleibenden Spannungen zu.

Skizze: weitere Biegung unter gleichbleibender Kraft: der Stahl fließt (plastische Verformung)

Nach Entlastung geht der Stab nur um die elastischen Anteile seiner Verformung zurück

Lässt man den Stab jetzt los, so geht er nur zum Teil zurück in seine alte Lage, ein Teil der Verbiegung bleibt; er wurde also plastisch verformt. Die Fließgrenze liegt nahe der Grenze zwischen elastischem und plastischem Verhalten. Vereinfacht können Fließgrenze und Elastizitätsgrenze gleichgesetzt werden.

noch weitere Durchbiegung erfordert wieder Steigerung der Kraft (wieder elastisch)

Biegt man den Stab noch weiter, so gewinnt er mit einem Mal erneut an Widerstandskraft. Jetzt muss die Kraft wieder gesteigert werden, um die Durchbiegung noch weiter zu vergrößern. Spannung und Dehnung sind wieder etwa proportional. Erst kurz vor dem Bruch nehmen erneut die Dehnungen stärker zu als die Spannungen.

Das so ertastete Verhalten des Stahles lässt sich in einem Spannungs-Dehnungs-Diagramm auftragen:

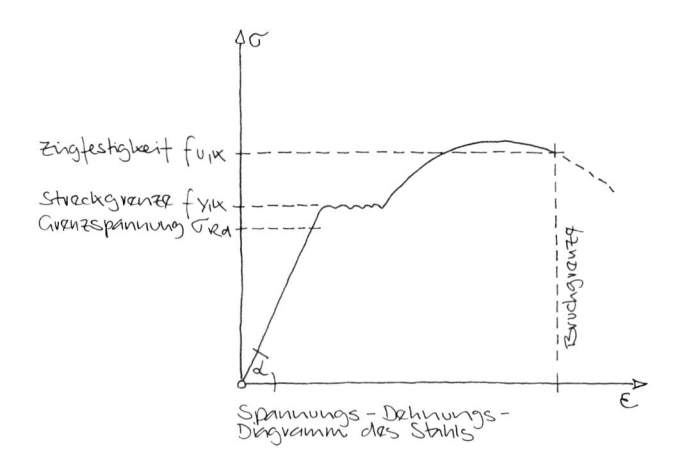

Zugfestigkeit $f_{u,k}$
Streckgrenze $f_{y,k}$
Grenzspannung σ_{Rd}
Bruchgrenze

Spannungs-Dehnungs-Diagramm des Stahls

Ⓖ Deutlich ist hier zu erkennen, dass bis zur Elastizitätsgrenze die Kurve gerade verläuft – d. h., die durch eine äußere Last hervorgerufenen Spannungen verhalten sich wie die Dehnungen – nach dem Hookeschen Gesetz. Im Fließbereich wird der Stahl für tragende Konstruktionen unbrauchbar, die Spannungen müssen deshalb mit ausreichender Sicherheit unter der *Fließgrenze* liegen.

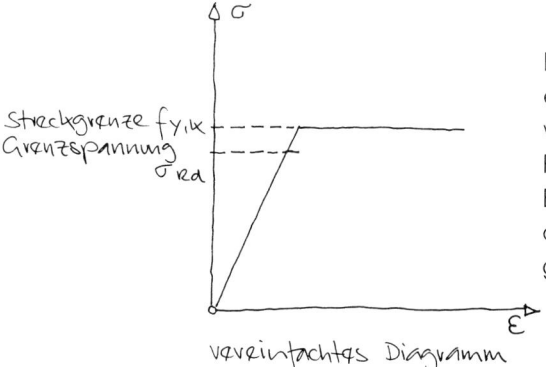

Streckgrenze $f_{y,k}$
Grenzspannung σ_{Rd}

vereinfachtes Diagramm

Für den praktischen Gebrauch kann nach einem vereinfachten Diagramm gearbeitet werden. Da die Spannungen oberhalb der Fließgrenze für das Bauen nicht mehr in Betracht gezogen werden dürfen, sind sie in diesem vereinfachten Diagramm nicht dargestellt.

7.4.3 Stahlbeton

Im Stahlbeton wirken zwei Materialien zusammen: Beton und Stahl. Beton kann Druckspannungen aufnehmen, jedoch nur geringe Zugspannungen. Deshalb werden in den gezogenen Bereichen (Zugzonen) Stähle eingelegt. Näheres in Kapitel 14.

7.5 Sicherheit gegen Bruch von Tragkonstruktionen

Das Sicherheitskonzept im Bauwesen berücksichtigt mögliche Unsicherheiten bei den betroffenen Lastannahmen und Schwankungen bei den Materialeigenschaften. Sowohl die anzunehmenden Lasten als auch die zugrunde gelegten Materialfestigkeiten sind *wahrscheinliche* Werte, die in Ausnahmefällen über- oder unterschritten werden. Deshalb sind *Sicherheitsfaktoren* einzuführen, die bewirken, dass schwere Schäden äußerst unwahrscheinlich werden.

Entsprechend den Unsicherheiten bei Lastannahme und Material werden eingeführt:

- Teilsicherheitsfaktoren γ_F
  für Lasten (Einwirkungen)
  und
- Teilsicherheitsfaktoren γ_M
  für Material.

(Früher ordnete die DIN die gesamten Sicherheitsfaktoren nur dem Material zu.)

Ⓖ Last (Einwirkungen)

Den Last-Sicherheitsfaktor γ_F setzen wir an mit:

$\gamma_F = 1{,}4$

Das ist eine Vereinfachung gegenüber der DIN 1055 Teil 100, darüber Näheres später.

Folgende Vorgehensweise sei empfohlen: Die Lastaufstellung wird wie im Zahlenbeispiel des Kapitels 1 mit den einfachen Lasten durchgeführt. Sie heißen *Gebrauchslasten* oder *charakteristische Lasten* und können den Tabellen in Abschnitt L (Lasten) des Tabellenbuches entnommen werden. Sie sind noch *nicht* mit γ_F multipliziert.

Die Schnittgrößen (Längs- und Querkräfte, Momente) und Auflagerkräfte werden zunächst mit diesen Lasten (Einwirkungen) ermittelt. Diese Größen werden auch als *charakteristische* Schnittgrößen bezeichnet. Zur Verdeutlichung erhalten diese Lasten, Auflagerkräfte und Schnittgrößen den Index k (z. B. A_k, V_k oder M_k). Mit k werden allerdings auch verschiedene Abminderungsfaktoren bezeichnet, die wir später kennenlernen werden. Also Vorsicht vor Verwechslungen!

Erst im nächsten Arbeitsschritt werden die für die Bemessung maßgebenden Kräfte und Momente mit dem Faktor $\gamma_F = 1{,}4$ multipliziert. Die so ermittelten Werte sind die *Bemessungswerte*. Sie werden mit dem Index d bezeichnet. Ein Bemessungs-Moment ergibt sich somit zu $M_d = M_k \cdot \gamma_F$.

Die DIN 1055 unterscheidet zunächst zwischen Sicherheitsfaktoren γ_F für:

$\gamma_F = 1{,}50$ für nicht ständige Lasten (z. B. Verkehrslasten)
$\gamma_F = 1{,}35$ für ständige Lasten
$\gamma_F = 0{,}90$ für Lasten, die bei einem Bauteil entlastend wirken. Diese sind Lasten, die Auflagerkräfte und Schnittgrößen reduzieren.

Sofern mehrere veränderliche Lasten gleichzeitig auftreten können, gibt die DIN 1055 auch noch sogenannte »Kombinationsbeiwerte« an. Dies führt zu einer Vielzahl unterschiedlicher Lastfälle, die – streng genommen – alle auch untersucht werden müssten. Bei Untersuchung der verschiedenen Lastfälle würde hierdurch die Berechnung wesentlich aufwendiger. Deshalb unser Vorschlag: $\gamma_F = 1{,}4$ einheitlich für alle Lasten. Dies vereinfacht die Untersuchung und liefert brauchbare Näherungsergebnisse.

Material

Die Sicherheitsfaktoren γ_M auf der Materialseite sollen die Schwankungen bzw. Streuungen der Materialeigenschaften berücksichtigen. Sie sind bereits in den Materialfestigkeitswerten der Tabellen enthalten. Wir müssen sie also nicht mehr bedenken.

Nur zum besseren Verständnis: Die Material-Sicherheitsfaktoren γ_M sind unterschiedlich für die verschiedenen Materialien.

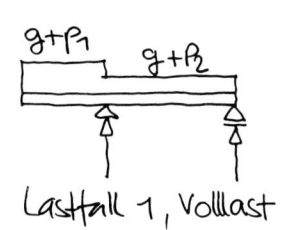

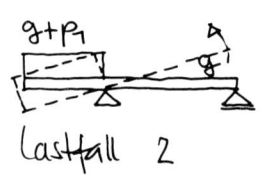

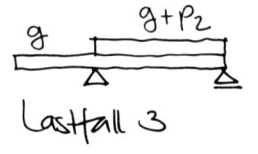

Ⓖ Die Herstellung von Stahl wird heute sehr gut beherrscht. Materialfehler sind unwahrscheinlich. Deshalb kann der Sicherheitsfaktor niedrig sein: $\gamma_M = 1{,}1$.

Holz hingegen – ein gewachsenes Material – ist mit hohen Unwägbarkeiten behaftet. Es wird in Festigkeitsgruppen sortiert. Es bedarf höherer Sicherheitsbeiwerte.

Auch die Festigkeit von Beton unterliegt, bedingt durch den Herstellprozess, höheren Streuungen als die von Stahl. Für eine sichere Bemessung können entsprechend geringere Festigkeitswerte herangezogen werden, als sie z. B. durch Materialprüfungen ermittelt werden. Der Abstand zwischen den Ergebnissen der Materialprüfungen mit ihren hohen Streuungen und den Bemessungswerten wird durch entsprechend größere Sicherheitsbeiwerte berücksichtigt. Für unbewehrten Beton muss $\gamma_M = 1{,}8$, für Stahlbeton $\gamma_M = 1{,}5$ sein.

Die Grenz-Materialwerte, mit denen wir bei der Bemessung arbeiten werden, heißen

σ_{Rd} für Zug- und Druckspannungen sowie
τ_{Rd} für Schubspannungen.

Hierbei steht der Index R für Widerstandsfähigkeit (Resistance). Der Index d steht für Bemessung (Design) und zeigt an, dass der Sicherheitsfaktor für das Material bereits berücksichtigt ist.

$$\sigma_{Rd} = \frac{f_{yk}}{\gamma_M}$$

Bei der Bemessung sind die Querschnitte so zu wählen, dass die Grenzwerte σ_{Rd} und τ_{Rd} nicht überschritten werden.

8 Bemessung von Biegeträgern in Holz und Stahl

Ein Gebäude bzw. seine Bauteile sind **Einwirkungen** ausgesetzt. Sie führen zu - **Beanspruchungen**. Diese Beanspruchungen dürfen nicht größer sein als die **Beanspruchbarkeit** der Bauteile.

Die für das Tragwerk wichtigsten Einwirkungen sind die Lasten. Eine Last biegt einen Balken. Die Biegung verursacht Spannungen. Abmessungen und Material müssen so gewählt werden, dass die Spannungen aus der Beanspruchung S an keiner Stelle größer sind als die Grenzspannungen der Beanspruchbarkeit R, d.h. der **Widerstandsfähigkeit**.

$\sigma_{Sd} \leq \sigma_{Rd}$
$\tau_{Sd} \leq \tau_{Rd}$

Die Indices d besagen, dass Teil-Sicherheitsbeiwerte eingeführt worden sind – in diesen Gleichungen auf beiden Seiten.

Auch die Durchbiegung – sie ist das Maß der Verformung, die aus der Biegung herrührt – muss begrenzt werden.

$\delta_S \leq \delta_R$

Warum fehlt hier der Index d? Für die Durchbiegung genügt die Untersuchung ohne die Sicherheitsbeiwerte (vgl. Kapitel 8.3).

Wie groß sind die Spannungen und Durchbiegungen? Das ist Thema der nächsten Abschnitte.

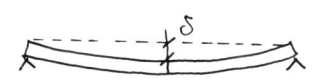

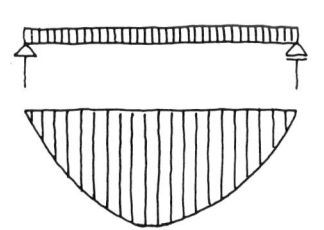

8.1 Widerstandsmoment und Trägheitsmoment

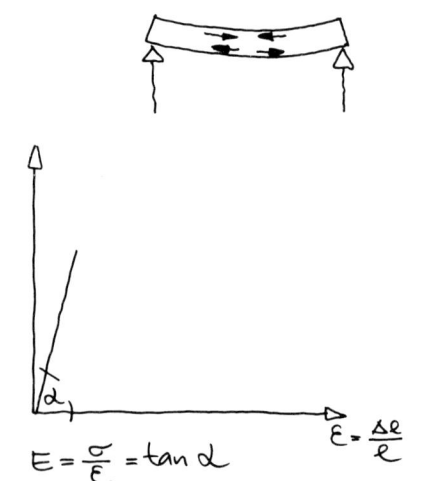

Ein positives Moment erzeugt im Träger unten Zug und oben Druck, ein negatives Moment umgekehrt.
Wie verteilen sich die Spannungen über die Höhe des Querschnitts? Hierüber geben uns drei Gesetze bzw. Hypothesen Auskunft:*)

1. Das Hookesche Gesetz – (wir kennen es bereits)
Im elastischen Bereich verhalten sich die Spannungen wie die Dehnungen.

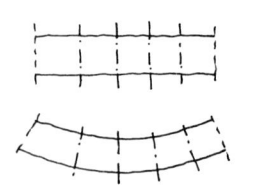

$$E = \frac{\sigma}{\varepsilon} = \tan \alpha \qquad \varepsilon = \frac{\Delta \ell}{\ell}$$

2. Geradlinigkeitshypothese von Bernoulli
(Jakob Bernoulli, 1654 bis 1704)
Querschnitte, die am unverbogenen Balken eben sind, bleiben auch nach der Biegung eben.

Von der Richtigkeit dieses Satzes kann man sich leicht überzeugen, indem man auf einen »Balken« aus stark verformbarem Material – z. B. Schaumgummi – gerade Querlinien zeichnet und dann den »Balken« biegt:
Die Linien bleiben gerade, die Querschnitte eben.

---

*) Außer den hier genannten: Hooke, Bernoulli und Navier waren noch zahlreiche andere Mathematiker und Ingenieure an der Entwicklung beteiligt. Näheres in: Straub: Die Geschichte der Bauingenieurkunst, 1992.

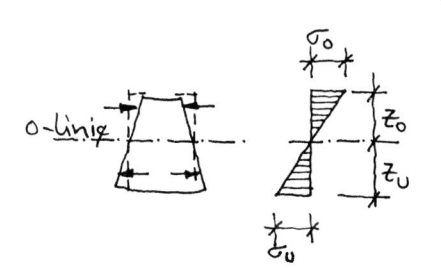

3. Spannungshypothese von Navier

(Louis Marie Henri Navier, 1785 bis 1836)
Das Spannungsdiagramm verläuft geradlinig.

Dies ist eine konsequente Weiterführung der Sätze von *Bernoulli* und *Hooke*:

Denken wir uns aus dem Träger durch zwei parallele Schnitte ein in der Ansicht rechteckiges Stück herausgeschnitten. Wenn ebene Schnitte auch nach der Biegung eben bleiben, so wird dieses Rechteck näherungsweise zum Trapez. (Die Krümmung des oberen und unteren Randes sei hier vernachlässigt.)

Die Dehnung nimmt also geradlinig über die Höhe des Trägers zu. Dieser geradlinigen Zunahme der Dehnungen entspricht nach *Hooke* die geradlinige Zunahme der Spannungen.

Zug- und Druckspannungen sind also jeweils dreieckförmig über die Höhe verteilt. Zwischen den Zug- und den Druckspannungen ist an einem Punkt die Spannung $\sigma = 0$. Über die Länge des Trägers bilden diese Nullpunkte eine Null-Linie, über Länge und Breite zusammen eine Nullfläche (spannungsfreie Linie bzw. Fläche). Die Strecke von einer Null-Linie bis zur Oberkante des Trägers bezeichnen wir mit z_o, bis zur Unterkante mit z_u.

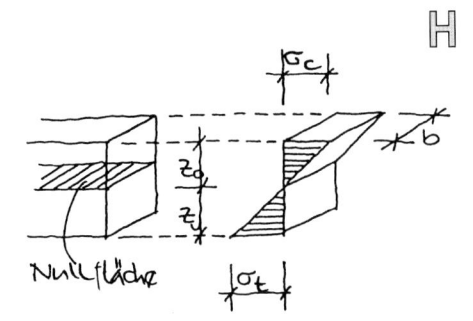

8.1.1 Widerstandsmoment des Rechteckquerschnittes

Dem äußeren Moment, hervorgerufen durch von außen wirkende Kräfte, muss ein gleich großes inneres Moment, hervorgerufen durch innere Spannungen, entgegenwirken.

Aus $\sigma = \dfrac{F}{A}$ folgt $F = \sigma \cdot A$

Das Dreieck der Zugspannungen ergibt im Zugspannungsbereich eine mittlere Spannung von $\dfrac{\sigma_t}{2}$ und ebenso das Dreieck der Druckspannungen eine mittlere Druckspannung von $\dfrac{\sigma_c}{2}$. Der Anteil der Querschnittsfläche, auf den der Zug wirkt, ist $b \cdot z_u$, der Anteil, auf den der Druck wirkt ist $b \cdot z_o$. Also ist die gesamte Zugkraft aus Biegung:

$$Z_B = \dfrac{\sigma_t}{2} \cdot z_u \cdot b$$

Entsprechend ist die Druckkraft:

$$D_B = \dfrac{\sigma_c}{2} \cdot z_o \cdot b$$

Wegen $\Sigma F_H = 0$ muss sein: $Z = D$

$$\dfrac{\sigma_t}{2} \cdot z_u \cdot b = \dfrac{\sigma_c}{2} \cdot z_o \cdot b$$

Diese Forderung ist am Rechteckquerschnitt dann erfüllt, wenn

$$\sigma_t = \sigma_c \quad \text{und} \quad z_u = z_o = \dfrac{h}{2}$$

Anmerkung zu den Indices:
t = Zug (tension)
c = Druck (compression)

8.1 Widerstandsmoment und Trägheitsmoment

H Das bedeutet:

Die Null-Linie des Rechteckquerschnittes liegt in der Mitte seiner Höhe – eine Erkenntnis, die wegen der Symmetrie des Rechteckes von vornherein nahelag.

(Dies gilt unter der Voraussetzung, dass das Material für Zug und für Druck den gleichen E-Modul hat.)
Die Druckkraft ist im Schwerpunkt des Druckdreieckes konzentriert. Er liegt in der Höhe

$\frac{2}{3} z_o = \frac{1}{3} h$ über der Null-Linie.

Ebenso ist die Zugkraft im Schwerpunkt des Zug-Dreieckes in Höhe $\frac{2}{3} z_u = \frac{1}{3} h$ unter der Null-Linie konzentriert.

Damit ergibt sich das innere Moment mit

$$M_i = D \cdot \frac{2}{3} z_o + Z \cdot \frac{2}{3} z_u$$

$$= \frac{\sigma_c}{2} \cdot z_o \cdot b \cdot \frac{2}{3} z_o + \frac{\sigma_t}{2} \cdot z_u \cdot b \cdot \frac{2}{3} z_u$$

Wie oben erläutert, ist

$$z_o = z_u = \frac{h}{2} \quad \text{und} \quad \sigma_D = \sigma_Z$$

Damit wird

$$M_i = \frac{\sigma}{2} \cdot \frac{h}{2} \cdot b \cdot \frac{h}{3} + \frac{\sigma}{2} \cdot \frac{h}{2} \cdot b \cdot \frac{h}{3}$$

$$M_i = \sigma \cdot \frac{b \cdot h^2}{6}$$

Das innere Moment M_i muss mit dem äußeren Moment M_a im Gleichgewicht stehen: $M_i = M_a$. Daher gilt allgemein:

$$\boxed{M = \sigma \cdot \frac{b \cdot h^2}{6}}$$

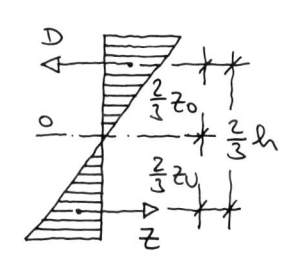

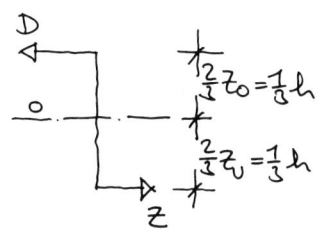

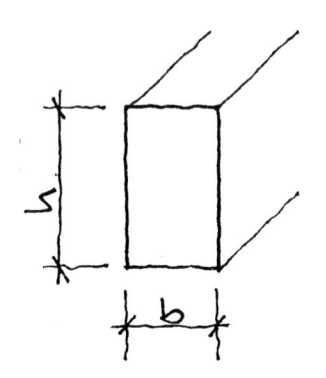

Den Ausdruck

$$\boxed{\frac{b \cdot h^2}{6}} \quad [cm^3] \quad \text{bezeichnen wir als}$$

Widerstandsmoment W
des Rechteckquerschnittes.

»Wieso Moment?« werden Sie fragen, »Moment ist doch Kraft mal Hebelarm.« Richtig! Aber es gibt auch sogenannte *Flächenmomente*. Sie beschreiben Eigenschaften einer Querschnittsfläche. Das Widerstandsmoment gehört zu ihnen. Weitere Flächenmomente werden wir noch in diesem Kapitel kennenlernen. Wenn, wie oben hergeleitet

$$M = \sigma \cdot \frac{b \cdot h^2}{6} \quad \text{und} \quad \frac{b \cdot h^2}{6} = W, \quad \text{also}$$

$M = \sigma \cdot W$, so folgt daraus

$$\boxed{\sigma = \frac{M}{W}} \quad \left[\frac{kN \cdot cm}{cm^3} = \frac{kN}{cm^2}\right]$$

$$\text{Randspannung} = \frac{\text{Biegemoment}}{\text{Widerstandsmoment}}$$

Die Randspannung darf nur kleiner oder gleich der zulässigen Grenzspannung σ_{Rd} sein (Werte siehe Tabellenbuch).

Jeder weiß, dass ein Balken mehr trägt, wenn die hohe Seite seines Querschnittes senkrecht steht, als wenn sie waagerecht liegt. Die Formel $W = \frac{b \cdot h^2}{6}$ liefert uns die Erklärung: Die Höhe h wirkt sich im Quadrat aus, die Breite b aber nur in der ersten Potenz.

Wenn das Biegemoment M bekannt ist und wir wissen, welches Material wir wählen wollen, so können wir bei der Bemessung auf zwei verschiedene Weisen vorgehen:

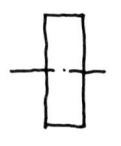

8.1.2 Bemessung eines Balkens oder Trägers in Holz auf Biegung (Tragfähigkeitsnachweis)

1. Wir schätzen den Balkenquerschnitt, oder aber wir streben einen bestimmten Querschnitt an – etwa aus Gründen der Detailgestaltung. Dann wird dessen Abmessung in folgenden Schritten überprüft:

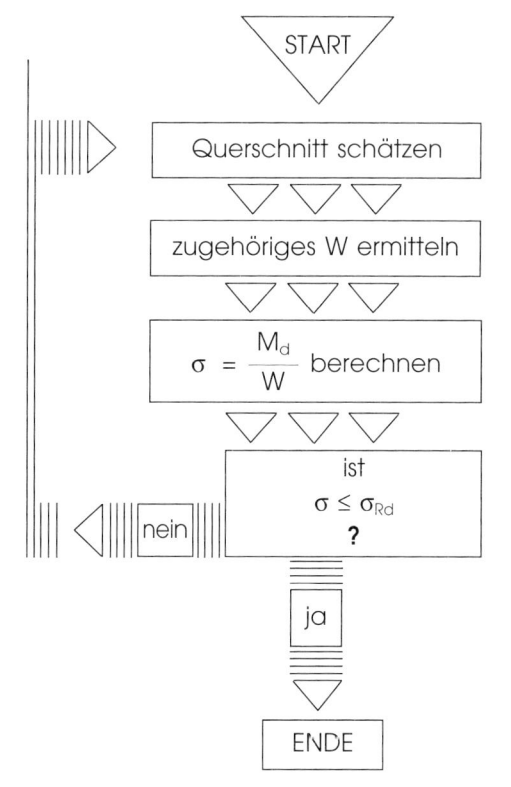

Tabellenbuch

```
                    START
                      ↓
            Querschnitt schätzen
                      ↓
           zugehöriges W ermitteln
                      ↓
           σ = M_d / W  berechnen
                      ↓
                     ist
           ←── nein  σ ≤ σ_Rd
                      ?
                      ↓ ja
                    ENDE
```

Wenn σ sehr viel kleiner ist als σ_{Rd}, so trägt der Balken zwar, ist aber stark überbemessen, d. h. unwirtschaftlich. Auch in diesem Fall ist eine neue Querschnittsschätzung zu empfehlen.

2. Wir können aber auch die Formel:

$$\sigma = \frac{M}{W}$$

umformen zu:

$$W = \frac{M}{\sigma}$$

Zur Erläuterung kann man auch schreiben:

$$\text{erf } W = \frac{M_d}{\sigma_{Rd}} \quad \text{erf = erforderlich}$$

Wir können jetzt sehr einfach vorgehen:

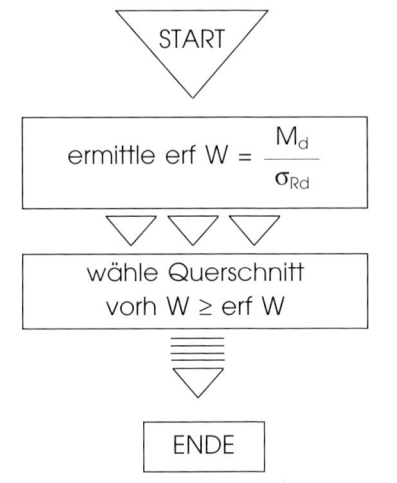

Tabellenbuch

```
          START
            │
   ┌────────────────┐
   │ ermittle erf W = M_d / σ_Rd │
   └────────────────┘
            │
   ┌────────────────┐
   │ wähle Querschnitt │
   │  vorh W ≥ erf W   │
   └────────────────┘
            │
          ENDE
```

Für Anfänger hat die erste Methode den Vorteil, dass sie das Schätzen von Querschnitten üben.

8.1 Widerstandsmoment und Trägheitsmoment

Tabellenbuch H 1

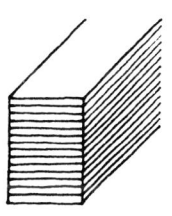

Ⓖ Rechteckquerschnitte – nur für sie ist
$W = \dfrac{b \cdot h^2}{6}$ – kommen vorwiegend im Holzbau vor.

Für das im Holzbau weitaus meist gebrauchte Holz – Nadelholz C 24 ist die Grenzspannung $\sigma_{Rd} = 1,5$ kN/cm².

Für verleimte Träger aus Nadelholz C 24 – hier heißt es Brettschichtholz BS 11 – gilt der selbe Wert $\sigma_{Rd} = 1,5$ kN/cm².

Mit diesem Bemessungswert der Biegespannung und dem Bemessungs-Moment M_d ist es nun einfach, einen ausreichend tragfähigen Rechteckquerschnitt zu ermitteln. In den Kapiteln 8.2 und 8.3 werden wir jedoch erfahren, dass diese Betrachtungsweise nicht immer ausreichend ist.

8.1.3 Zur Bemessung in Stahlbeton und Stahl

Im Stahlbetonbau werden zwar auch häufig rechteckige Querschnitte verwendet, aber dort wirken zwei Materialien mit unterschiedlichen Eigenschaften zusammen: Stahl und Beton, sodass ein anderes Bemessungsverfahren angewendet werden muss.

Im Stahlbau kommen Rechteckquerschnitte so gut wie nicht zur Anwendung. Hier wird das Material an den wirkungsvollsten Stellen konzentriert, dies führt zu Querschnitten wie dem hier skizzierten »Doppel-T-Profil«.

Die Formel $\sigma = \dfrac{M}{W}$ gilt für jeden Querschnitt, doch lässt sich das Widerstandsmoment W für die meisten Querschnittsformen nicht so einfach ermitteln wie für den Rechteckquerschnitt.

Die Widerstandsmomente der gebräuchlichen Stahlquerschnitte lassen sich jedoch den Tabellen in zahlreichen Tabellen-Sammlungen und Bau-Taschenbüchern entnehmen.

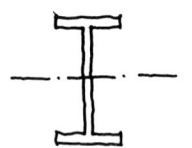

Tabellenbuch

8.1 Widerstandsmoment und Trägheitsmoment   119

8.1.4 Allgemeine Ermittlung von Trägheitsmoment und Widerstandsmoment

Das Ergebnis sei vorweggenommen, die Herleitung folgt unten.

Flächenmoment zweiten Grades oder *Flächen-Trägheitsmoment*:

$$I = \int_{z_u}^{z_o} z^2 \, dA \quad [cm^4]$$

Widerstandsmoment:

$$W_o = \frac{I}{z_o} \quad [cm^3]$$

$$W_u = \frac{I}{z_u} \quad [cm^3]$$

Der Begriff »Trägheitsmoment« wird in der Dynamik als Massen-Trägheitsmoment verstanden (daher der Ausdruck »Trägheit«). In der Statik genügt uns das Flächen-Trägheitsmoment, d. h., an die Stelle der Masse [kg] wird hier die Fläche [cm^2] gesetzt.

Zur klaren Definition ist hierfür die Bezeichnung »Flächenmoment zweiten Grades« eingeführt worden. Der Einfachheit halber wird jedoch im Folgenden der Begriff »Trägheitsmoment« im Sinne des hier interessierenden Flächenmomentes weiter verwendet.

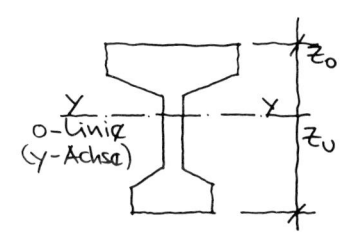

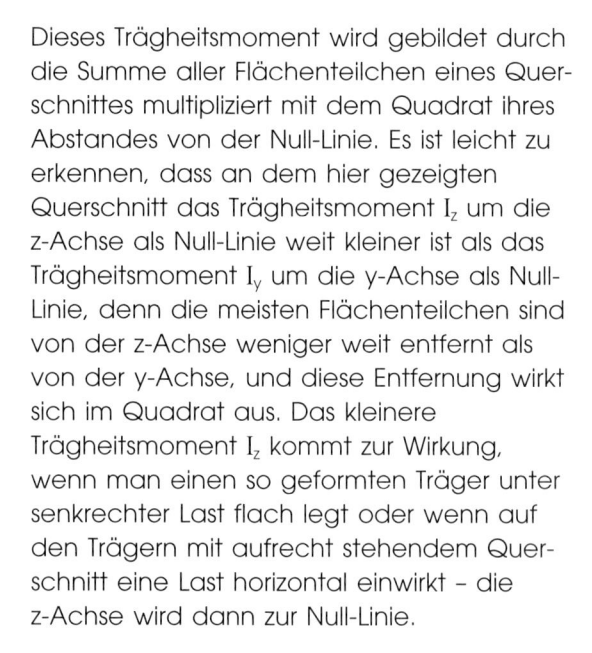

Ⓖ Dieses Trägheitsmoment wird gebildet durch die Summe aller Flächenteilchen eines Querschnittes multipliziert mit dem Quadrat ihres Abstandes von der Null-Linie. Es ist leicht zu erkennen, dass an dem hier gezeigten Querschnitt das Trägheitsmoment I_z um die z-Achse als Null-Linie weit kleiner ist als das Trägheitsmoment I_y um die y-Achse als Null-Linie, denn die meisten Flächenteilchen sind von der z-Achse weniger weit entfernt als von der y-Achse, und diese Entfernung wirkt sich im Quadrat aus. Das kleinere Trägheitsmoment I_z kommt zur Wirkung, wenn man einen so geformten Träger unter senkrechter Last flach legt oder wenn auf den Trägern mit aufrecht stehendem Querschnitt eine Last horizontal einwirkt – die z-Achse wird dann zur Null-Linie.

Wie im Zuge der Herleitung erläutert werden wird, sind die Null-Linien (= Achsen) identisch mit den Schwerlinien des Querschnittes.

Das Trägheitsmoment ist maßgebend für die Steifigkeit eines Querschnittes. Es wirkt der Durchbiegung und dem Knicken eines Bauteiles entgegen.

Ein Querschnitt hat um jede Achse ein Trägheitsmoment und zwei Widerstandsmomente W_u und W_o. Diese sind bei symmetrischen Querschnitten (z. B. Rechteckquerschnitt) gleich groß.

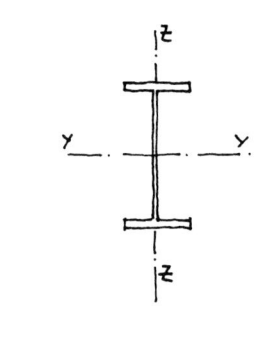

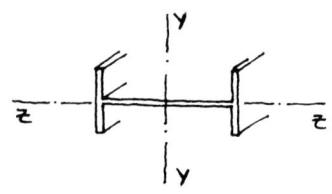

8.1 Widerstandsmoment und Trägheitsmoment

Dies wird anhand eines Spannungsdiagrammes klar:

Hier ist $z_o = z_u$ und

$\sigma_D = \sigma_z$

Da $W_{yo} = \dfrac{M}{\sigma_o}$ und $W_{yu} = \dfrac{M}{\sigma_u}$

muss sein:

$W_{yo} = W_{yu}$

Bei diesem um die Null-Linie unsymmetrischen Querschnitt hingegen ist:

$z_o \neq z_u$ und folglich

$\sigma_o \neq \sigma_u$,

also muss sein:

$W_{yo} = \dfrac{M}{\sigma_o} \neq W_{yu} = \dfrac{M}{\sigma_u}$

$$\boxed{W_{yo} = \dfrac{I}{z_o}} \quad \boxed{W_{yu} = \dfrac{I}{z_u}}$$

Trägheitsachse = Schwerachse = o-Linie

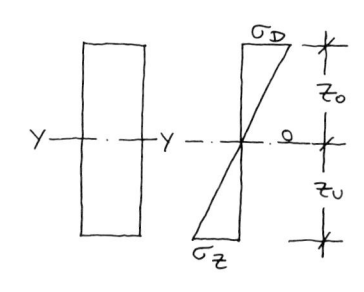

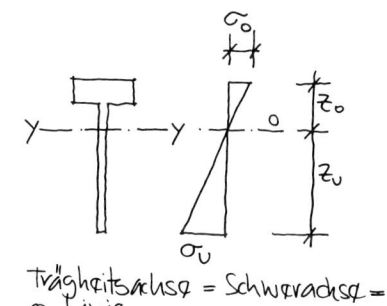

Tabellenbuch H 2 und St 2

Für die üblichen Querschnitte, wie Balken im Holzbau oder Stahlprofile im Stahlbau, können die Trägheits- und die Widerstandsmomente den Tabellen der einschlägigen Formelsammlungen entnommen werden.

H Herleitung der Formeln vom Trägheitsmoment und Widerstandsmoment

Frage 1: Wo liegt die Null-Linie?

$\Sigma F_H = 0 \Rightarrow D - Z = 0$

Wir nehmen an, auf den Querschnitt wirke ein positives Moment ein. Dann herrschen im oberen Teil Druck-, im unteren Teil Zugspannungen. In jedem Flächenteilchen A_1 wirkt die Kraft:

$N_1 = \sigma_1 \cdot A_1$

Danach folgt aus D − Z = 0:

$$\sum_{0}^{z_o} N - \sum_{z_u}^{0} N = 0$$

$$\Rightarrow \sum_{z_u}^{z_o} N = 0$$

$$\Rightarrow \sum_{z_u}^{z_o} \sigma \cdot A = 0$$

Wählen wir die Flächenteilchen A_1 unendlich klein, so folgt:

$$\int_{z_u}^{z_o} \sigma \, dA = 0 \qquad (1)$$

Aus dem geradlinigen Verlauf des Spannungsdiagrammes ergibt sich:

$$\frac{\sigma_1}{z_1} = \frac{\sigma_o}{z_o}$$

$$\Rightarrow \sigma_1 = \frac{\sigma_o}{z_o} \cdot z_1$$

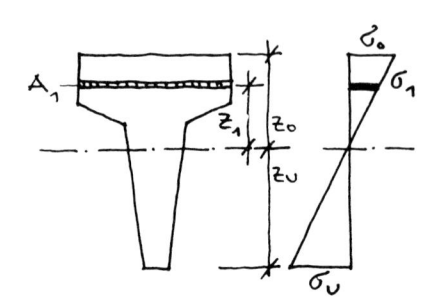

8.1 Widerstandsmoment und Trägheitsmoment

Dieser Wert für σ in Gleichung (1) eingesetzt ergibt:

$$\int_{z_u}^{z_o} \frac{\sigma_o}{z_o} \cdot z \cdot dA = 0 \quad \Big| \quad \frac{\sigma_o}{z_o} \text{ konstanter Wert, kann also vor das Integral}$$

$$\frac{\sigma_o}{z_o} \cdot \int_{z_u}^{z_o} z \cdot dA = 0$$

Ein Produkt wird zu 0, wenn einer der Faktoren = 0 ist. Der konstante Faktor $\frac{\sigma_o}{z_o}$ kann nicht zu 0 werden, es muss also sein:

$$\int_{z_u}^{z_o} z \cdot dA = 0$$

Das aber bedeutet: Die Null-Linie ist die Schwerlinie. (In unserem Fall wurde die y-Achse als Null-Linie gewählt.) Stellen wir uns die Fläche ausgeschnitten aus einer ebenen Platte vor, dann entspricht jedem Flächenteilchen dA ein Massenteilchen dm.

$\int z \cdot dm = 0$ aber heißt, dass die Summe aller Massenteilchen mal ihrem Abstand von der y-Achse 0 ergibt. Würde diese ausgeschnittene Fläche um die y-Achse balanciert, so würden die Teilchen oberhalb der y-Achse mit denen unterhalb der y-Achse im Gleichgewicht sein; sie würden gleich stark um die y-Achse drehen.

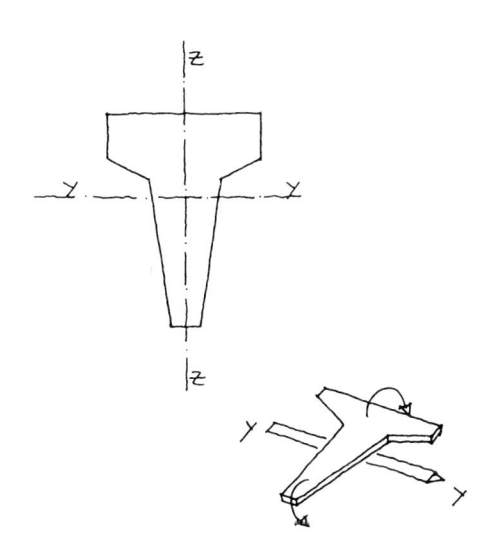

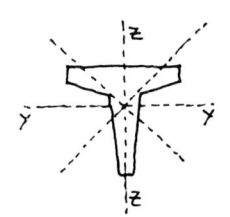

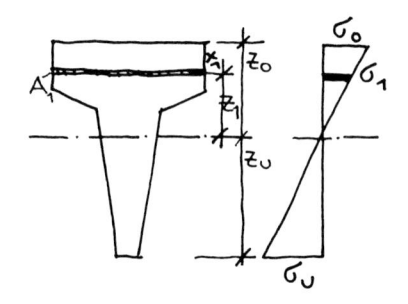

Jeder Querschnitt hat ∞ viele Schwerlinien bzw. Null-Linien. Sie alle verlaufen durch den Schwerpunkt. Für die Betrachtung tragender Bauteile ist meist nur die y-Achse und bei Querbiegung die z-Achse von Bedeutung – um sie wirken die Trägheitsmomente I_y und I_z.

Frage 2: Wie groß ist das aufnehmbare - Biegemoment?

$N_1 = \sigma_1 \cdot A_1$

Um die y-Achse (= Null-Linie) erzeugt diese Kraft das Moment:

$M_1 = N_1 \cdot z_1$
$M_1 = \sigma_1 \cdot A_1 \cdot z_1$

Die Summe dieser Einzelmomente M_1 über den ganzen Querschnitt ergibt das innere Moment:

$$M = \sum_{z_u}^{z_o} N_1 \cdot z_1$$

$$M = \sum_{z_u}^{z_o} \sigma \cdot A \cdot z$$

Wählt man die Flächenteilchen A unendlich klein, so wird daraus:

$$M = \int_{z_u}^{z_o} \sigma \cdot z \, dA \tag{2}$$

Wie oben erläutert, ist $\sigma_1 = \dfrac{\sigma_o}{z_o} \cdot z_1$

8.1 Widerstandsmoment und Trägheitsmoment

H Dieser Wert für σ in Gleichung (2) eingesetzt, ergibt:

$$M = \int_{z_u}^{z_o} \frac{\sigma_o}{z_o} \cdot z \cdot z \cdot dA$$

$$M = \frac{\sigma_o}{z_o} \int_{z_u}^{z_o} z^2 \cdot dA \quad \bigg| \quad \text{Der konstante Wert } \frac{\sigma_o}{z_o} \text{ kann vor das Integral gestellt werden.}$$

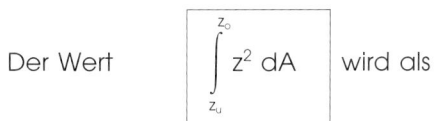

Der Wert $\boxed{\int_{z_u}^{z_o} z^2 \, dA}$ wird als

Trägheitsmoment I_y

oder als
Flächenmoment zweiten Grades
bezeichnet.

$$I_y = \int_{z_u}^{z_o} z^2 \, dA$$

Damit ist $M = \frac{\sigma_o}{z_o} \cdot I_y$

Die Ausdrücke

$$\boxed{W_o = \frac{I_y}{z_o}}$$

$$\boxed{W_u = \frac{I_y}{z_u}}$$

heißen **Widerstandsmomente**.

Damit ist:

$$M = \sigma_o \cdot W_o$$

$$\Rightarrow \sigma_o = \frac{M}{W_o}$$

$$M = \sigma_u \cdot W_u$$

$$\Rightarrow \sigma_u = \frac{M}{W_u}$$

Ganz exakt lautet die Bezeichnung für die Widerstandsmomente:

$$\boxed{W_{yo} \quad \text{und} \quad W_{yu}}$$

Damit wird dargetan, dass es sich um die Widerstandsmomente um die y-Achse handelt. Entsprechend heißen die Widerstandsmomente um die z-Achse:

W_{zo} und W_{zu}

8.1 Widerstandsmoment und Trägheitsmoment

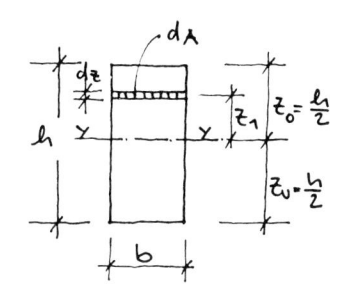

Beispiel 8.1.4.1: Rechteckquerschnitt

Das Widerstandsmoment des Rechteckquerschnittes wurde schon oben auf elementare Weise ermittelt, es sollen jetzt Trägheitsmoment und Widerstandsmoment über die allgemeinen Formeln gefunden werden.

Aus der Symmetrie des Querschnittes folgt, daß die Null-Linie in der Mitte liegt.

$$z_o = z_u = \frac{h}{2}$$

$$I_y = \int_{-\frac{h}{2}}^{+\frac{h}{2}} z^2 \cdot dA \quad\bigg|\quad dA = dz \cdot b$$

$$= \int_{-\frac{h}{2}}^{+\frac{h}{2}} z^2 \cdot dz \cdot b \quad\bigg|\quad b \text{ ist konstant}$$

$$= b \int_{-\frac{h}{2}}^{+\frac{h}{2}} z^2 \cdot dz$$

$$= b \left[\frac{z^3}{3}\right]_{-\frac{h}{2}}^{+\frac{h}{2}} = b \left(\frac{\left(\frac{h}{2}\right)^3}{3} - \frac{\left(-\frac{h}{2}\right)^3}{3}\right)$$

$$I_y = b \left(\frac{h^3}{8 \cdot 3} + \frac{h^3}{8 \cdot 3}\right)$$

$$I_y = \frac{b \cdot h^3}{12}$$

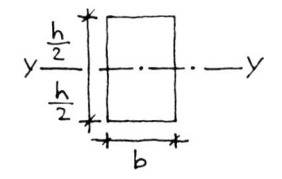

$$I_y = \frac{b \cdot h^3}{12}$$

Trägheitsmoment für Rechteckquerschnitt

$$W_y = \frac{I_y}{z} \qquad\qquad W_o = \frac{I}{z_o}$$

$$W_u = \frac{I}{z_u}$$

$$W_y = \frac{b \cdot h^3 \cdot 2}{12 \cdot h} \qquad z_o = z_u = \frac{h}{2}$$

$$W_y = \frac{b \cdot h^2}{6}$$

Widerstandsmoment für Rechteckquerschnitt

Dieser Wert ist aus der elementaren, nur für den Rechteckquerschnitt gültigen Herleitung schon bekannt.

Aus diesen Formeln ist zu erkennen, dass das Trägheitsmoment mit der dritten Potenz, das Widerstandsmoment mit der zweiten Potenz der Höhe wächst. Wenn also bei gleichbleibender Breite die Höhe eines Balkens verdoppelt wird, so beträgt die Durchbiegung δ des höheren Balkens – sie hängt, wie noch näher besprochen werden wird, vom Trägheitsmoment ab – nur noch $1/8$, die größte Spannung hingegen $1/4$ der des niedrigen Balkens (gleiches System und gleiche Last vorausgesetzt, die Zunahme des Eigengewichtes ist hier außer Acht gelassen).

Für die Durchbiegung ist die Höhe also noch wichtiger als für die Spannung. Die schlanke Querschnittsform – große Höhe, geringe Breite – ist bei vertikalen Kräften immer statisch günstig.

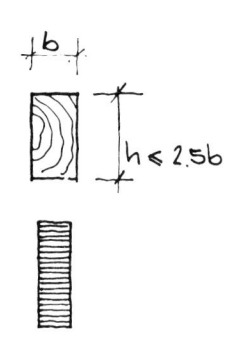

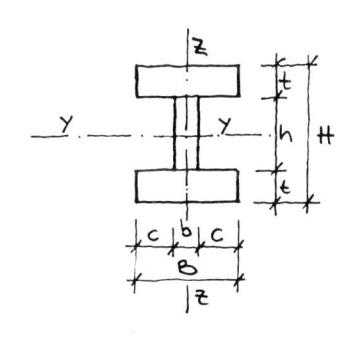

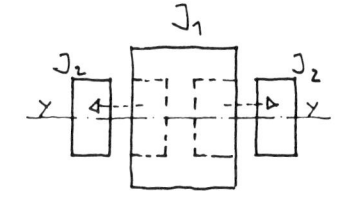

Im Holzbau sind der Schlankheit der Querschnitte allerdings Grenzen gesetzt: Ein zu schlanker Querschnitt aus Vollholz (d. h. aus *einem* Stamm gesägt) könnte sich zu stark verdrehen oder in Querrichtung biegen. Deshalb soll nach DIN 1052 das Seitenverhältnis auf b:h = 1:2,5 beschränkt werden.
Verleimte Träger können auch in schlankeren Querschnitten verwendet werden (bis 1:12).

8.1.4.2 Symmetrisch zusammengesetzte Querschnitte

Trägheitsmomente um dieselbe Achse lassen sich addieren bzw. subtrahieren. (Aus $I = \int z^2 \, dA$ lässt sich das leicht ablesen, das Integral bedeutet ja Summe.)

Wir können daher die Trägheitsmomente des hier skizzierten Querschnittes über solche Addition bzw. Subtraktion ermitteln.

$$I_y = I_{y1} - 2 \cdot I_{y2}$$

$$I_y = \frac{B \cdot H^3}{12} - 2 \frac{c \cdot h^3}{12}$$

Hieraus ergibt sich das Widerstandsmoment mit:

$$W_y = \frac{I_y}{\frac{H}{2}} = \frac{2I_y}{H}$$

Das Widerstandsmoment zusammengesetzter Querschnitte ist immer über das Trägheitsmoment zu ermitteln. Niemals Widerstandsmomente addieren!!!

(Da $W = \frac{I}{z}$, würden wir bei der Addition von Widerstandsmomenten mit ungleichem z Brüche mit ungleichem Nenner addieren.)

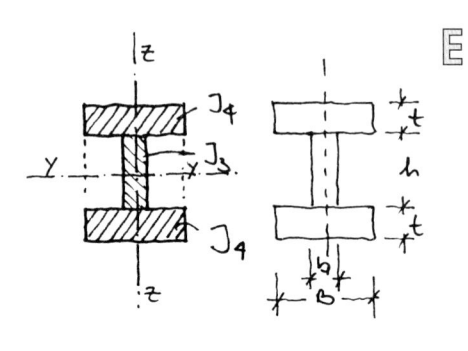

I_z lässt sich zusammensetzen aus:

$I_{z3} + 2 \cdot I_{z4}$

Immer nur solche Werte addieren bzw. subtrahieren, die um die gleiche Achse wirken!

$I_z = \dfrac{h \cdot b^3}{12} + 2 \cdot \dfrac{t \cdot B^3}{12}$

$W_z = \dfrac{I_z}{\dfrac{B}{2}} = \dfrac{2\, I_z}{B}$

Wegen Symmetrie des Querschnittes ist $W_{zo} = W_{zu}$

8.1.4.3 Unsymmetrisch zusammengesetzte Querschnitte

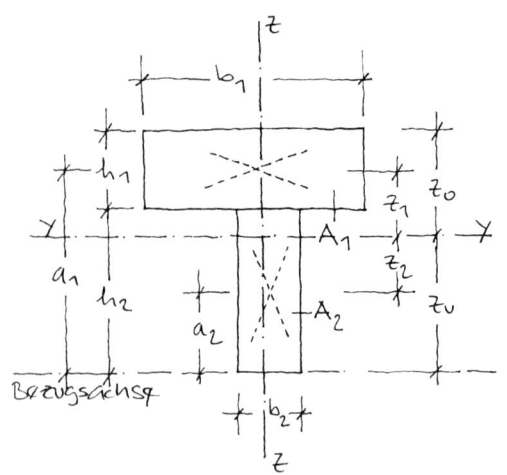

Hier ist zunächst erforderlich, die Schwerachse(n) zu ermitteln. Um die y-Achse zu finden, wählen wir eine beliebige Bezugsachse – z. B. am unteren Rand.

Es muss gelten:

$A_1 \cdot a_1 + A_2 \cdot a_2 = \text{tot } A \cdot z_u$

$z_u = \dfrac{A_1 \cdot a_1 + A_2 \cdot a_2}{\text{tot } A}$

tot = total (= gesamt)

Die Summe der Flächenteile mal ihrem jeweiligen Schwerpunktsabstand zur Bezugsachse ist gleich Gesamtfläche mal Abstand des Gesamtschwerpunktes von der Bezugsachse.

Damit kennen wir die Lage der y-Achse.

Um diese y-Achse erzeugt jedes Flächenteil A_1 ein Trägheitsmoment $A_1 \cdot z_1^2$. Hinzu kommt noch das eigene Trägheitsmoment des Flächenteiles um seine eigene Achse.

(Steinerscher Satz, benannt nach seinem Entdecker, dem schweizer Mathematiker Jakob Steiner, 1796 bis 1863)

8.1 Widerstandsmoment und Trägheitsmoment

Steinerscher Satz

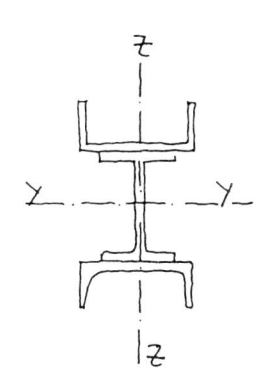

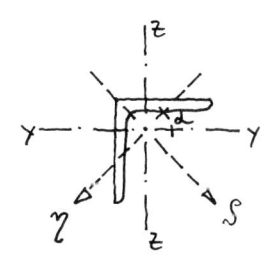

Damit ist:

$I_y = A_1 \cdot z_1^2 + A_2 \cdot z_2^2 + I_{y1} + I_{y2}$

$I_y = b_1 \cdot h_1 \cdot z_1^2 + b_2 \cdot h_2 \cdot z_2^2$
$\quad + \dfrac{b_1 \cdot h_1^3}{12} + \dfrac{b_2 \cdot h_2^3}{12}$

$W_{yo} = \dfrac{I_y}{z_o}$

$W_{yu} = \dfrac{I_y}{z_u}$

I_z und W_z können in der gleichen Weise ermittelt werden.

Entsprechend können auch die Flächenmomente zusammengesetzter Profile beliebiger Art ermittelt werden, wenn die Werte der Einzelprofile bekannt sind.

Wie bereits erwähnt, hat ein Querschnitt nicht nur die y-Achse und die z-Achse, sondern in jedem beliebigen Winkel eine Schwerachse, die durch den Schwerpunkt verläuft. Bei einem doppelt unsymmetrischen Querschnitt liegen die maßgebenden Achsen für das größte und das kleinste Trägheitsmoment schräg.

Diese schrägen Achsen und Trägheitsmomente zu ermitteln, würde aber über den Rahmen und Sinn dieses Buches hinausgehen.

r, s = Hauptachsen, um den Winkel α zum Koordinatenkreuz gedreht

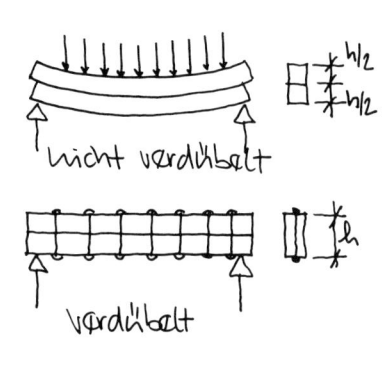

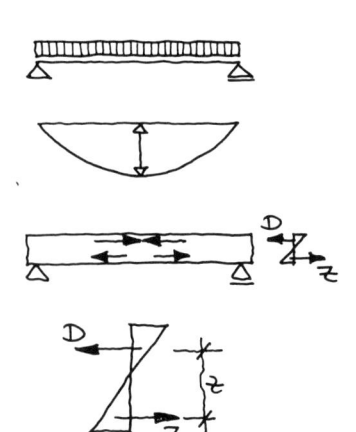

8.2 Schub

Anstelle eines Balkens legen wir zwei Balken von halber Höhe lose übereinander. Unter Belastung biegen sie sich stark durch und verschieben sich gegeneinander.

Wenn wir diese beiden Balken durch mehrere Dübel, die über die ganze Balkenlänge verteilt sind, fest miteinander verbinden, so wird die Durchbiegung wesentlich kleiner. Die Balken können sich jetzt nicht mehr gegeneinander verschieben.

Im geleimten Träger muss der Leim dieses Verschieben verhindern. Würden die Bretter lose aufeinanderliegen, so wäre die Tragfähigkeit dieses Bretterstapels äußerst gering.

Die Kraft, die dieses Verschieben bewirkt – bzw. bewirken möchte –, heißt **Schubkraft** oder **Schub**. Auch die Bemessung auf Schub ist ein Teil des Tragfähigkeitsnachweises.

Woher kommt der Schub? Woher kommen diese offensichtlich horizontal wirkenden Kräfte, obwohl am Träger ausschließlich vertikale Lasten angreifen?

An diesem Träger nimmt das Biegemoment gegen die Auflager hin ab. An den Auflagern selbst wird es zu 0. Dieses Biegemoment erzeugt im Träger Druck- und Zugkräfte. Sie wirken mit dem Hebelarm z der inneren Kräfte gegeneinander.

$$D = \frac{M}{z} \qquad Z = \frac{M}{z}$$

8.2 Schub

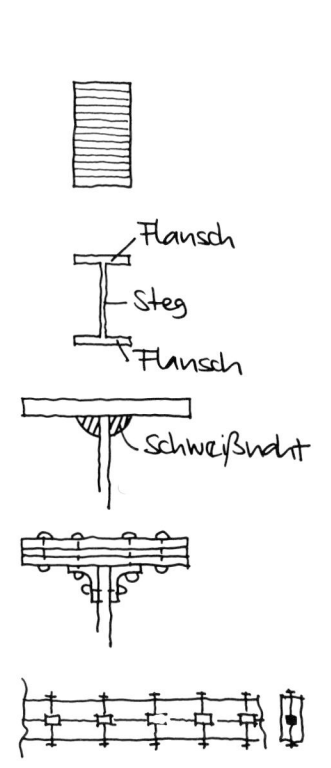

Im Träger von gleichbleibender Höhe bleibt auch der innere Hebelarm gleich groß, z ist konstant. Also nehmen die inneren Kräfte D und Z mit dem Moment gegen die Auflager hin ab. Wo aber bleibt die Differenz, um die diese inneren Kräfte abnehmen? Sie *schiebt!* Diese Differenz, diese Abnahme der inneren Kräfte D und Z ist es, die die Schichten des Trägers gegeneinander verschieben möchte. Sie ist die *Schubkraft*.

Der Leim des *verleimten Trägers* hat also die Aufgabe, das Verschieben der Lamellen zu verhindern, d. h. die Schubkraft aufzunehmen. Der Steg des *Stahlwalzprofiles* hat die Aufgabe, die Flansche schubfest miteinander zu verbinden. Und die Schweißnähte des *geschweißten Trägers* sind so zu bemessen, dass sie die Schubkraft zwischen Steg und Flansch aufnehmen können.

Bei älteren Stahlkonstruktionen wurde meist nicht geschweißt, sondern genietet. Die *Niete* hatten Schubkräfte aufzunehmen.

Und die Dübel des Zimmermannes – früher waren sie aus Holz, heute sind sie meist aus Stahl – nehmen die Schubkräfte zwischen den zwei oder drei Teilen eines *verdübelten* Balkens auf.

Wir haben gesehen, dass die Schubkraft von der Abnahme der inneren Kräfte D und Z herrührt. Diese Abnahme bzw. Zunahme aber ist der Differenzialquotient des Momentes und dieser ist gleich der Querkraft V.

Die längswirkende Schubkraft als Folge der querwirkenden Querkraft lässt sich auch an diesem inneren Teilchen des Trägers vorstellen: Es würde sich verdrehen, wenn nur das senkrechte Kräftepaar aus V angreifen würde. Erst das horizontale Kräftepaar aus Schub hält es im Gleichgewicht.

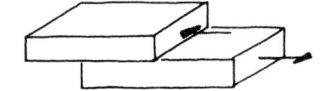

G Die **Schubspannungen** werden – im Gegensatz zu Druck- oder Zugspannungen σ – mit τ bezeichnet.

Diese Schubspannung muss z. B. der Leim aufnehmen, um zu verhindern, dass sich die Bretter gegeneinander verschieben.
Die Größe der Schubspannung ist:

$$\tau = \frac{V}{z \cdot b}$$

Am Rechteckquerschnitt ist:

$$z = \frac{2}{3} h$$

H **Herleitung der Schubspannung**

(Diese etwas umfangreiche Herleitung sei nur besonders interessierten Lesern angeraten.)

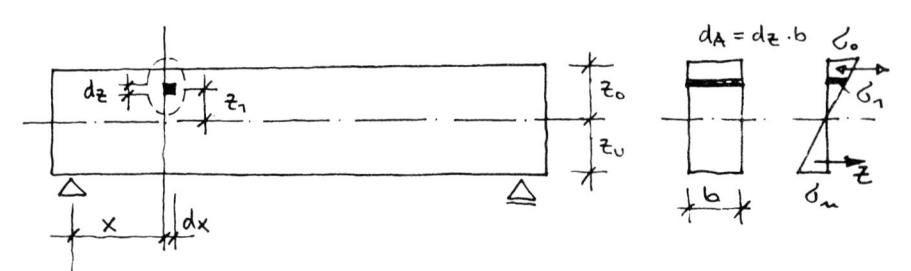

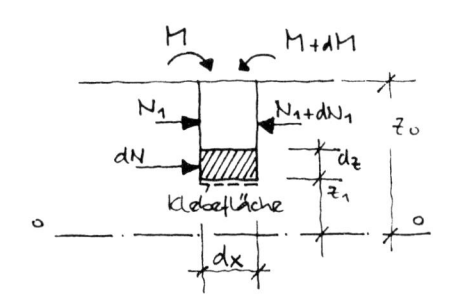

Im Querschnitt x eines Trägers wirkt das Moment M. Es erzeugt in der oberen Randfaser die Spannung:

$$\sigma_o = \frac{M \cdot z_o}{I_y}$$

$$\sigma_o = \frac{M}{W_o}$$

$$W_o = \frac{I_y}{z_o}$$

8.2 Schub

und im Abstand z_1 von der Null-Linie die Spannung:

$$\sigma_1 = \sigma_o \cdot \frac{z_1}{z_o}$$

$$= \frac{M \cdot z_o}{I_y} \cdot \frac{z_1}{z_o}$$

$$\sigma_1 = \frac{M \cdot z_1}{I_y}$$

Auf die Fläche dA in Höhe z_1 wirkt die Längskraft:

$$dN = \sigma_1 \cdot dA$$

$$= \frac{M \cdot z_1}{I_y} \cdot dA$$

Die gesamte Längskraft von Höhe z_1 bis zum oberen Rand des Trägers ist:

$$N_1 = \int_{z_1}^{z_o} dN = \int_{z_1}^{z_o} \frac{M \cdot z}{I_y} \cdot dA$$

$\dfrac{M}{I_y}$ ist über die ganze Höhe des Querschnittes konstant, kann also vor das Integral gesetzt werden.

$$N_1 = \frac{M}{I_y} \int_{z_1}^{z_o} z\, dA \qquad (1)$$

Der Wert $\int_{z_1}^{z_o} z\, dA = S\ [cm^3]$ heißt *Statisches Moment* oder *Flächenmoment ersten Grades*. Das statische Moment ist:
Fläche (hier: des Querschnittes oberhalb z_1) mal dem Abstand seines Schwerpunktes zur Null-Linie des ganzen Querschnittes (S bedeutet hier nicht Beanspruchung, sondern statisches Moment).

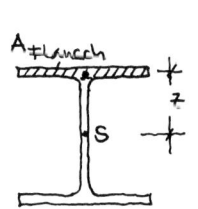

statisches Moment am
Übergang Steg – Flansch
$S = A_{Flansch} \cdot z$

🄷 Aus Gleichung (1) kann man also S anstelle des Integrals setzen:

$$N_1 = \frac{M}{I_y} \cdot S$$

Im Nachbarquerschnitt x + dx wirkt das Moment M + dM, es ist also um die Differenz dM größer als das Moment im Querschnitt x.

Die Längskraft beträgt im Nachbarquerschnitt $N_1 + dN_1$, sie hat sich also verändert um

$$dN_1 = \frac{dM}{I_y} \cdot S$$

Diese Veränderung der Längskraft beansprucht die Fuge in Höhe z_1 auf Schub. Stellt man sich vor, dass der Träger in dieser Höhe aus Schichten geklebt ist, so wird die »Klebefuge« auf Schub beansprucht. Die beanspruchte Fläche hat die Größe:

dx · b

Damit ergibt sich je Flächeneinheit die Schubspannung:

$$\tau = \frac{dN_1}{dx \cdot b}$$

$$\tau = \frac{dM \cdot S}{I_y \cdot dx \cdot b}$$

$$\tau = \frac{V \cdot S}{I \cdot b}$$

Wir erinnern uns:

$$\frac{dM}{dx} = V$$

$$\left[\frac{kN \cdot cm^3}{cm^4 \cdot cm} = \frac{kN}{cm^2} \right]$$

8.2 Schub

E Die Schubspannung $\boxed{\tau = \dfrac{V \cdot S}{I \cdot b}}$ ist also nicht proportional dem Moment, sondern proportional der *Querkraft* V. Das leuchtet ein, denn der Schub kommt ja von der Zu- bzw. Abnahme des Momentes, also von seinem Differenzialquotienten – und das ist die Querkraft.

Schubkraft und Schubspannung sind am größten im Bereich der Auflager, sie werden zu Null im Bereich der Maximalmomente.

Die Schubspannung ist auch proportional dem *Statischen Moment* S.

Dieses Statische Moment gibt an, was da über die Schubfläche (z. B. über die Leimfuge oder Schweißnaht) angeschlossen wird. Es ist die Fläche des angeschlossenen Querschnittteiles mal dem Abstand seines Schwerpunktes zur Null-Linie des Gesamtquerschnittes.

Die Schubspannung ist umgekehrt proportional dem Trägheitsmoment I. Also je steifer der Gesamtquerschnitt, um so kleiner ist die Schubspannung.

Und sie ist schließlich umgekehrt proportional der Breite b des Querschnittes an der untersuchten Fuge. Selbstverständlich, denn je größer die Breite, umso größer ist die Fläche, auf die sich die Schubkraft verteilt, und umso kleiner also die Schubspannung, denn sie ist ja Kraft durch Fläche.

H Schubspannung am Rechteckquerschnitt

Die Schubspannung am Rechteckquerschnitt ist in der Null-Linie

$$\tau_0 = \frac{V}{z \cdot b} \qquad z = \frac{2}{3} h$$

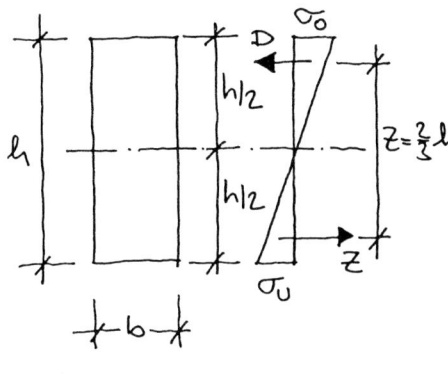

Herleitung:

Die Schubspannung in der Null-Linie ist

$$\tau_0 = \frac{V \cdot S_0}{I \cdot b}$$

Das statische Moment des Flächenteiles, das in der Null-Linie angeschlossen (»angeleimt«) wird, nennen wir S_0. Angeschlossen wird hier das halbe Rechteck, also $b \cdot \frac{h}{2}$, dessen Schwerpunktabstand zur Null-Linie ist $\frac{h}{4}$.

$$S_0 = b \cdot \frac{h}{2} \cdot \frac{h}{4}$$

$$S_0 = \frac{b \cdot h^2}{8}$$

Das Trägheitsmoment des Rechteckquerschnittes kennen wir mit:

$$I_y = \frac{b \cdot h^3}{12}$$

8.2 Schub

Damit ist:

$$\tau_0 = \frac{V \cdot \dfrac{b \cdot h^2}{8}}{\dfrac{b \cdot h^3}{12} \cdot b}$$

$$\tau_0 = \frac{V}{\dfrac{2}{3} h \cdot b}$$

$$\tau_0 = \frac{V}{z \cdot b} \left[\frac{kN}{cm^2}\right]$$

$\dfrac{2}{3} h = z$ ist: der Hebelarm der inneren Kräfte

$$\boxed{\tau_0 = \frac{V}{z \cdot b}} \quad \boxed{z = \frac{2}{3} h}$$

Die Höhe und die Breite haben also den gleichen Einfluss auf die Schubspannung. Während sich für die Biege-, Zug- und Druckspannungen (abhängig von W) die Höhe im Quadrat, für die Durchbiegung (abhängig von I) gar in der dritten Potenz auswirkt, kommt hier die Höhe ebenso wie die Breite nur in der ersten Potenz zum Ansatz.

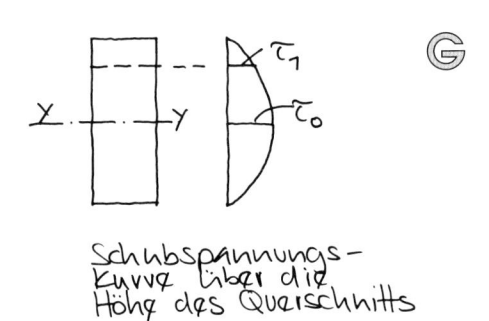

Schubspannungs-
kurve über die
Höhe des Querschnitts

Innerhalb eines Querschnittes ist die Schubspannung an der Null-Linie am größten. So hat z. B. bei einem Brettschichtträger – einem aus Brettern verleimten Träger – die Leimfuge an der Null-Linie die größte Schubspannung aufzunehmen. Ober- und unterhalb der Null-Linie wird die Schubspannung kleiner, denn die angeschlossene Querschnittsfläche ist um so kleiner, je weiter die untersuchte Fuge von der Null-Linie entfernt ist.

Bei gleicher Breite führt das zu parabolischer Abnahme von τ. Am Rechteckquerschnitt genügt es daher, die Schubspannungen in der Null-Linie, also τ_o, zu untersuchen. Am geschweißten Träger hingegen bilden die Schweißnähte gefährdete Schwachstellen. Sie sind nach den Schubspannungen zu bemessen, die hier am Übergang vom Flansch zum Steg auftreten.

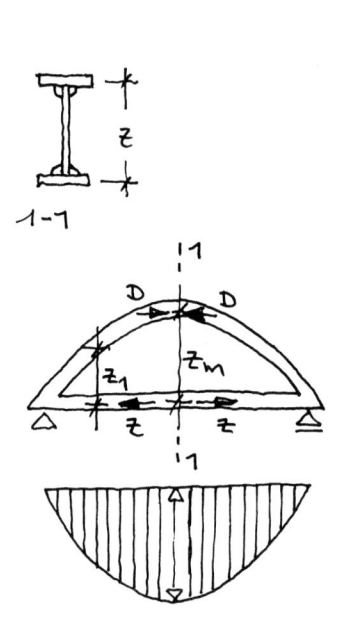

Im Steg dieses parabelförmig ausgebildeten Trägers treten keine Schubkräfte auf, denn der innere Hebelarm z ist nicht konstant, sondern proportional dem Moment M. Daher ist bei gleichbleibenden D und Z an jeder Stelle D · z = M bzw. Z · z = M. Am Trägerende allerdings müssen Druckgurt und Zuggurt schubfest miteinander verbunden sein, um so ihre Kräfte aneinander abgeben zu können.

8.3 Durchbiegung
(Gebrauchsfähigkeitsnachweis)

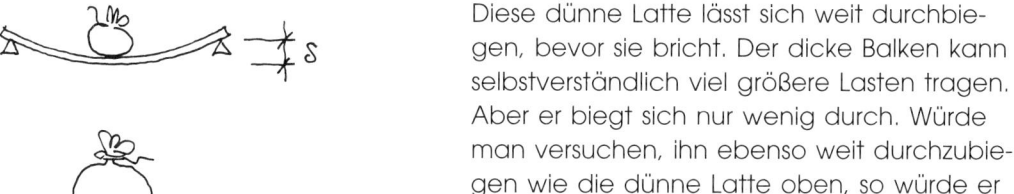

Diese dünne Latte lässt sich weit durchbiegen, bevor sie bricht. Der dicke Balken kann selbstverständlich viel größere Lasten tragen. Aber er biegt sich nur wenig durch. Würde man versuchen, ihn ebenso weit durchzubiegen wie die dünne Latte oben, so würde er vorher brechen.

Wir erkennen daraus, dass Durchbiegung und Brechen nicht gleichgesetzt werden können; sie werden durch unterschiedliche Einflüsse bestimmt.

Für die Bruchfestigkeit sind maßgebend
– die Grenzspannung σ_{Rd} (Material) und
– das Widerstandsmoment W (Querschnitt).

W des Rechteckquerschnittes ist:

$$W_y = \frac{b \cdot h^2}{6}$$

Für die Durchbiegung sind maßgebend
– der Elastizitätsmodul E (Material) und
– das Trägheitsmoment I (Querschnitt).

I des Rechteckquerschnittes ist $I_y = \dfrac{b \cdot h^3}{12}$

Aus dem Vergleich von W und I sehen wir, dass sich die Höhe h für die Bruchfestigkeit in der zweiten, für die Durchbiegung in der dritten Dimension auswirkt.

Dies erklärt auch, warum sich schlanke Träger mit kleiner Höhe h (klein im Verhältnis zur Spannweite) besonders stark durchbiegen.

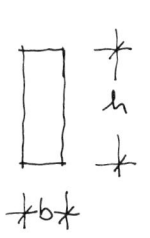

ⓖ In Gebäuden könnten zu große Verformungen zu Schäden oder zu unangenehmen Schwingungen führen. Deshalb muss die Durchbiegung begrenzt werden.

Die DIN berücksichtigt bei der zulässigen/empfohlenen Durchbiegung viele Parameter, wie Art und Funktion des Bauteiles, Materialeigenschaften (z. B. das Elastizitätsmodul, Feuchtigkeit des Holzes etc.), aber auch die Einwirkungsdauer.

Bei Beton oder Holz nimmt die Durchbiegung unter länger einwirkenden Belastungen allmählich zu, sodass Anfangs- und Endbelastungen zu unterscheiden sind.

Die Enddurchbiegung infolge aller Einwirkungen wird mit tot δ_{fin} bezeichnet.

Wir schlagen hier ein vereinfachtes Verfahren vor, das brauchbare Näherungswerte liefert. Hierbei ermitteln wir das erforderliche Trägheitsmoment (Flächenmoment zweiten Grades) I für einen Einfeldträger mit

erf $I = k_0 \cdot M_k \cdot l$

Ⓖ Hier ist M_k das Basismoment, also ermittelt aus der charakteristischen Last, ohne den Teil-Sicherheitsbeiwert γ_F, l ist die Spannweite.

Warum ohne γ_F? Eine mäßige Überschreitung der erlaubten Durchbiegung kann zwar zu Schäden, nicht aber zum Einsturz führen. Deshalb sind für die Durchbiegung keine Sicherheitsbeiwerte erforderlich. Darüber hinaus wollen wir tatsächlich auftretende Verformungen berechnen und keine mit Sicherheitswerten behafteten.
Der Nachweis der Durchbiegung wird auch als »Gebrauchsfähigkeitsnachweis« bezeichnet.

Die k_0-Werte können dem Tabellenbuch entnommen werden (Tab. H 1.3 und St 1.2).

Auch die in den Tabellen angegebenen zulässigen Durchbiegungen sind vereinfachte Werte. Es kann sein, dass die hier angegebenen Durchbiegungen (z. B. $l/300$) unter lang andauernden Einwirkungen überschritten werden.

Bei der angegebenen Formel scheinen doch die Dimensionen nicht zu stimmen! Doch, sie stimmen! Die korrigierenden Größen sind in k_0 eingearbeitet, wie auch der Elastizitätsmodul E für das jeweilige Material.

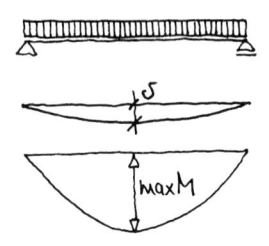

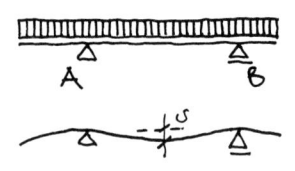

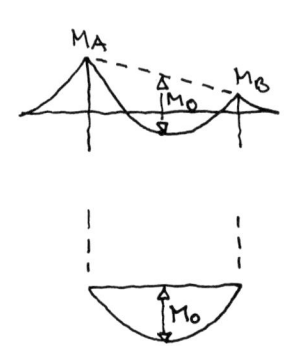

Für den Träger auf zwei Stützen ohne Kragarm ist $M_0 = \max M$. Hier ist das Verfahren exakt für eine gleichmäßig verteilte Last, für andere Lasten liefert es brauchbare Näherungswerte.

Belastete Kragarme bzw. die aus ihnen resultierenden Stützenmomente vermindern die Durchbiegung im Feld. Die geforderte Begrenzung der Durchbiegung lässt sich deshalb mit einem geringeren Trägheitsmoment I erreichen. Es gilt:

erf $I = k_0 \cdot M_0 \cdot l - k_m \cdot |M_m| \cdot l$

Dabei sind k_0 und k_m die Tabellenwerte. M_0 ist hier nicht das Maximalmoment des Trägers mit Kragarmen, sondern der bereits aus Kapitel 5 bekannte M_0-Wert, d. h. das max M eines gedachten Trägers mit gleichem Feld, aber ohne Kragarme.

$$\left(\text{meist } \frac{q \cdot l^2}{8}\right)$$

M_m ist der Mittelwert der beiden Stützenmomente:

$$M_m = \frac{M_A + M_B}{2}$$

Auch hier sind alle M-Werte als Basismomente, d. h. ohne Faktor γ_F, einzusetzen.

8.3 Durchbiegung

Ⓖ Wie schon erwähnt, sind schlanke Träger (große Spannweite bei relativ kleiner Trägerhöhe) besonders kritisch.

Hingegen müssen Träger mit $\frac{h}{l} > \frac{1}{15}$ nicht auf Durchbiegung untersucht werden, wenn:

zul $\delta = \frac{1}{300}$

Vergleichen wir, von welchen Größen die Schubspannung τ, die Biegespannung σ und die Durchbiegung δ abhängen:

V → τ ← b, h

M → σ ← b, h^2

M → δ ← b, h^3

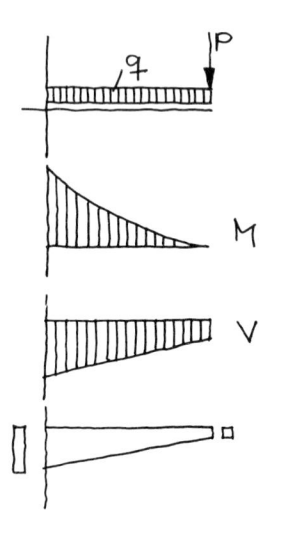

8.4 Gestalt von Biegeträgern

Am Kragträger treten die Extremwerte von Moment und Querkraft im selben Querschnitt auf: an der Einspannstelle. Es liegt nahe, den Kragträger dort am stärksten auszubilden und gegen sein anderes Ende zu schwächer werden zu lassen.

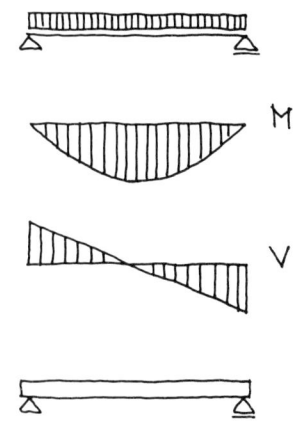

Dieser frei aufliegende Einfeldträger hingegen hat sein größtes Moment in der Mitte und seine größten Querkräfte an den Auflagern.

In den weitaus meisten Fällen wird ein Träger mit einem über die ganze Länge gleichbleibenden Querschnitt gewählt, z. B. ein Balken oder ein Walzprofil. Dieser Querschnitt ist im günstigsten Fall an drei Punkten voll ausgenutzt, an der Stelle von max M und an der Stelle von max V.

An allen anderen Punkten ist er überdimensioniert. In den weitaus häufigsten Fällen ist er nur entweder durch max M oder durch max V voll beansprucht, also nur an ein oder zwei Punkten. Trotzdem ist diese Konstruktionsart oft die billigste. (Ob sie auch die wirtschaftlichste ist, kommt darauf an, ob man den Begriff »Wirtschaftlichkeit« nur monetär definiert, oder Material- und Energieverbrauch als eigenständige, längerfristig wichtigere Werte sieht.)

8.4 Gestalt von Biegeträgern

Ⓖ Das Anpassen der Trägerform an den Verlauf von Moment und Querkraft ist meist aufwendig und erfordert viel Arbeitsaufwand.

Zudem ist die gleichbleibende Höhe häufig gefordert; Fußboden und Deckenuntersicht sollen eben sein.

Doch bei größeren Spannweiten – etwa über Hallen – sollte ein Ausformen des Trägers nach Moment und Querkraft erwogen werden, insbesondere wenn bei einer großen Serie die so erreichte Einsparung an Material den Arbeitsaufwand auch in finanzieller Hinsicht rechtfertigt.

Der Steg dieses Stahlträgers musste für Installationen durchbrochen werden. Diese Durchbrüche liegen in der Mitte, denn hier ist die Querkraft und folglich auch die Schubbeanspruchung klein – der Steg kann sie trotz großer Durchbrüche aufnehmen. Hingegen wird das Widerstandsmoment kaum verringert: Die Flanschen bleiben voll erhalten, die Schwächung des Steges nahe der Null-Linie ist für das Widerstandsmoment unbedeutend. Deshalb kann das Biegemoment trotz der Durchbrüche aufgenommen werden.

Problematisch sind Durchbrüche in Nähe der Auflager und damit im Bereich großer Querkräfte. Senkrechte Leitungen, die entlang der Stütze geführt werden und deshalb die Träger am Auflager durchbrechen sollen, veranlassen Ingenieure zu dem Stoßseufzer: »Wo die Kraft am größten ist, möchte der Architekt einen Durchbruch.«

Der Architekt sollte also rechtzeitig gemeinsam mit den beratenden Ingenieuren für Tragwerke und für Installationen überlegen, wie die Leitungen sinnvoll gelegt werden können, um tragende Konstruktion und Installationen aufeinander abzustimmen.

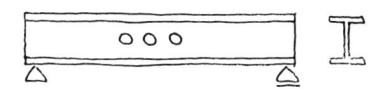

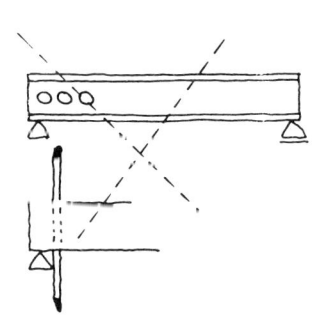

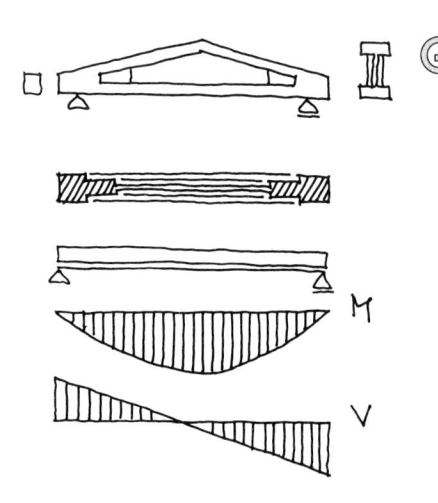

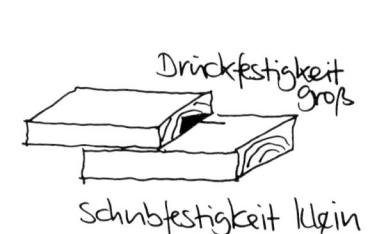

Dieser verleimte Holzträger ist dem leicht geneigten Dach angepasst. Seine größte Höhe liegt an der Stelle des Maximalmomentes. Allerdings entspricht die Form nicht genau der Momentenlinie, deshalb sind die Druck- und Zugspannungen nicht über die ganze Länge gleich, sondern die Maximalwerte treten etwas links und rechts der Mitte auf.

$D = Z = \dfrac{M}{z}$ ist dort größer als in der Mitte,

weil die Trägerhöhe in diesem Bereich schneller abnimmt als das Moment.

Anders als am Stahlträger sind am Holzträger Verstärkungen des Steges an den Auflagern erforderlich. Die Schubfestigkeit von Holz parallel zu den Fasern ist viel kleiner als seine Zug- und Druckfestigkeit in Faserrichtung. (Wer einmal Holz bearbeitet hat, weiß das aus Erfahrung.)

Hier steht

$\sigma_{Rd} = 1{,}5 \text{ kN/cm}^2$

gegen

$\tau_{Rd} = 0{,}15 \text{ kN/cm}^2$.

Die Schubfestigkeit beträgt also nur $1/10$ der Druck- und Zugfestigkeit. Der Holzsteg muss deshalb im Bereich der großen Querkraft verstärkt werden – die Breite des Steges wächst im oben skizzierten Beispiel in zwei Stufen bis zur Breite der Flansche.

Hingegen kann Stahl mehr als halb so hohe Schubspannungen aufnehmen wie Zug- und Druckspannungen, z. B. der Baustahl St 37:

$\sigma_{Rd} = 21{,}8 \text{ kN/cm}^2$

$\tau_{Rd} = 12{,}6 \text{ kN/cm}^2$

Verbreiterungen des Steges gegen die Auflager zu sind deshalb bei Stahl meist nicht erforderlich.

8.4 Gestalt von Biegeträgern

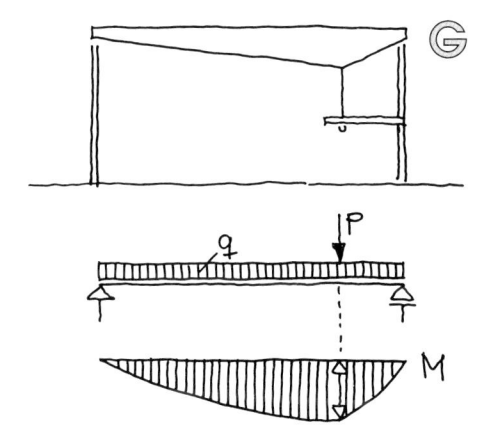

Dieser Träger über dem großen Saal der Mensa der Universität Stuttgart (Architekt: Tiedje, Ingenieur: Siegel) ist von einer Einzellast aus einer angehängten Empore belastet.

Der Knick in der Momentenlinie entspricht der Ecke in der Form. Die Einzellast kommt deutlich zum Ausdruck, das Moment, das sie hervorruft, wurde zum Konstruktions- und Gestaltungsmotiv.

Bei gut gestalteten Trägern ist oft eine Verwandtschaft der Form mit der Momentenlinie erkennbar.

9 Zug- und Druckstäbe

9.1 Zugstäbe

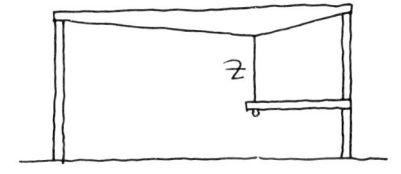

Beispiele für Zugstäbe:

Aufgehängte Konstruktion

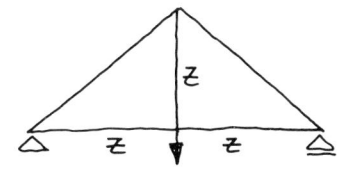

Sprengwerk

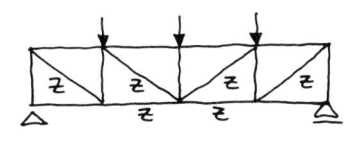

Fachwerk

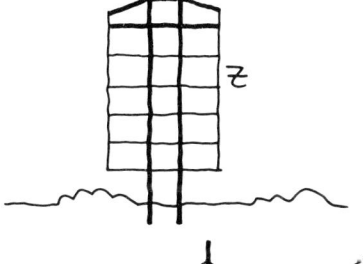

Hängehaus

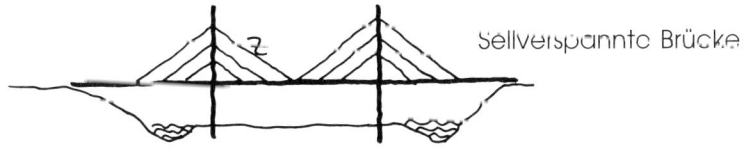

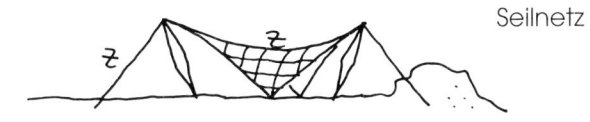

Seilverspannte Brücke

Seilnetz

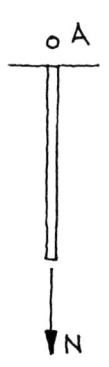

Ein Zugstab kann über seine ganze Querschnittsfläche mit der vollen zulässigen Spannung beansprucht werden. Die Spannung im Zugstab beträgt:

$$\sigma_t = \frac{N_d}{A}$$

Demnach ist die erforderliche Querschnittsfläche:

$$\text{erf } A = \frac{N_d}{\sigma_{Rd}}$$

und die aufnehmbare Kraft:

$$N_{Rd} = A \cdot \sigma_{Rd}$$

Die Tragfähigkeit ist also abhängig von
- Querschnittsfläche vorh A,
- Materialfestigkeit σ_{Rd}

und ist unabhängig von
- Querschnittsform,
- Stablänge (wenn man vom Eigengewicht des Stabes absieht).

Ein Zugstab muß nicht biegesteif sein.
Er kann also z. B. als Seil ausgebildet werden.

9.2 Druckstäbe

9.2.1 Druckstäbe ohne Knicken

Nur sehr kurze, gedrungene Bauteile nehmen Druck auf, ohne durch Knicken gefährdet zu sein.

Dieses Fundament hat die Aufgabe, die Last aus der Stütze auf eine so große Fläche zu verteilen, dass der Baugrund mit seiner meist geringen Festigkeit sie aufzunehmen vermag. Das Fundament kann wegen seiner gedrungenen Form nicht knicken.

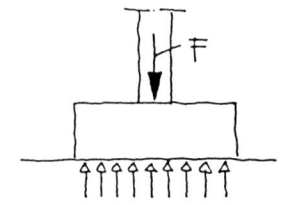

9.2 Druckstäbe

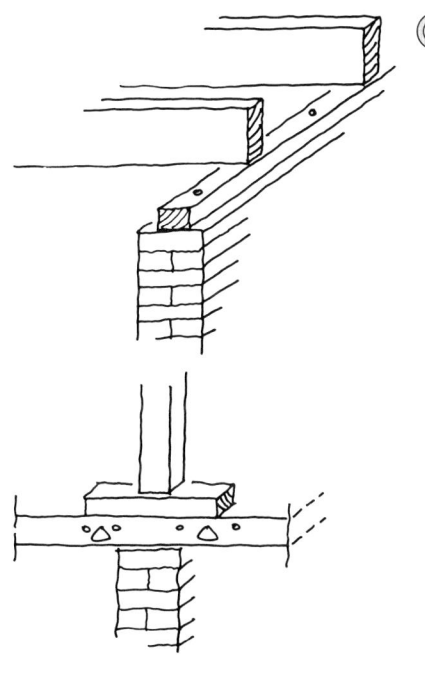

Auch diese *Mauerlatte* – auch »Fußpfette« oder »Schwelle« genannt –, die Unebenheiten des Mauerwerks ausgleicht, dem Balken Auflagerflächen in gleicher Höhe schafft und eine bessere Befestigung der Balken ermöglicht, kann nicht unter der Druckbeanspruchung knicken.

Ähnliches gilt für dieses *Schwellholz*, das zwischen Holzstütze und Decke bzw. Betonträger angeordnet wird.

Für diese druckbeanspruchten Bauteile ohne Knickgefahr hängt die Tragfähigkeit ab von
– Querschnittsfläche A und
– Materialfestigkeit σ_{Rd}.

Voraussetzung ist:
– Höhe klein, im Verhältnis zur Breite, d. h. keine Knickgefahr.

Die Tragfähigkeit ist unabhängig von der
– Querschnittsform (falls der Querschnitt nicht so extrem schmal ist, dass trotz geringer Höhe Knickgefahr besteht).

9.2.2 Knicken

Zwei Stützen aus gleichem Material mit gleicher Querschnittsfläche und gleicher Querschnittsform, aber unterschiedlicher Länge.

Welche von beiden vermag mehr zu tragen?

Die Kürzere, denn sie ist weniger knickgefährdet.

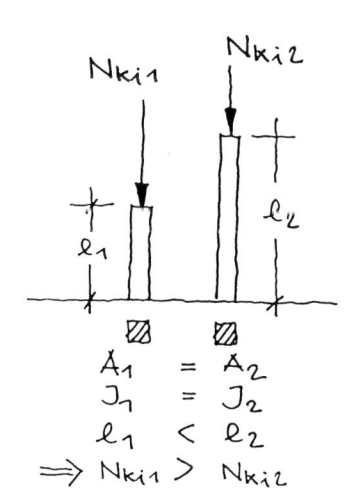

N_{ki1} N_{ki2}

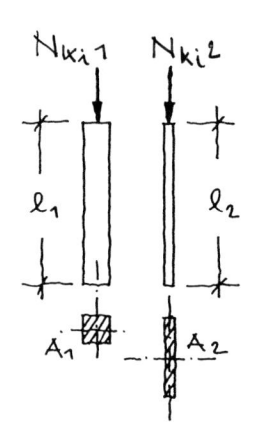

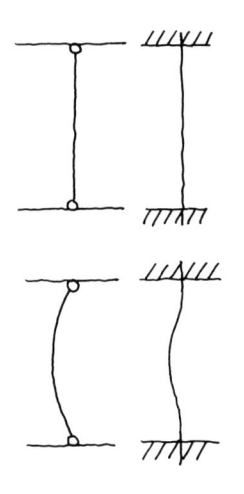

ℓ_1 ℓ_2

A_1 A_2

$A_1 = A_2$
$\min I_1 > \min I_2$
$\ell_1 = \ell_2$
$\Rightarrow N_{ki1} > N_{ki2}$

> Hier sind die Länge und die Querschnittsfläche gleich, aber die Querschnittsform verschieden.
>
> Welche Stütze vermag mehr zu tragen? Die mit quadratischem Querschnitt, denn sie ist nicht so schmal wie die andere. Auch sie ist weniger knickgefährdet.
>
> Die Tragfähigkeit einer Stütze hängt also ab von
> – Querschnittsfläche A,
> – Querschnittsform, gekennzeichnet durch I,
> – Länge l,
> – Materialeigenschaften (von welchen, das wird noch zu besprechen sein).
>
> Doch darüber hinaus spielt es auch eine Rolle, wie die Stütze gelagert ist.
>
> Die eine Stütze ist oben und unten gelenkig gelagert, die andere oben und unten eingespannt. Alles andere sei gleich.
>
> Welche vermag mehr zu tragen?
>
> Die eingespannte Stütze, denn ihr Knicken wird durch die Einspannung behindert.

9.2 Druckstäbe

Ⓖ Diese Zusammenhänge untersuchte erstmals der Schweizer Mathematiker und Naturforscher *Leonhard Euler* (1707 bis 1783). Nach ihm sind die vier »Eulerfälle« benannt:

s_k = Knicklänge

Fall 1: $s_k = 2 \cdot l$
Fall 2: $s_k = l$
Fall 3: $s_k = \dfrac{l}{\sqrt{2}}$
Fall 4: $s_k = l/2$

s_k = Knicklänge

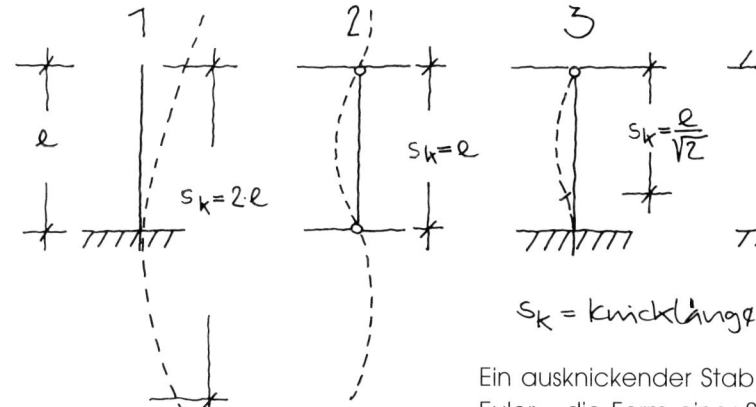

Ein ausknickender Stab nimmt – so erkannte Euler – die Form einer Sinuskurve an.

Beginnen wir mit dem häufigsten Fall:

Die oben und unten gelenkig gelagerte Stütze, **Eulerfall 2**, knickt in einer Sinuskurve, deren Wendepunkte in den Gelenken liegen. Den Abstand der Wendepunkte bezeichnen wir als *Knicklänge* s_k. Bei Eulerfall 2 ist also die Knicklänge gleich der Stablänge l.

$$s_k = l$$

Die im Fußpunkt eingespannte Stütze, **Eulerfall 1**, knickt ebenfalls in einer Sinuskurve, deren Wendepunkt an der Mastspitze und deren Maximum an der Einspannstelle des Mastes liegt. Der untere Wendepunkt wäre also um eine volle Stablänge unterhalb der Einspannstelle. Das bedeutet: Der Abstand s_k der Wendepunkte ist doppelt so groß wie die Stablänge l.

$$s_k = 2l$$

Entsprechend ergibt sich für den oben gelenkig und unten eingespannt (oder umgekehrt) gelagerten Stab

Eulerfall 3:

$$s_k \approx \frac{1}{\sqrt{2}} \approx 0{,}7 \, l$$

und für den beidseitig eingespannten Stab

Eulerfall 4:

$$s_k = \frac{l}{2}$$

Euler gibt die ideelle Tragfähigkeit N_{ki} einer Stütze an mit:

$$N_{ki} = \frac{\pi^2 \cdot E \cdot I}{s_k^2} \quad \left[\frac{\frac{kN}{cm^2} \cdot cm^4}{cm^2} = kN \right]$$

Eulersche Knicklast
(Hier ist   (Hier ist
N = Normalkraft)   kN = Kilonewton)

Er setzt dabei ideal elastisches Material und mittige Krafteinleitung voraus.

Die Knicklast N_{ki} ist hierbei die Last, welche die Stütze unmittelbar vor dem Ausknicken (also ohne Sicherheitsfaktor) zu tragen vermag.

Nach dieser Formel ist die Knicklast N_{ki} abhängig von:

– Elastizitätsmodul E (Materialkonstante).
– Trägheitsmoment I (Querschnittsform).
– Knicklänge s_k (Stablänge und
                          Eulerfall).

9.2 Druckstäbe

🅶 Es fällt auf, dass in dieser Formel weder die Grenzspannung σ_{Rd} noch die Fläche A erscheinen. Dies wird unten näher besprochen. Zunächst aber interessiert uns die Bedeutung der Knicklänge s_k.

Sie wirkt sich – wie aus der Formel für die eulersche Knicklast zu erkennen – im Quadrat aus. Das bedeutet: Wenn eine Stütze nach Eulerfall 2 mit $s_k = l$ die Last 1 (z. B. 1 kN) zu tragen vermag, dann trägt eine sonst gleiche Stütze nach Eulerfall 1 mit

$s_k = 2l$

nur $\dfrac{1}{2^2} = \dfrac{1}{4}$ dieser Last,

die nach Eulerfall 3 mit $s_k = \dfrac{1}{\sqrt{2}}$ trägt

$\sqrt{2}^2 = 2$-mal diese Last

und die Stütze nach Eulerfall 4 mit $s_k = \dfrac{1}{2}$ trägt

$2^2 = 4$-mal diese Last.

Eulerfall	s_k	Knicklast
1	2l	¼
2	l	1
3	1/√2	2
4	1/2	4

Die Stütze nach Eulerfall 4 trägt also das 16-fache der Stütze nach Eulerfall 1.

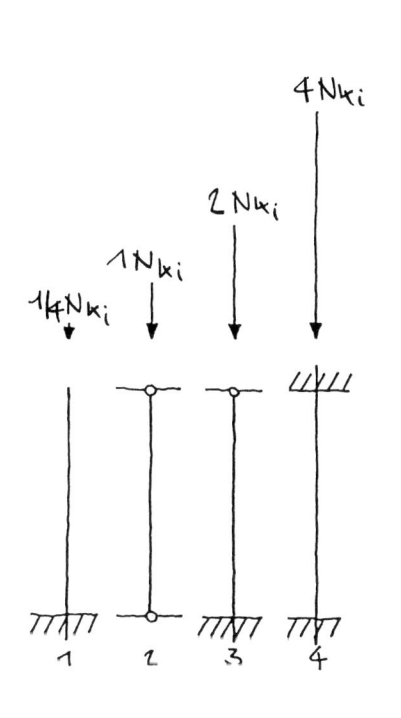

Ⓖ Es würde die Arbeit sehr vereinfachen, wenn wir ein Kriterium für die **Schlankheit** hätten, d. h. ein Maß für die Breite, möglichst mit der Dimension [cm], das in Beziehung zur Knicklänge s_k gesetzt werden kann. Mit der Breite allein ist es aber nicht getan, denn z. B.

die Breite b dieses Querschnittes

führt doch offensichtlich zu einer anderen Knicksteifigkeit als

die Breite b dieses Querschnittes.

Eine Aussage über die Steifigkeit gibt zwar I, aber dessen Dimension [cm⁴] ist schwer mit der Knicklänge s_k [cm] in Beziehung zu setzen.

Sehen wir diesen Kummer in Zusammenhang mit einem anderen, nämlich dem, dass die Spannung σ und die Querschnittsfläche A in der eulerschen Knicklast-Formel nicht erscheinen. Von hier aus suchen wir eine Lösung:

Ⓗ Es sei

$$\sigma_{ki} = \frac{N_{ki}}{A}$$

| σ_{ki} = Größte Spannung im gedrückten Stab unmittelbar vor dem Ausknicken unter der eulerschen Knicklast N_{ki}

$$N_{ki} = \frac{\pi^2 \cdot E \cdot I}{s_k^2}$$

ergibt dies:

$$\sigma_{ki} = \frac{N_{ki}}{A} = \frac{\pi^2 \cdot E}{s_k^2} \cdot \frac{I}{A}$$

Hier greifen wir $\frac{I}{A}$ heraus:

9.2 Druckstäbe

Ⓖ Wir bezeichnen

$$\sqrt{\frac{I}{A}} = i \quad \left[\sqrt{\frac{cm^4}{cm^2}} = cm\right]$$

als *Trägheitsradius*.

Mit dem Trägheitsradius i haben wir einen Wert in der Dimension [cm]. Er lässt sich unmittelbar mit der Knicklänge s_k in Beziehung setzen. Diese Beziehung heißt *Schlankheit*, sie wird bezeichnet mit:

$$\boxed{\lambda = \frac{s_k}{\min i}} \quad \min i = \sqrt{\frac{\min I}{A}}$$

min i ist der kleinere Trägheitsradius eines Querschnittes, denn in der Richtung des kleineren Trägheitsmomentes (in der Regel I_z) besteht die größere Knickgefahr.

Wie wir I_y und I_z unterscheiden, so auch i_y und i_z.

$$i_y = \sqrt{\frac{I_y}{A}}$$

In den meisten Fällen ist $\min i = i_z$.

$$i_z = \sqrt{\frac{I_z}{A}}$$

Ⓗ Nach $\sigma_{ki} = \dfrac{\pi^2 \cdot E \cdot I}{s_k^2 \cdot A}$

$$i = \sqrt{\frac{I}{A}}$$

lässt sich somit schreiben:

$$\lambda = \frac{s_k}{i}$$

$$\sigma_{ki} = \frac{\pi^2 \cdot E}{\lambda^2}$$

$$\lambda = \frac{s_k}{\sqrt{\dfrac{I}{A}}}$$

$$\lambda^2 = \frac{s_k^2}{\dfrac{I}{A}}$$

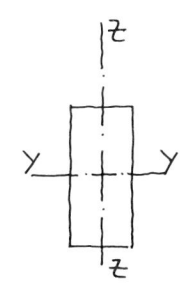

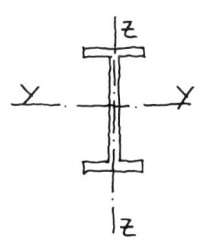

9 Zug- und Druckstäbe

Dies als Diagramm aufgetragen ergibt die Euler-Hyperbel

$$\sigma_{ki} = \frac{\pi^2 \cdot E}{\lambda^2}$$

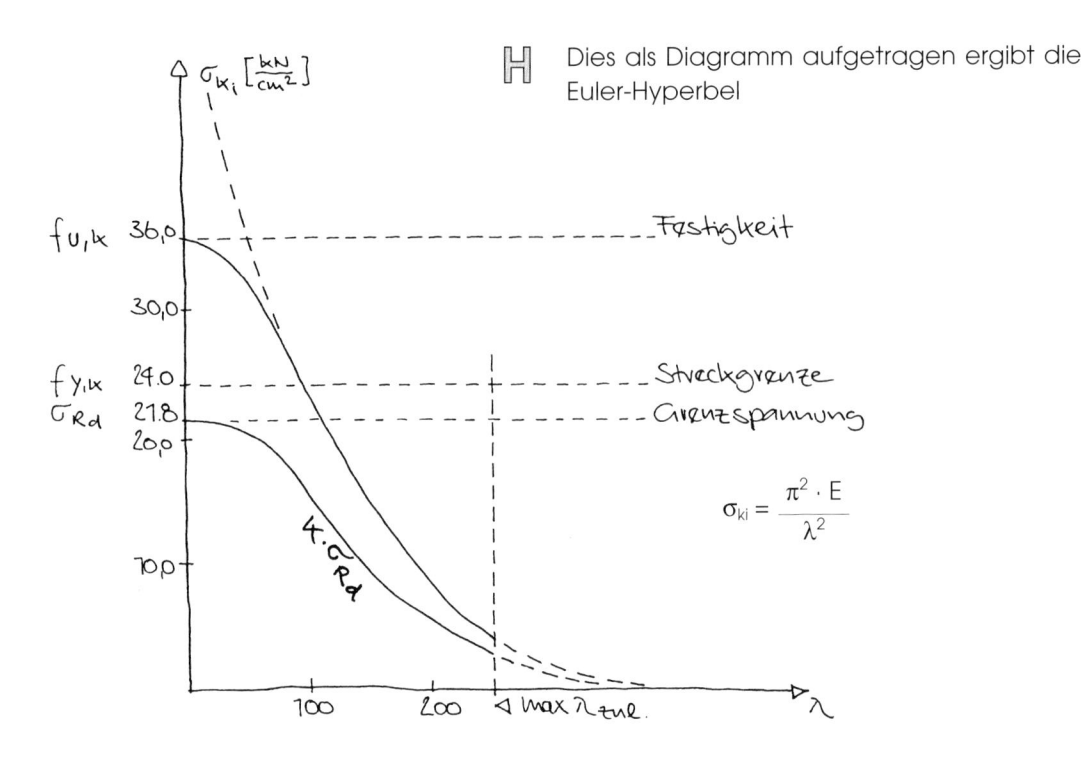

Euler-Hyperbel für Baustahl S 235

Diese Euler-Hyperbel – hier für den meist gebrauchten Baustahl S 235 gezeigt – strebt für kleine Schlankheiten gegen ∞. Selbstverständlich können unendlich große Spannungen nicht aufgenommen werden, die Spannungen können die Bruchfestigkeit $f_{u,k}$ nicht überschreiten. Diese Unstimmigkeit löst sich auf, wenn man die Euler-Hyperbel nur bis zur Elastizitätsgrenze führt. Für Spannungen über der Streckgrenze gelten nicht mehr das hookesche Gesetz und der Elastizitätsmodul E, folglich auch nicht mehr die eulersche Knickformel. In diesem Bereich wird deshalb die Kurve für die Knickspannung σ_{ki} durch die Bruchfestigkeit $f_{u,k}$ bestimmt, auf deren Wert sie tangential zuläuft.

Die abgeminderten Spannungen $k \cdot \sigma_{Rd}$ ergeben sich, wenn man σ_{ki} durch den Teilsicherheitsfaktor γ_M teilt.

9.2 Druckstäbe

Ⓖ Bemessung für Stahl oder Holz nach k-Verfahren

Die oben beschriebenen Erkenntnisse wurden zu einem sehr einfach zu handhabenden Bemessungsverfahren zusammengefasst, dem sogenannten »k-Verfahren«.

Bemessen wird nach der Formel:

$N_{Rd} = A \cdot \sigma_{Rd} \cdot k$

bzw.

$\sigma_d = \dfrac{N_d}{A} \leq \sigma_{Rd} \cdot k$

Tabellenbuch: k-Tabellen H 3 und St 3

$\lambda \longrightarrow k$

Hierbei kann k in Abhängigkeit von Schlankheit und von dem gewählten Material (NH, BSH oder Stahlgüte und Querschnittform) den k-Tabellen entnommen werden.

$\lambda = \dfrac{s_k}{\min i} \Rightarrow k$

Auch bei Längskraft sind die Teilsicherheitsbeiwerte für das Material schon in die Tabellenwerte eingearbeitet.

Tabellenbuch

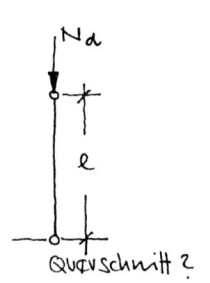

Beispiel 9.2.2.1

Gegeben: Druckkraft N_d [kN]
(einschließlich geschätztem Stützengewicht)
Stützhöhe l
Eulerfall $\Rightarrow s_k$
Material $\Rightarrow \sigma_{Rd}$

Schätzen: Querschnitt

erster Anhaltspunkt:

$$A > \frac{N_d}{\sigma_{Rd}}$$

Ermitteln: A
min i $\Leftarrow$ | Querschnittstabelle

Falls der Querschnitt nicht in der Tabelle enthalten:

$$\min i = \sqrt{\frac{\min I}{A}}$$

$$\lambda = \frac{s_k}{\min i}$$

$\Downarrow$
k $\Leftarrow$ | k-Tabelle für das gewählte Material

Nachweisen: $\sigma_d = \dfrac{N_d}{\text{vorh } A}$

Überprüfen: $\sigma_d \leq \sigma_{Rd} \cdot k$

9.2 Druckstäbe

Ist $\sigma \geq \sigma_{Rd} \cdot k$, so muss ein neuer Querschnitt geschätzt werden.

Ist $\sigma \ll \sigma_{Rd} \cdot k$, also wesentlich kleiner, so wäre diese Bemessung zwar standsicher, aber unwirtschaftlich. Dann ist eine neue Schätzung im Sinne der Wirtschaftlichkeit anzuraten, falls nicht andere Gründe – z. B. Gleichheit von Stützen über mehrere Geschosse – diese Überbemessung rechtfertigen.

Meist wird erst nach mehreren Schätzungen der richtige Querschnitt gefunden, also nicht verzweifeln, wenn's nicht gleich klappt!

Beispiel 9.2.2.2

Hier sei die Abmessung der Stütze gegeben und gefragt, welche Last die Stütze zu tragen vermag.

Gegeben: Querschnitt
Stützhöhe l ⎫
Eulerfall   ⎬ s_k
Material ⎭ ⇒ σ_{Rd}

Ermitteln: A
min i

$$\lambda = \frac{s_k}{\min i}$$

Stahl: Holz:

k-Tabelle für die   k-Tabelle für das
gewählte Stahlgüte   gewählte Material
und Querschnittsform

Nachweisen: $N_d = \sigma_{Rd} \cdot k \cdot A$

9.2.3 Ausbildung von Druckstützen

Eine Stütze mit kreisförmigem Querschnitt hat in jeder Richtung das gleiche Trägheitsmoment I und damit den gleichen Trägheitsradius i.

Das gilt auch für das Rohr. Hier aber kommt ein entscheidender Vorteil hinzu: Das Material ist weit außen angeordnet, Trägheitsmoment und Trägheitsradius sind daher größer als beim vollen kreisförmigen Querschnitt mit gleicher Querschnittsfläche. Der Dünne der Wandung sind allerdings Grenzen gesetzt: Eine allzu dünne Wandung könnte ausbeulen.

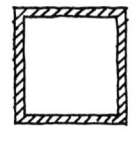

Knickspannungslinie a

Das Rohr ist der günstigste Querschnitt für eine tragende Stütze. Stahlstützen werden deshalb oft als Rohre ausgebildet. Weil es aber schwer ist, Wände, Fenster etc. an Stützen mit rundem Querschnitt anzuschließen, werden für Anschlussmöglichkeiten andere Querschnitte (z. B. Quadratrohre) bevorzugt – der kreisrunde Rohrquerschnitt ist vor allem für freistehende Stützen geeignet.

Wegen der großen Vorteile hinsichtlich des Knickverhaltens werden die geschlossenen rohrähnlichen Profile mit den k-Werten der Knickspannungslinie a berechnet (KSL a).

Knickspannungslinie b oder c

Die offenen symmetrischen IPE- und IPB-Profile sind wesentlich ungünstiger. Für sie gilt Knickspannungslinie b oder c (KSL b oder KSL c). Näheres dazu in Tabelle St 3.2.5 des Tabellenbuches.

Knickspannungslinie c

Noch knickgefährdeter sind die offenen unsymmetrischen Profile. Für sie ist Knickspannungslinie c (KSL c) maßgebend.

Für Holzstützen, gemauerte Pfeiler und Stahlbetonstützen sind quadratische Querschnitte günstig. Rechteckquerschnitte mit gleicher Fläche sind stärker knickgefährdet. Hier werden die k-Werte nur nach dem Material unterschieden.

9.2 Druckstäbe

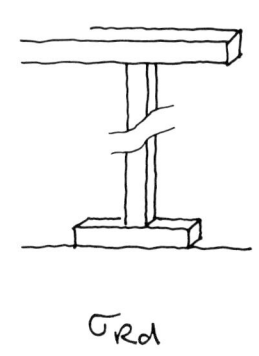

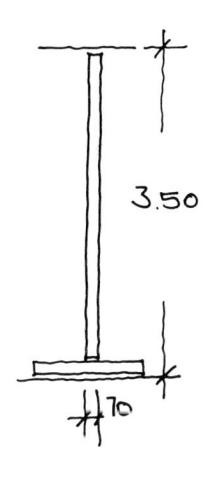

σ_{Rd}

Ⓖ Holzstützen stoßen meist oben und unten gegen andere Holzbauteile (Balken, Pfetten, eventuell Schwellen), deren Fasern horizontal liegen. Holz weist in Richtung der Fasern weit höhere Festigkeit auf als quer zur Faser:

Nadelholz C 24 Druck:	
In Faserrichtung	$\sigma_{c\parallel} = 1{,}3$ kN/cm²
Quer zur Faser	$\sigma_{c\perp} = 0{,}16$ kN/cm²

Für die Flächen, in denen die Stützen auf die horizontalen Hölzer stoßen, ist die **kleinere** Grenzspannung quer zur Faser maßgebend.

Nur wenn k kleiner ist als $\dfrac{\sigma_{c\parallel}}{\sigma_{c\perp}}$

(z. B. Nadelholz C 24 $< \dfrac{0{,}16}{1{,}3} = 0{,}12$) – also bei sehr schlanken Stützen – nur dann ist die Knickbemessung maßgebend.
Das trifft bei quadratischen Stützen aus Nadelholz (Vollholz) nur zu, wenn:

$\lambda = \dfrac{s_k}{i} \geq 150$

Das entspricht:

$\dfrac{s_k}{d} \geq 45$

In allen anderen Fällen genügt es fast immer, nach der kleineren Spannung **quer** zur Faser zu rechnen – und hier spielt das Knicken selbstverständlich keine Rolle.

Holzstützen, die oben und/oder unten gegen Hölzer mit querliegenden Fasern stoßen, können wir deshalb sehr einfach bemessen: Statt zu schätzen, ermitteln wir für die Stoßstellen quer zur Faser:

$\text{erf } A = \dfrac{N_d}{\sigma_{c\perp}}$ $\quad\bigg|\; \sigma_{c\perp} = 0{,}16$ kN/cm²
$\quad\quad\quad\quad\quad\quad\;\;\;\big|\; $ C 24

3.50

70

Ⓖ Nur bei sehr schlanken Stützen mit $s_k/d > 35$

ermitteln wir dann in einem zweiten Schritt, ob der gefundene Querschnitt auch längs zur Faser gegen Knicken standhält:

$N_{Rd} = A \cdot \sigma_{Rd\parallel} \cdot k \qquad | \qquad \sigma_{Rd\parallel} = 1{,}3 \text{ kN/cm}^2$

Durch zimmermannsmäßiges Einzapfen wird die Aufstandsfläche weiter vermindert – das Zapfenloch ist von der tragenden Fläche abzuziehen.

Solche Holzverbindungen sind als Gelenke zu werten, sodass Holzstützen – sofern sie nicht als Maste freistehen – fast immer unter Eulerfall 2 fallen.

Holzstützen im Freien müssen an ihren Fußpunkten gegen aufsteigende Feuchtigkeit geschützt werden. Eine Stütze, die mit dem Hirnholz im Feuchten steht, würde durch Kapillarwirkung der Fasern Wasser aufziehen und bald zu faulen beginnen. Der Fußpunkt muss also so ausgebildet werden, dass das *Hirnholz* trocken bleibt oder zumindest nach dem Nasswerden schnell wieder trocknen kann.

Für Stahlstützen aus *Walzprofilen* sind *Breitflanschprofile* der HEB-Reihe geeignet. Der Unterschied zwischen den Trägheitsmomenten und folglich auch zwischen den Trägheitsradien um die y- und z-Achse ist nicht so groß wie bei der schlankeren IPE-Profilreihe.

Wenn allerdings die Knicklänge in der einen Richtung wesentlich kleiner ist als in der anderen und eine schmale Ansichtsfläche der Stütze erstrebt wird, so kann die unterschiedliche Steifigkeit in den beiden Achsen des IPE-Profils sinnvoll genutzt werden.

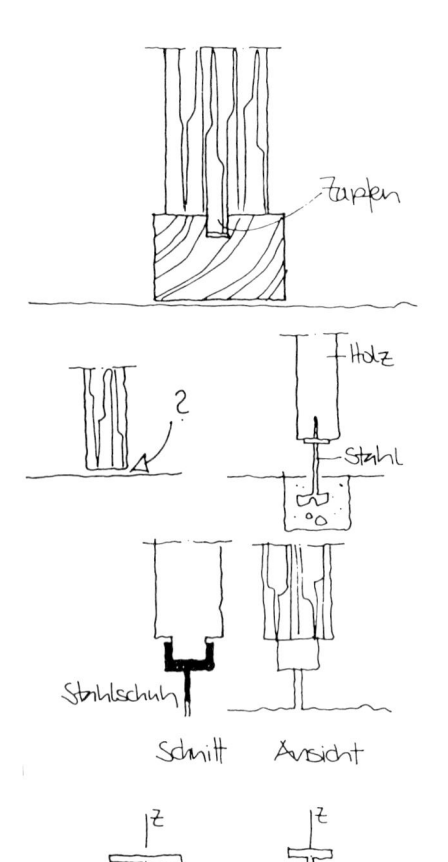

9.2 Druckstäbe

Ⓖ Von den Werten

$$\lambda_y = \frac{s_{ky}}{i_y} \quad \text{und}$$

$$\lambda_z = \frac{s_{kz}}{i_z} \quad \text{ist dann der größere}$$

maßgebend.

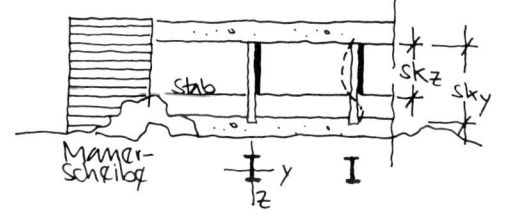

Diese unterschiedlichen Knicklängen sind gegeben, wenn z. B. horizontale Zwischensprossen, die mit einer aussteifenden Wandscheibe kraftschlüssig verbunden sind, die Knicklänge der einen Richtung unterteilen.

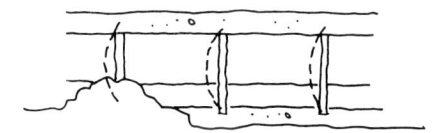

Unwirksam hingegen wären solche Zwischensprossen, wenn sie nur die Stützen verbinden würden, ohne irgendwo festen Halt zu finden. Sie könnten dann nur für *gemeinsames* Ausknicken in einer Richtung sorgen.

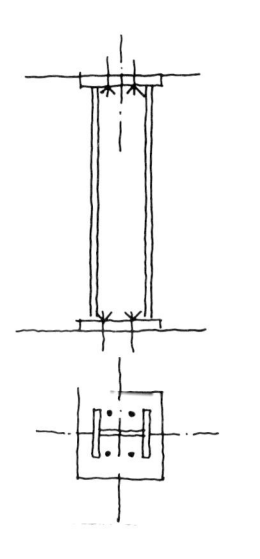

Wenn Stahlprofile oder Stahlrohre an ihren *Fuß*- oder *Kopfpunkten* ihre Kraft auf Betonteile übertragen, so müssen sie durch *Fuß*- oder *Kopfplatten* geschlossen werden. Deren Aufgabe ist es, die Kraft aus der Stütze auf eine genügend große Betonfläche zu verteilen, denn die Bemessungsspannung der Druckfestigkeit des Betons ist wesentlich kleiner als die des Stahls. Außerdem bieten diese Platten Platz für Schrauben, die für die Verbindung von Stahlstütze und Beton sorgen.

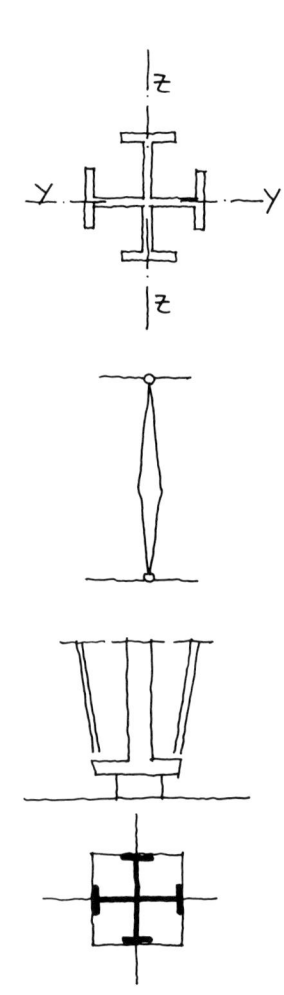

Ⓖ Ein solcher kreuzförmiger Querschnitt ist gegen Knicken ungünstiger als breite I-Profile. Ein großer Anteil der Querschnittsfläche ist in der Nähe des Flächenschwerpunktes angeordnet und hat dort nur wenig Einfluss auf Trägheitsmoment und Trägheitsradius.

Weit günstiger ist ein *solcher* Querschnitt. Von der Ausnutzung des Materials her gesehen, ist er noch besser als das einfache Walzprofil; die Herstellung allerdings ist arbeitsaufwendig.

Wenn schon der hohe Arbeitsaufwand für eine kreuzförmige Stütze nicht gescheut wird, so wäre zu erwägen, ob man einen (wiederum arbeitsaufwendigen) Schritt weitergehen und der Stütze eine gegen Knicken besonders geeignete Form geben möchte. Die Knickgefahr ist in der Mitte am größten, dort also muss ihr Querschnitt am breitesten sein. Kleine Kopf- und Fußplatten deuten die Gelenke an. Einer solchen Ausbildung liegt weniger eine statisch-konstruktive Notwendigkeit als mehr ein formales Bestreben zugrunde, mit der das Tragverhalten des Bauteiles zum gestalterischen Motiv erhoben wird.

Z Zahlenbeispiel zu den Kapiteln 1 bis 9

In dem folgenden Beispiel werden Zusammenhänge, die gegenseitige Beeinflussung der Bauteile und deren Bemessung dargestellt. Zum Verstehen und Bearbeiten ist erforderlich:
- eine maßstäbliche Systemskizze für jede Position; bei gutem Augenmaß kann dies eine freihändige Darstellung sein,
- Ermitteln der Schnittkräfte für jede Position, d. h. der Auflagerkräfte, Momente und Querkräfte,
- Bemessung der Bauteile,
- Übertragen von Ergebnissen einer Position auf andere Positionen, d. h. der Auflagerkräfte eines Bauteils auf die von ihnen belasteten anderen Bauteile,
- der Gesamtüberblick über das Zusammenwirken aller Bauteile.

Die bloße Rechenarbeit wird heute meist von Computern und entsprechenden Programmen durchgeführt. Zum besseren Verständnis sei jedoch empfohlen, diese Rechenarbeit zunächst „von Hand" vorzunehmen, wie im Folgenden ausgeführt.

Dieses Beispiel umfasst den Stoff der Kapitel 1 bis 9, d. h.:

**Lastaufstellung,
Ermittlung der Auflagerreaktionen,
Ermittlung der Schnittkräfte,
Bemessung der Biegeträger,
Bemessung der Stützen**

am Beispiel einer Hütte aus Holz.

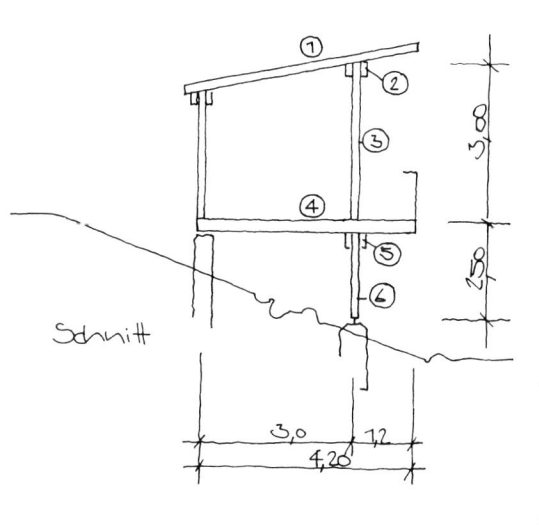

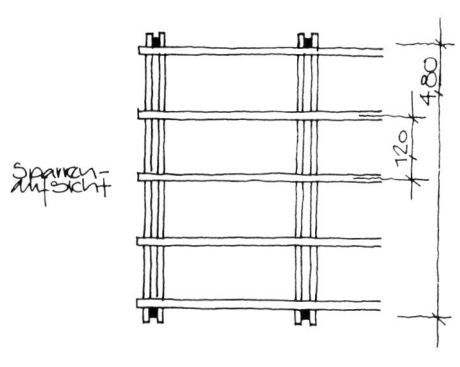

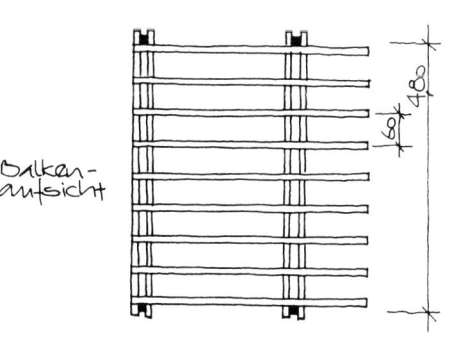

Z **Position 1: Sparren** Abstand der Sparren:
 e = 1,20 m

Gebrauchslasten:

(d. h. Lasten ohne den Sicherheitsfaktor γ_F)
Eindeckung, Unterdecke, Dämmung (vgl. Zahlenbeispiel Kapitel 1, Lastaufstellungen, Position 1), Schnee (Kapitel 1)

		kN/m²	kN/m
$\bar{g}$ =		1,25	
$\bar{s}$ =		0,75	
$\bar{g} + \bar{s} = \bar{q}$ =		2,00	

Last pro Sparren (Abstand: 1,20 m)
g = 1,25 kN/m² · 1,20 m = 1,50
s = 0,75 kN/m² · 1,20 m = 0,90
Eigengewicht der Sparren (geschätzt: 8/16 cm)
0,08 m · 0,16 m · 6 kN/m³ = ≈ 0,10
g + s = q = 2,50

q = 2,5 kN/m

A ─── B ───
├── 3,0 ──┤─1,2─┤
Sparren

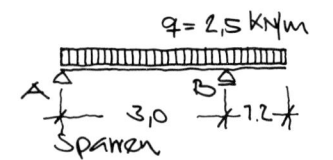

Auflager, Querkräfte, Momente (Basis-Schnittgrößen)

Anmerkung:

Es kann angenommen werden, dass bei einem gut wärmegedämmten Dach der Schnee etwa gleichmäßig verteilt liegen bleibt. Deshalb wird nur der Lastfall *Volllast* untersucht.

Zahlenbeispiel zu den Kapiteln 1 bis 9

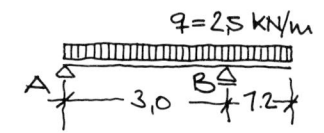

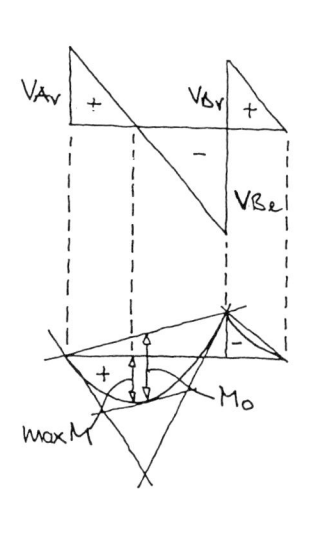

Lastfall *Volllast*

Auflager:

$-B \cdot 3{,}0 + 2{,}50 \cdot \dfrac{4{,}2^2}{2} = 0 \qquad \big| \Sigma M = 0$

$\Rightarrow \underline{B = 7{,}35 \text{ kN}}$

$A + 7{,}35 - 2{,}50 \cdot (3{,}0 + 1{,}20) = 0 \qquad \big| \Sigma V = 0$

$\Rightarrow \underline{A = 3{,}15 \text{ kN}}$

Dem aufmerksamen Leser wird auffallen, dass die Zahlen meist ohne die zugehörigen Dimensionsangaben (m, kN etc.) geschrieben sind. Hier übernehmen wir eine praxisübliche, zwar schlampige aber platzsparende Methode.

Querkräfte:
$V_{Al} = 0$
$V_{Ar} = A = 3{,}15 \text{ kN}$
$V_{Bl} = 3{,}15 - 2{,}50 \cdot 3{,}0 = -4{,}35 \text{ kN}$
$V_{Br} = -4{,}35 + 7{,}35 \quad = 3{,}00 \text{ kN}$
$V_1 = 3{,}00 - 2{,}50 \cdot 1{,}2 = 0 \quad \text{kN}$

Momente:
$x = 3{,}15/2{,}50 = 1{,}26 \text{ m}$

$\max M = 3{,}15 \cdot 1{,}26 - \dfrac{2{,}50 \cdot 1{,}26^2}{2} = 1{,}98 \text{ kN} \cdot \text{m}$

$\min M_B = -\dfrac{2{,}50 \cdot 1{,}2^2}{2} = -1{,}80 \text{ kN} \cdot \text{m}$

$M_{0Feld} = \dfrac{2{,}50 \cdot 3{,}0^2}{8} = 2{,}81 \text{ kN} \cdot \text{m}$

$M_{0kr} = \dfrac{2{,}50 \cdot 1{,}2^2}{8} = 0{,}45 \text{ kN} \cdot \text{m}$

Z **Bemessungs-Schnittgrößen:**

max Querkraft: $V_d = V \cdot \gamma_F$

$V_{Bed} = 4{,}35 \text{ kN} \cdot 1{,}4 = \underline{6{,}09 \text{ kN}}$

Momente: $M_d = M \cdot \gamma_F$

max $M_d = 1{,}98 \text{ kN} \cdot \text{m} \cdot 1{,}4 = \underline{\underline{2{,}77 \text{ kNm}}}$

Tabellenbuch H 1   **Bemessung:** $\quad\quad\quad\quad$ | Nadelholz C 24
$\quad\quad\quad\quad\quad\quad\quad\quad\quad\quad\quad\quad\quad\quad\quad\quad\quad\quad$ | $\sigma_{Rd} = 1{,}5 \text{ kN/cm}^2$

$$\text{erf W} = \frac{2{,}77 \cdot 100}{1{,}5} = 185 \text{ cm}^3 \quad \left[\frac{\text{kN} \cdot \text{m} \cdot 100}{\text{kN/cm}^2} = \text{cm}^3\right]$$

Tabellenbuch H 2.2 $\quad \Rightarrow$ gew: $\quad \boxed{6/14} \quad$ vorh $W_y = \dfrac{6 \cdot 14^2}{6} = 196 \text{ cm}^3$

$\quad\quad\quad\quad\quad\quad\quad\quad\quad\quad\quad\quad\quad\quad\quad\quad\quad\quad\quad\quad\quad >$ erf W

Tabellenbuch H 1 $\quad\quad \tau_0 = \dfrac{6{,}09 \cdot 3}{6 \cdot 14 \cdot 2} = 0{,}11 \text{ kN/cm}^2$

$\quad\quad\quad\quad\quad\quad\quad\quad\quad\quad\quad\quad < \tau_{Rd} = 0{,}15 \text{ kN/cm}^2$

Anmerkung:

Bitte nennen Sie cm³ bei Widerstandsmomenten nicht *Kubikzentimeter*, sondern *Zentimeter hoch drei*.

Position 2: Zange

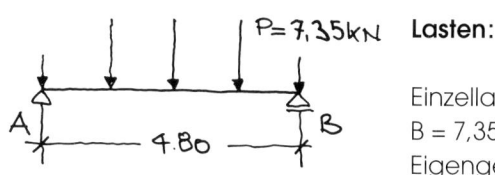

Lasten:

	kN/m	kN
Einzellasten aus Position 1, B = 7,35 kN		7,35
Eigengewicht, geschätzt 2 · 10/24	0,3	
Die Einzellasten werden im Folgenden als gleichmäßig verteilt betrachtet:		
7,35 kN/1,2 =	6,13	
q =	6,43	

Auflager, Querkräfte, Momente (Basis-Schnittgrößen)

$$A = B = 6{,}43 \cdot \frac{4{,}80}{2} = 15{,}43 \text{ kN}$$

$$V_{Are} = - V_{Bli} = A = 15{,}43 \text{ kN}$$

$$\max M = \frac{6{,}43 \cdot 4{,}80^2}{8} = 18{,}52 \text{ kN} \cdot \text{m}$$

Bemessungs-Schnittgrößen:

$A_d = B_d = 15{,}43 \text{ kN} \cdot 1{,}4 = 21{,}60 \text{ kN}$

$V_{Ard} = V_{Bed} = 15{,}43 \text{ kN} \cdot 1{,}4 = 21{,}60 \text{ kN}$

$\max M_d = 18{,}52 \text{ kN} \cdot \text{m} \cdot 1{,}4 = 25{,}93 \text{ kNm}$

Tabellenbuch H 1 Z **Bemessung:** | Nadelholz C 24
| $\sigma_{Rd} = 1{,}5$ kN/cm^2

$$\text{erf } W = \frac{25{,}93 \cdot 100}{1{,}5} = 1729 \text{ cm}^3$$

Tabellenbuch H 2 $\Rightarrow$ gew: $\boxed{2 \cdot 10/24}$ vorh $W_y = 2 \cdot \dfrac{10 \cdot 24^2}{6} = 1920$ cm^3

$$> \text{erf } W$$

Tabellenbuch H 1 $\tau_0 = \dfrac{21{,}60 \cdot 3}{2 \cdot 10 \cdot 24 \cdot 2} = 0{,}07$ kN/cm^2

$$< \tau_{Rd} = 0{,}15 \text{ kN/cm}^2$$

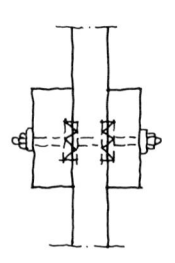

Anschluss: Zange – Stütze
2 Dübel, Tragkraft je 11,2 kN (siehe Tabellenbuch H 4, Dübel)
ges. Tragkraft: $2 \cdot 11{,}2 = 22{,}4$ kN $> 21{,}6$ kN

Hier ist darauf zu achten, dass die Hölzer mindestens die für die verwendeten Dübel erforderlichen, in der Dübel-Tabelle angegebenen Abmessungen haben.

Tabellenbuch H 1

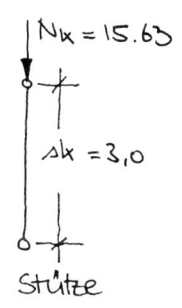

Position 3: Stütze

$N_k = 15{,}63$
$s_k = 3{,}0$
Stütze

Gebrauchslasten:

	kN
aus Position 2, A = 15,43 kN	15,43
Eigengewicht, geschätzt 10/10	
0,1 m · 0,1 m · 3 m · 6,0 kN/m³	0,20
$N_k = G + S =$	15,63

Bemessungs-Last:

$G_d + S_d = 15{,}63 \cdot 1{,}4 = \underline{21{,}88 \text{ kN}}$

Bemessung: Nadelholz C 24
$\sigma_{c\|} = 1{,}3 \text{ kN/cm}^2$

(Die Stütze bemessen wir nach der Grenz-Druckspannung in Faserrichtung $\sigma_{c\|}$.)

Eulerfall 2, $s_k = 3{,}0$ m

geschätzt: 10/10 cm $\Rightarrow i_x = i_y = 2{,}89$ cm

$\lambda = \dfrac{300}{2{,}89} = 104$

$\Rightarrow k = 0{,}307$

$\sigma_d = \dfrac{21{,}88}{10 \cdot 10} = 0{,}219 \text{ kN/cm}^2$

$< \sigma_{c\|} \cdot k = 1{,}3 \cdot 0{,}307 = 0{,}399 \text{ kN/cm}^2$

oder:

$N_{Rd} = 10 \cdot 10 \cdot 1{,}3 \cdot 0{,}307 = 39{,}91 \text{ kN}$

oder:

Tabellenbuch H 3

Traglast ablesen aus Tabelle H 3.2.4.

Siehe Anmerkung zu Position 6! Wie dort begründet, wird aus konstruktiven Erwägungen eine durchgehende Stütze 12/12 angeordnet.

Z **Position 4: Balken** Abstand der Balken: e = 0,60 m

Gebrauchslasten:

	kN/m²	kN/m	kN
1. Unter Wohnraum:			
Belag, Dämmung, Schalung etc. (vgl. Zahlenbeispiel Kapitel 1, Lastaufstellungen Position 5) $\bar{g}$ =	0,62		
Verkehrslast Wohnraum $\bar{p}$ =	2,00		
$\bar{g} + \bar{p} = \bar{q}$ =	2,62		
Eigengewicht Balken geschätzt 10/20		0,12	
aus $\bar{g}$: 0,62 kN/m² · 0,60 m		0,37	
g =		0,49	
aus $\bar{p}$: 2,00 kN/m² · 0,60 m = p_1 =		1,20	
$g_1 + p_1 = q_1$ =		1,69	
2. Balkon:			
wie oben $\bar{g}$ =	0,62		
Verkehrslast $\bar{p}_2$ =	5,00		
$\bar{g}_2 + \bar{p}_2 = \bar{q}_2$ =	5,62		
wie oben g =		0,49	
aus $\bar{p}_2$: 5,00 kN/m² · 0,60 m = p_2 =		3,00	
$g_2 + p_2 = q_2$ =		3,49	
3. Geländerholm:			
F_H =		0,50	
je Balken: 0,50 kN/m · 0,60 m =			0,30

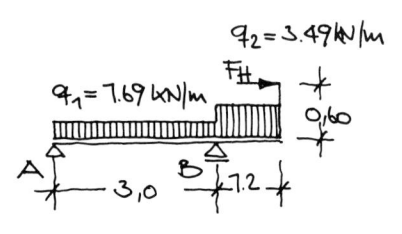

$q_2 = 3{,}49$ kN/m
$q_1 = 1{,}69$ kN/m
F_H
0,60
A —— 3,0 —— B — 1,2 —

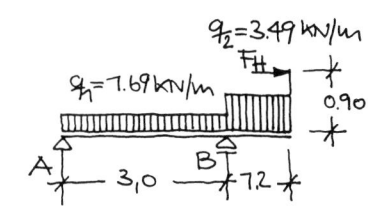

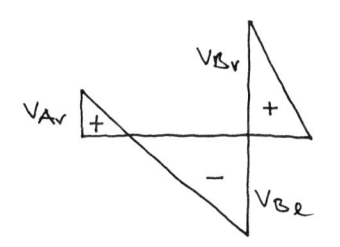

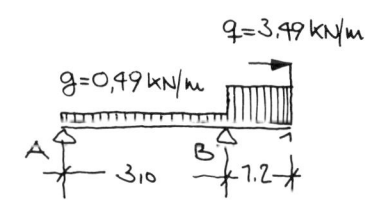

Z Auflager, Querkräfte, Momente (Basis-Schnittgrößen)

Lastfall 1, Volllast

min M_1 (aus Geländer) = $-0{,}3 \cdot 0{,}9$
$\qquad\qquad\qquad\qquad\quad = -0{,}27$ kNm

min $M_B = -\dfrac{3{,}49 \cdot 1{,}2^2}{2} - 0{,}3 \cdot 0{,}9$

$\qquad\qquad\qquad\qquad = \underline{-2{,}78 \text{ kNm}}$

$A = \dfrac{1{,}69 \cdot 3{,}0}{2} - \dfrac{2{,}78}{3{,}0} = 1{,}61$ kN

max $B = \dfrac{1{,}69 \cdot 3{,}0}{2} + 3{,}49 \cdot 1{,}2 + \dfrac{2{,}78}{3{,}0}$

$\qquad\qquad$ max $B = 7{,}65$ kN

Querkräfte:
$V_{Ar} = A = 1{,}61$ kN
$V_{Bl} = 1{,}61 - 1{,}69 \cdot 3{,}0 = -3{,}46$ kN
$V_{Br} = -3{,}46 + 7{,}65 \quad = 4{,}19$ kN
$V_1 = 4{,}19 - 3{,}49 \cdot 1{,}2 = 0$

Lastfall 2

min $M_1 = -0{,}3 \cdot 0{,}9 = -0{,}27$ kNm
(wie Lastfall 1)

min M_B (siehe Lastfall 1) = $-2{,}78$ kNm

min $A = \dfrac{0{,}49 \cdot 3{,}0}{2} - \dfrac{2{,}78}{3{,}0} = \underline{-0{,}19 \text{ kN}}$

Hier wirkt also eine negative Auflagerkraft! Last aus Dach und Wand und/oder Verankerung im Fundament erforderlich!

$M_{OF} = \dfrac{0{,}49 \cdot 3{,}0^2}{8} = 0{,}55$ kNm

$M_{OK} = \dfrac{3{,}49 \cdot 1{,}2^2}{8} = 0{,}63$ kNm

(Die Indizes F und K bedeuten hier Feld und Kragarm.)

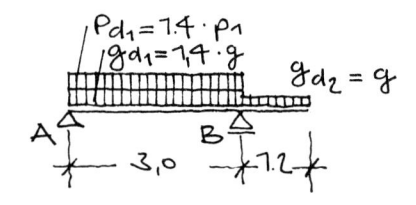

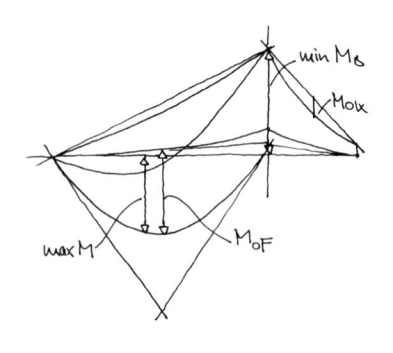

Lastfall 3

$$M_B = -\frac{0{,}49 \cdot 1{,}2^2}{2} = -0{,}35 \text{ kNm}$$

$$\max A = \frac{1{,}69 \cdot 3{,}0}{2} - \frac{0{,}35}{3{,}0} = 2{,}42 \text{ kN}$$

$$x = \frac{2{,}42}{1{,}69} = 1{,}43 \text{ m}$$

$$\max M_F = 2{,}42 \cdot 1{,}43 - \frac{1{,}69 \cdot 1{,}43^2}{2} = 1{,}73 \text{ kNm}$$

$$M_{OF} = \frac{1{,}69 \cdot 3{,}0^2}{8} = 1{,}90 \text{ kNm}$$

$$M_{OK} = \frac{0{,}49 \cdot 1{,}2^2}{8} = 0{,}09 \text{ kNm}$$

Z Bemessungs-Schnittgrößen:

max Querkraft: $V_d = V \cdot \gamma_F$
$V_{Brd} = 4{,}19 \cdot 1{,}4 = \underline{5{,}87 \text{ kN}}$

Momente: $M_d = M \cdot \gamma_F$
$|\max M_d| = \min M_{Bd} = -2{,}78 \cdot 1{,}4 = \underline{\underline{-3{,}89 \text{ kNm}}}$

Bemessung:

Nadelholz C 24
$\sigma_{Rd} = 1{,}5 \text{ kN/cm}^2$

Tabellenbuch H 1

$\text{erf } W = \dfrac{3{,}89 \cdot 100}{1{,}5} = 259 \text{ cm}^3$

Tabellenbuch H 2

$\Rightarrow$ gew: $\boxed{8/16}$ vorh $W_y = 341 \text{ cm}^3 >$ erf W
vorh $I_y = 2730 \text{ cm}^4$

Tabellenbuch H 1

$\tau_0 = \dfrac{5{,}87 \cdot 3}{8 \cdot 16 \cdot 2} = 0{,}069 \text{ kN/cm}^2$

$< \tau_{Rd} = 0{,}15 \text{ kN/cm}^2$

Tabellenbuch TS 1

$\text{erf } I = 312 \cdot 1{,}90 \cdot 3{,}0 - 375 \cdot \dfrac{0{,}35}{2} \cdot 3{,}0 = 1582 \text{ cm}^4$

$<$ vorh $I = 2730 \text{ cm}^4$

Tabellenbuch H 1

Neben den Grenzspannungen ist auch die zulässige Durchbiegung einzuhalten. Sie wird aus den Basismomenten ermittelt. Wir nehmen die zulässige Durchbiegung mit

zul $\delta = \dfrac{l}{300}$ an (Tabellenbuch H 1.3).

E Genauere Untersuchung der Biegemomente

Wir haben bisher vereinfachend aus den Gebrauchslasten die Basis-Schnittgrößen ermittelt und diese dann mit dem Teilsicherheitsbeiwert $\gamma_F = 1{,}4$ multipliziert. Dieses Verfahren erbringt exakte Werte für Einfeldträger ohne Kragarme.

Bei Trägern mit Kragarmen jedoch ist zu bedenken, dass Lasten auf diesen Kragarmen das Feldmoment und die gegenüberliegende Auflagerkraft **verringern**. Diese Kragarmlasten dürfen deshalb bei Untersuchung dieser Schnittgrößen genau genommen **nicht** mit $\gamma_F = 1{,}4$ multipliziert werden.

Dies wird im Folgenden für Position 4 zum Vergleich untersucht. Hierbei werden zunächst die Bemessungs-Lasten und aus diesen unmittelbar die Bemessungsgrößen ermittelt.

Bemessungs-Lasten:

Für den maßgebenden Lastfall $\Rightarrow$ max M im Feld

im Feld:
$g_{d1} + p_{d1} = (0{,}49 + 1{,}20) \cdot 1{,}4 \quad = 2{,}37$ kN/m

auf dem Kragarm: $g_{d2} = 0{,}49 \cdot 1{,}0 = 0{,}49$ kN/m

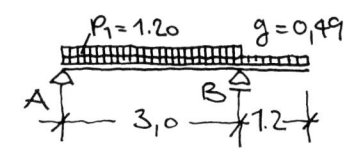

Bemessungs-Schnittgrößen max M und A:

$$M_B = -\frac{0{,}49 \cdot 1{,}0 \cdot 1{,}2^2}{2} = -0{,}35 \text{ kNm}$$

$$A = \frac{(1{,}20 + 0{,}49) \cdot 1{,}4 \cdot 3{,}0}{2} - \frac{0{,}35}{3{,}0} = 3{,}43 \text{ kN}$$

$$x = \frac{3{,}43}{(1{,}2 + 0{,}49) \cdot 1{,}4} = 1{,}45 \text{ m}$$

$$\max M = 3{,}43 \cdot 1{,}45 - \frac{(1{,}2 + 0{,}49) \cdot 1{,}4 \cdot 1{,}45^2}{2}$$

$\underline{\underline{\max M_d = 2{,}49 \text{ kNm}}}$

Die vereinfachte Berechnung mit durchgehend $\gamma_F = 1{,}4$ hätte ergeben (vgl. Lastfall 3):

$A \quad = 2{,}42 \cdot 1{,}4 = 3{,}39 \text{ kN}$

$\max M = 1{,}73 \cdot 1{,}4 = 2{,}42 \text{ kNm}$

Der Unterschied ist also gering. Er beträgt 1,2 % für A und 2,9 % für max M. Er wäre aber größer bei einem höheren Anteil der ständigen Last g (z. B. bei Stahlbeton) und vor allem bei größeren Kragarmlängen.

Der Vergleich ergibt: Bei kleinem Anteil der ständigen Last – wie in diesem Beispiel mit einer leichten Holzkonstruktion – können wir den Beiwert $\gamma_F = 1{,}4$ durchgehend über Feld und Kragarm mit hinreichender Genauigkeit bis zu Kragarmlängen von $1_{kr} = 0{,}4\ 1$ verwenden.

Bei größerem Anteil der ständigen Last hingegen gilt dies nur bis zu $1_{kr} \sim 1/3$. Bei Durchlaufträgern – sie werden in Band 2 behandelt – kann immer $\gamma_F = 1{,}4$ durchgehend angesetzt werden.

Position 5: Zange

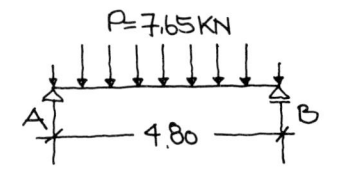

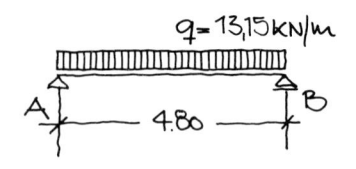

Gebrauchslasten:

	kN/m	kN
Einzellasten aus Position 4 max B =		7,65
Eigengewicht, geschätzt 2 · 10/30	0,40	
Die Einzellasten werden wie in Position 2 als gleichmäßig verteilt (»verschmiert«) betrachtet: 7,65 kN/0,6 m.	12,75	
g + p = q =	13,15	

Auflager, Querkräfte, Momente (Basis-Schnittgrößen)

$$A = B = 13{,}15 \cdot \frac{4{,}8}{2} = 31{,}56 \text{ kN}$$

$$V_{Ar} = -V_{Bl} = A = 31{,}56 \text{ kN}$$

$$\max M = \frac{13{,}15 \cdot 4{,}8^2}{8} = 37{,}87 \text{ kNm}$$

Bemessungs-Schnittgrößen:

$A_d = B_d = 31{,}56 \cdot 1{,}4 = 44{,}18$ kN

$V_{Ard} = V_{Bld} = A_d = 44{,}18$ kN

$\max M_d = 37{,}87 \cdot 1{,}4 = 53{,}02$ kNm

Z **Bemessung:** | Verleimter Träger G 124
(alt: BS 11) (Brettschichtholz)
$\sigma_m = 1{,}5$ kN/cm^2

Tabellenbuch H 1

$$\text{erf } W = \frac{53{,}02 \cdot 100}{1{,}5} = 3535 \text{ cm}^3$$

Tabellenbuch H 2

$\Rightarrow$ gew: $\boxed{2 \cdot 12/30}$ vorh $W_y = 2 \cdot \dfrac{12 \cdot 30^2}{6} = 3600$ cm^3

> erf W

Tabellenbuch H 1

$$\tau_0 = \frac{44{,}18 \cdot 3}{2 \cdot 12 \cdot 30 \cdot 2} = 0{,}09 \text{ kN/cm}^2$$

$< \tau_{Rd} = 0{,}17$ kN/cm^2

Tabellenbuch H 4

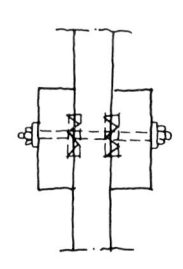

Anschluss Zange – Stütze:
2 Dübel, Tragkraft je = 24,7 kN
siehe Tabellenbuch H 4

Tabellenbuch H 1

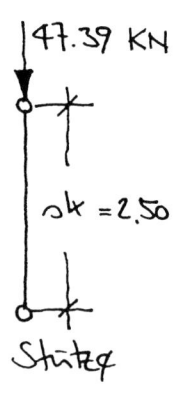

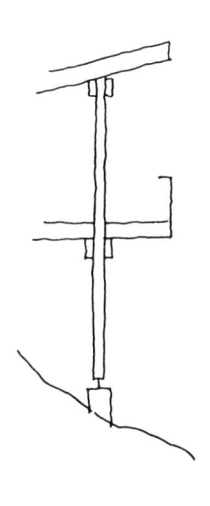

47,39 kN

$s_k = 2{,}50$

Stütze

Position 6: Stütze | Nadelholz C 24
| $\sigma_{c\|} = 1{,}3$ kN/cm²

Gebrauchslasten:

	kN
aus Position 3	15,63
aus Position 5, A = 31,56 ≈	31,56
Eigengewicht, geschätzt	0,20
G + P + S =	47,39

Bemessungs-Last:

$G_d + P_d + S_d = 47{,}39 \cdot 1{,}4 = 66{,}35$ kN

Bemessung: | Nadelholz C 24
| $\sigma_{c\|} = 1{,}3$ kN/cm²

Eulerfall 2, $s_k = 2{,}5$ m
geschätzt: 12/12 cm → i = 3,47 cm

$$\lambda = \frac{250}{3{,}47} = 72 \Rightarrow k = 0{,}55$$

$$\sigma_d = \frac{66{,}35}{0{,}55 \cdot 12 \cdot 12} = 0{,}84 \text{ kN/cm}^2$$

$$< \sigma_{c\|} = 1{,}3 \text{ kN/cm}^2$$

Anmerkung:

Aus konstruktiven Gründen ist es sinnvoll, die Stützen Position 3 und 6 aus **einem Stück** auszubilden, d. h. eine durchgehende Stütze 12/12 anzuordnen.

Z **Anstelle der Zange Position 5** bemessen wir einen **Stahlträger**. In dieser Holzhütte wäre ein Stahlträger nicht nur unpassend, sondern auch konstruktiv problematisch. Er sei hier nur als Zahlenbeispiel zum Vergleich besprochen.

Gebrauchslasten:

	kN/m	kN
Einzellasten aus Position 4, max B		7,65
Eigengewicht, geschätzt	0,30	
Einzellasten »verschmiert«: 7,65 kN/0,6 m	12,75	
q =	13,05	

Auflager, Querkräfte, Momente (Basis-Schnittgrößen)

$$A = B = 13{,}05 \cdot \frac{4{,}8}{2} = \underline{\underline{31{,}32 \text{ kN}}}$$

$$V_{Ar} = -V_{Bl} = A = 31{,}32 \text{ kN}$$

$$\max M = \frac{13{,}05 \cdot 4{,}8^2}{8} = \underline{\underline{37{,}58 \text{ kN} \cdot \text{m}}}$$

Bemessungs-Schnittgröße:

$$\max M_d = \max M \cdot \gamma_F$$
$$= 37{,}58 \cdot 1{,}1 = 52{,}61 \text{ kN} \cdot \text{m}$$

Bemessung:

S 235
$$\sigma_{Rd} = 21{,}8 \text{ kN/cm}^2$$

$$\text{erf } W = \frac{\max M_d}{\sigma_{Rd}} = \frac{52{,}61 \cdot 100}{21{,}8} = 241 \text{ cm}^3$$

gew: $\boxed{\text{IPE 220}}$ $W_y = 252 \text{ cm}^3$
$G = 26{,}2 \text{ kg/m} \cong 0{,}26 \text{ kN/m}$

Z **Anstelle der Stütze Position 6** wird hier eine **Stütze in Stahl** bemessen, auch dies nur zum Vergleich als Zahlenbeispiel.

Gebrauchslasten:

		kN
aus Position 3		15,63
aus Position 5, A = 31,56 kN	≈	31,56
Eigengewicht, geschätzt:		
2,5 m · 20 kg/m		
entspricht: 2,5 m · 0,2 kN/m		0,5
	$N_k =$	47,69

(Das Eigengewicht G der Profile ist zunächst Masse, deshalb in den Tabellen des Tabellenbuches in kg angegeben. 100 kg entsprechen einer Erdanziehung von ca. 1,0 kN.)

Bemessungs-Last:

$N_d = \gamma_F \cdot N_k$
$N_d = 1,4 \cdot 47,69 \text{ kN} = \underline{66,8 \text{ kN}}$

Bemessung: S 235

$\sigma_{Rd} = 21,8 \text{ kN/cm}^2$

$N_d = 66,8$ kN
Eulerfall 2
$s_k = 2,5$ m

geschätzt: IPBl 100 $A = 21,2$ cm^2
(HEA)   min $i_z = 2,51$ cm^2

$$\lambda = \frac{250}{2,51} = 100$$

Tabellenbuch 3.2.3

Ⓩ Mit diesem Wert λ, der die Schlankheit der Stütze angibt, suchen wir im Tabellenbuch unter S 235, Tabelle 3.2.3, den Knickbeiwert k. Unter S 235, also der gewählten Stahlqualität, finden wir drei Spalten. Spalte a gilt für geschlossene Querschnitte, d. h. Rohre aller Art, Spalte b und c für symmetrische offene und Spalte c für unsymmetrische offene Querschnitte. Unser Profil fällt unter c.

Für λ = 100 finden wir KSL c:
  k = 0,497

Daraus folgt:

N_{Rd} = 21,2 cm² · 0,497 · 21,8 kN/cm² = 229,7 kN
  > 66,8 kN

gew: HEA 100

Obwohl hier das kleinste der Breitflansch-Profile gewählt wurde, ist diese Stütze weit überbemessen.

Als **wirklichkeitsnäheres Beispiel** sei eine **Stütze mit einer ca. zehnfachen Last** und der doppelten Knicklänge bemessen.
Es sei:

N_k = 480 kN (Eigengewicht inbegriffen)

N_d = 480 kN · 1,4 = 672 kN

Tabellenbuch St 2.3

Bemessung:

geschätzt: HE-B 200 $A = 78{,}1$ cm^2
min $i = 5{,}07$ cm

Tabellenbuch St 3.2

$\lambda = \dfrac{500}{5{,}07} = 99 \Rightarrow k = 0{,}497$ (KSL c)

$N_{Rd} = 78{,}1$ cm$^2 \cdot 0{,}497 \cdot 21{,}8$ kN/cm$^2 = 846$ kN
> 672 kN $= N_d$

(Auf das Interpolieren der k-Werte wurde hier verzichtet; auch mit dem kleineren, d. h. sichereren Wert aus der Tabelle – hier $k = 0{,}497$ für $\lambda = 100$ – konnte der Nachweis geführt werden. Nur wenn es knapp wird, ist Interpolieren erforderlich.)

10 Wände und Pfeiler aus Mauerwerk

Wände begrenzen in der Regel Räume. Sie haben die Aufgabe, vor Umwelteinflüssen zu schützen. Wir unterscheiden:

- tragende Wände und
- nicht tragende Wände.

»Tragend« heißt eine Wand dann, wenn sie außer ihrem Eigengewicht auch Lasten aus Decken, Dach, anderen Wänden o. Ä. abträgt. Aussteifende Wände dienen der Aussteifung des Gebäudes oder der Knickaussteifung tragender Wände. Sie gehören mit zu den tragenden Wänden, da sie eine anteilige Last aus den Decken mitübernehmen und vor allen Dingen zur Weiterleitung der horizontalen Kräfte herangezogen werden.

»Nicht tragende« Wände sind, außer dass sie Belastung für die Decke darstellen, ohne statische Bedeutung und können weder zur Aufnahme vertikaler noch horizontaler Lasten herangezogen werden.

Mauerwerk für tragende Wände wird aus genormten Steinen und Mörteln mit garantierten Mindestfestigkeiten hergestellt. Aus den Güten beider Komponenten ergibt sich die zulässige Mauerwerksfestigkeit (siehe Tabellenbuch über die Festigkeiten der Mauersteine).

Nicht tragende Wände werden meistens aus leichten Steinen oder Platten aufgerichtet.

Steinfestig-keitsklasse	NM Normalmörtel mit Mörtelgruppe					DM Dünnbett-mörtel	LM Leichtmörtel	
	I	II	IIa	III	IIIa		LM 21	LM 36
2	0,05	0,08	0,08	–	–	0,10	0,08	0,08
4	0,07	0,12	0,13	0,15	–	0,18	0,12	0,13
6	0,08	0,15	0,17	0,20	–	0,25	0,12	0,15
8	0,10	0,17	0,20	0,24	–	0,34	0,13	0,17
12	0,14	0,20	0,27	0,30	0,32	0,37	0,15	0,18
20	0,17	0,27	0,32	0,40	0,50	0,54	0,15	0,18
28	–	0,30	0,39	0,50	0,59	0,62	0,15	0,18
36	–	–	–	0,59	0,67	–	–	–
48	–	–	–	0,67	0,76	–	–	–
60	–	–	–	0,76	0,84	–	–	–

Grenzspannungen σ_{Rd} für Mauerwerk aus künstlichen Steinen in kN/cm²

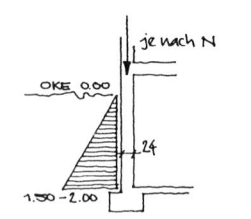

Mauermörtel werden als Normalmörtel in fünf Mörtelgruppen (I; II; IIa; III; IIIa), als Dünnbettmörtel zum Vermauern von Plansteinen und als Leichtmörtel zum Vermauern von hochwärmedämmfähigen Steinen angeboten.

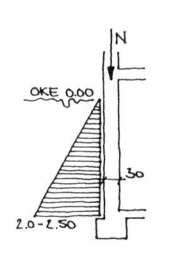

Mauerwerk hat nur eine sehr geringe Zugfestigkeit, biegefest ist es deshalb nur in dem Maße, wie die entstandenen Zugspannungen aus Biegung durch gleichzeitigen Druck aus Last wieder aufgehoben werden (Biegung + Längsdruck).

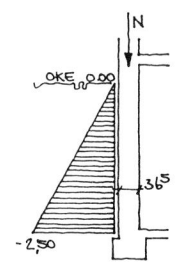

Deswegen wird Mauerwerk vorwiegend zum Weiterleiten von vertikalen Druckkräften aus Last der Dächer, Decken und oberen Wänden eingesetzt. Geringe Biegebeanspruchung, z. B. aus Winddruck bei Außenwänden oder Erddruck bei Kellerwänden, kommt gelegentlich hinzu (je nach gleichzeitiger Längskraft N sind Kellerwände bis ca. eine Geschosstiefe unter Erdniveau zulässig – siehe Bilder). (Die dereinst häufige Verwendung von Mauerwerk als Decken und Stützen in der Form von gewölbten Kappen und Bögen, die oft sehr listenreiche konstruktive Maßnah-

10 Wände und Pfeiler aus Mauerwerk

Segmentbogen

gemauerte Kappe

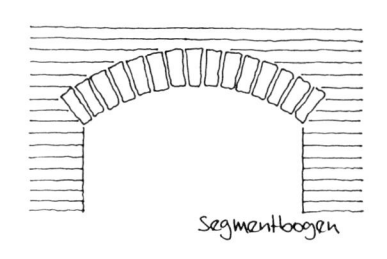

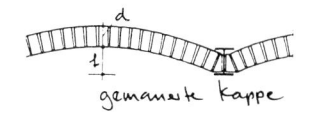

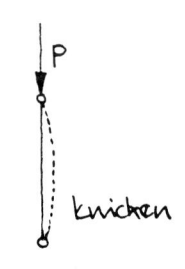

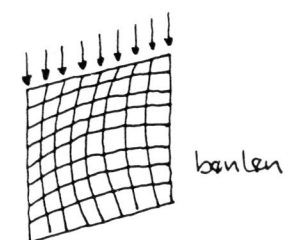

knicken

beulen

men zur Vermeidung der Zugspannungen erforderte, ist durch den Stahlbeton weitgehend verdrängt worden.

Alle druckbeanspruchten Bauglieder unterteilen wir in gedrungene ohne Knickgefahr und schlanke mit Knickgefahr.

Das gleiche gilt auch für Wände, allerdings sprechen wir hier von Beulen und nicht von Knicken.

Knicken heißt Ausweichen einer *Linie*, *Beulen* heißt das Ausweichen einer *Fläche*, jeweils infolge von Längsdruckkräften.

Maßgebend für die Tragfähigkeit von gemauerten Wänden und Pfeilern sind:

- die Höhe des Pfeilers oder der Wand (h)
- die Querschnittsfläche des Pfeilers oder der Wand (Wanddicke d · Länge)
- die Querschnittsform (bei der Wand fast immer rechteckig)
- die Lagerung (Eulerfälle)
- seitliche Aussteifung bei Wänden
- Materialeigenschaften
- die Lasteinleitung in die Wand.

Zur seitlichen Aussteifung:

Bei einer Wand sind neben der oberen und unteren Lagerung auch die Art und der Abstand der seitlichen Aussteifungen von Bedeutung. Neben der Höhe der Wand gehen auch die Länge und die seitliche Lagerung in die Berechnung der Tragfähigkeit ein (Seitenverhältnis der Wand).

Wir unterscheiden daher:

- 1-seitig gelagerte Wände
  (nur unten aufstehend) (Eulerfall 1)

- 2-seitig gehaltene Wände
  (oben + unten) (Eulerfall 2)

- 3-seitig gehaltene Wände
  (oben, unten + eine Seite)

- 4-seitig gehaltene Wände
  (an allen Rändern)

Zu den Materialeigenschaften:

Stahl und Holz verhalten sich näherungsweise elastisch. Die Spannung ist proportional zur Dehnung (= Hookesches Gesetz). Beim Mauerwerk hingegen, aber auch beim Beton, ist die Spannungs-Dehnungs-Linie gekrümmt; bei verschiedenen Spannungen haben wir verschiedene E-Moduln (= Tangenten an die Spannungs-Dehnungs-Linie). Außerdem hat Mauerwerk wegen der mangelnden Zugfestigkeit (Risse bei Biegung) ein anderes Verformungsverhalten als Stahl und Holz.

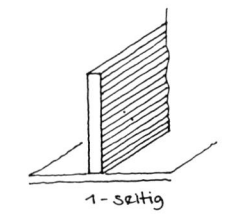

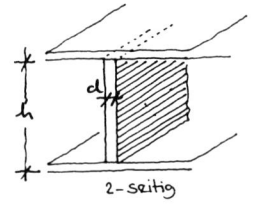

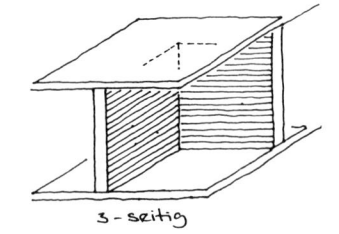

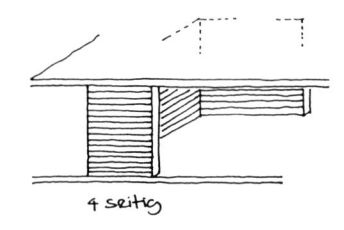

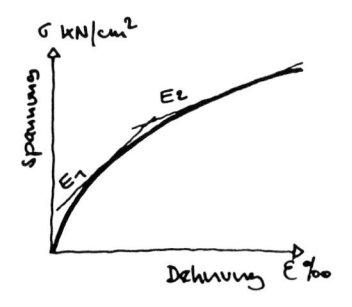

10 Wände und Pfeiler aus Mauerwerk

*Verdrehen der Deckenplatte
Lastexzentrizität*

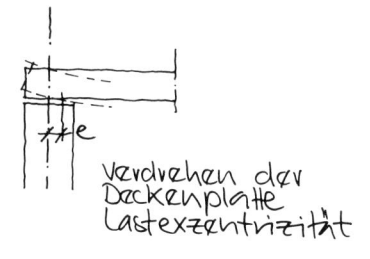

Ⓖ **Zur Lasteinleitung:**

Für die Knicksicherheit eines Pfeilers oder einer Wand ist es von erheblicher Bedeutung, ob die Last am Kopf der Wand durch ein verdrehtes Deckenauflager exzentrisch eingeleitet wird, oder ob sie genau mittig an die Wand abgegeben wird.

Weil die exakte Beulberechnung einer Wand durch Einfluß der gekrümmten Spannungs-Dehnungs-Linie und anderer Imperfektionen wie Abweichen von der ebenen Form, krummes Mauern, Verdrehen der Deckenplatten auf dem Auflager infolge Durchbiegung der Decken etc. überaus schwierig ist, gibt die Mauerwerksvorschrift – DIN 1053 – ein vereinfachtes Berechnungsverfahren an, mit dem die Abminderung der Tragfähigkeit infolge Knickgefahr errechnet werden kann.

Die Grundzüge dieses Verfahrens werden auf den folgenden Seiten dargestellt.

Die Anwendungen, Ergebnisse und Konsequenzen bei charakteristischen Wandgrößen auf den folgenden Seiten sollten wieder zum Grundwissen jedes Architekten gehören.

10.1 Grundzüge der vereinfachten Wandberechnung nach DIN 1053

Für die Anwendung des vereinfachten Verfahrens nach DIN 1053 gelten Grenzen, die etwa mit »üblicher Hochbau« umschrieben werden können.

Wie schon erwähnt, lassen sich die knickbeanspruchten Wände grundsätzlich unterteilen in
- gedrungene ohne Beulgefahr und
- schlanke mit Beulgefahr,

jeweils mit
- zentrischer oder
- außermittiger Last.

Die Gefährdungen aus Schlankheit und Ausmittigkeit werden durch Abminderung der Tragfähigkeit N_{Rd} um den Faktor k berücksichtigt.

DIN 1053 unterscheidet in der Berechnung nicht zwischen schlanken und gedrungenen Wänden, bei allen Wänden muss die Tragfähigkeit N_{Rd} abgemindert werden.

$N_{Rd} = \text{vorh } A \cdot \sigma_{Rd} \cdot k$

Abminderungsfaktor k

Der Abminderungsfaktor k ist abhängig von
- der lichten Geschosshöhe der Wand h
- der Wanddicke d.

Den Quotienten h/d kann man geometrische Schlankheit nennen.

10.1 Grundzüge der vereinfachten Wandberechnung nach DIN 1053

Die statisch wirksame Knicklänge h_k ist weiter abhängig von der Lagerung (Eulerfälle) und der seitlichen Aussteifung durch Querwände.

Das bedeutet:

- Bei der nur unten aufstehenden, 1-seitig gehaltenen Wand $h_k = 2\,h$ (Eulerfall 1),

- bei der oben und unten 2-seitig gehaltenen Wand im Allgemeinen $h_k = h$; wegen der teilweisen Einspannung der Wand in die obere und untere Decke darf bei flächig aufliegenden Massivdecken in vielen Fällen die Knicklänge reduziert werden:

$$h_k = 0{,}75 \cdot h,$$

- bei der 3- und 4-seitig gehaltenen Wand drückt sich die zusätzliche seitliche Aussteifung ebenfalls durch eine Verkürzung der Vergleichsknicklänge aus.

Alle Formeln für die Abminderung aus Schlankheit und die Grenzen des Anwendungsbereichs lassen sich in Diagrammen darstellen.

Bei den 2-seitig gehaltenen Wänden wird nur der Parameter der geometrischen Schlankheit h/d zur Ablesung der Abminderung k – getrennt nach Pfeilern und Wänden mit Massiv- bzw. Holzdecke – benötigt.

Bei den 3- und 4-seitig gehaltenen Wänden ist als weitere Größe die Wandlänge erforderlich. Sie wird hier ebenfalls als dimensionsloser Quotient b/h verwandt.

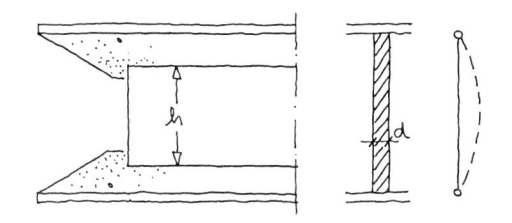

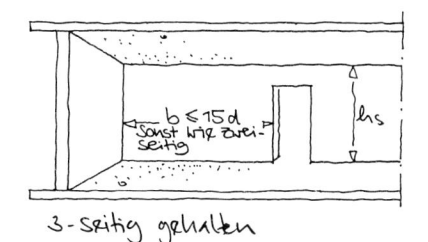

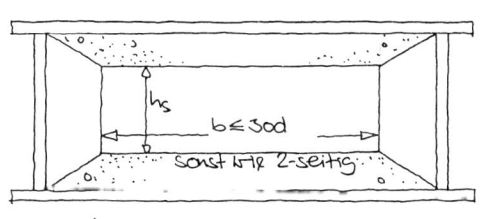

Tabellenbuch

Man kann an jeder senkrechten Linie ablesen, wie mit steigenden h/d das Tragvermögen abnimmt.

Und man kann längs einer festen h/d-Linie erkennen, wie mit größerer Wandproportion b/h die Tragfähigkeit sinkt.

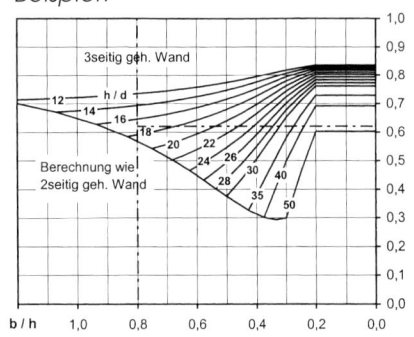

Eine 3-seitig gehaltene Innenwand mit den Abmessungen b/h = 2,4 : 3,0 = 0,8 wäre in den geometrischen Schlankheiten 12 bis 18 bei verschiedenen Abminderungen k möglich (senkrechte Linie bei 0,8).

Aus der Bedingung b ≤ 15 d folgt die erforderliche Wanddicke für eine 3-seitig gehaltene Wand: d ≥ 2,4/15 = 16,0 cm. Eine 17,5-cm-Wand ist also möglich mit h/d = 17,1 und k = 0,62. Eine 11,5-cm-Wand mit h/d = 26 wäre demnach wie eine 2-seitig gehaltene Wand zu berechnen mit k = 0,43.

Beispiel:

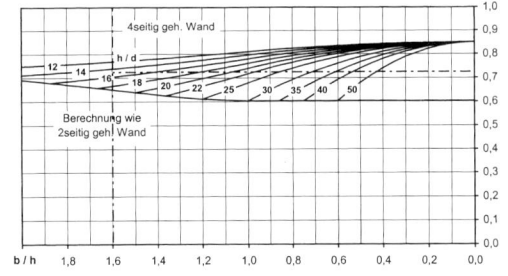

Beispiel:

Bei einer 4-seitig gehaltenen Innenwand mit den Abmessungen b/h = 4,0 : 2,5 = 1,6 zeigt die senkrechte Linie zugleich mögliche Schlankheiten von 12 bis 18. Hier folgt aus der Bedingung b ≤ 30 d für 4-seitig gehaltene Wände d > 4,0/30 = 13,3 cm. Daher kommen als 4-seitig gehaltene Wände nur solche ≥ 17,5 cm infrage. Für die 17,5-cm-Wand ist h/d = 14,3 mit k = 0,73. Die 11,5-cm-Wand ist auch möglich, jedoch muss sie wegen b > 30 d als 2-seitig gehaltene Wand berechnet werden mit h/d = 2,17 und k = 0,56.

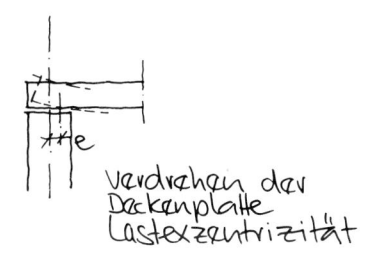

E Ausmittige Lasteinleitung

Ursache für diese ausmittige Lasteinleitung ist die Verdrehung der Decken am Endauflager. An Zwischenauflagern – ganz gleich ob bei Durchlaufdecken oder gestoßenen Decken – darf immer von mittiger Lasteinleitung ausgegangen werden.

In den k-Werten nach dem vereinfachten Verfahren nach DIN 1053 ist eine kleine Lastausmitte von ca. 0,05 d berücksichtigt. Damit diese nicht überschritten wird, ist die Anwendung auf Deckenstützweiten von 7,0 m beschränkt. Für Wände, die als Endauflager von Decken dienen, ist die angrenzende Deckenstützweite zusätzlich auf l = 4,5 + 10 d beschränkt.

Die Lastausmitte wirkt sich auch auf die Knicklänge aus. Bei Wänden, die zwischen zwei Massivdecken teilweise eingespannt sind, darf die Knicklänge zu $h_k = 0{,}75\,h$ berechnet werden. Ist die Ausmittigkeit der Last jedoch größer als $1/4$ der Wanddicke, so ist die Knicklänge der Wand $h_k = 1{,}0\,h$.

10.2 Typische Beispiele als Entwurfshilfen für den Architekten

Für den entwerfenden Architekten ist es eine Hilfe zu wissen, welche Wandabmessungen unter bestimmten Bedingungen noch ausreichende Tragfähigkeit besitzen. Deshalb wurden mit dem vorher beschriebenen vereinfachten Verfahren und den entwickelten Diagrammen typische Beispiele durchgerechnet und tabellarisch zusammengestellt.

Für die üblichen Wanddicken wurde die Anwendung als Innenwände, 1-schalige Außenwände, 2-schalige Außenwände und 2-schalige Haustrennwände untersucht. Die Tragfähigkeit ist wesentlich von der Stützung als 2-seitig-, 3-seitig- oder 4-seitig gehaltene Wand abhängig.

10.2 Typische Beispiele als Entwurfshilfen für den Architekten

Typische Beispiele als Entwurfshilfe für den Architekten

Anwendungsgrenzen		2-seitig gehaltene Wände	
		(Skizze mit h)	(für alle Pfeiler b < 2 Steine 0,8-fache Tragfähigkeit)
		Alle Beispiele mit MW 12/II oder 8/IIa	
11,5	h ≤ 3,00 m l ≤ 5,65 m Innenwände Tragschalen 2-schaliger Außenwände und 2-schalige HTW max. 2 G + DG	(Skizze Haus mit Satteldach)	h = 2,75 m k = 0,50[1] N_{Rd} = 115 kN/m Wand ca. 7 m² Decke/m Wand z. B. 2 G · 3 bis 4 m² EZF
17,5	h ≤ 3,00 m l ≤ 6,25 m Innenwände 1-schalige Außenwände[1] Tragschalen 2-schaliger Außenwände und 2-schalige HTW	(Skizze Haus mit Satteldach)	h = 2,75 m k = 0,70[1] N_{Rd} = 245 kN/m Wand ca. 18 bis 20 m² Decke/m Wand z. B. 4 G · 4,5 m² EZF (Innenwand)
24	Innenwände	h = 2,75 m	k = 0,75[1] N_{Rd} = 360 kN/m ca. 26 m² Decke/m Wand z. B. 5 G · 5 m² EZF
	h ≤ 3,00 m alle Außenwände[1] (2-schalige HTW) l ≤ 6,90 m	(Skizze mit 6,5)	h = 3,00 m Schottenwand HTW k = 0,68[2] N_{Rd} = 326 kN/m ca. 24 m² Deck/m Wand z. B. 10 G · 2,4 m² EZF
≥ 30	Innenwände		h = 3,0 m k = 0,79 N_{Rd} = 473 kN/m² ca. 35 bis 40 m² Decke/m Wand z. B. 8 G · 5 m² EZF oder 12 G · 3 m² EZF (kreuzweise)
	alle Außenwände[1] (und 2-schalige HTW) l ≤ 7,00 m		h = 3,60 m k = 0,76 N_{Rd} = 457 kN/m² ca. 32 m² Decke/m Wand z. B. 12 G · 2,6 m² EZF

Merkregel:
Bei üblichem Mauerwerk und üblichen Geschosshöhen kann 1 m Wandlänge je cm Dicke 1 bis 1,5 m² Geschossfläche tragen. z. B: 24-cm-Wand: 5 bis 7 Geschosse · 5 m².

b = Mauerlänge	MW = Mauerwerk	G = Geschosse
d = Mauerdicke	HTW = Haustrennwand	DG = Dachgeschoss
h = Geschosshöhe	EZF = Einzugsfeld	* = betrachtete Wand

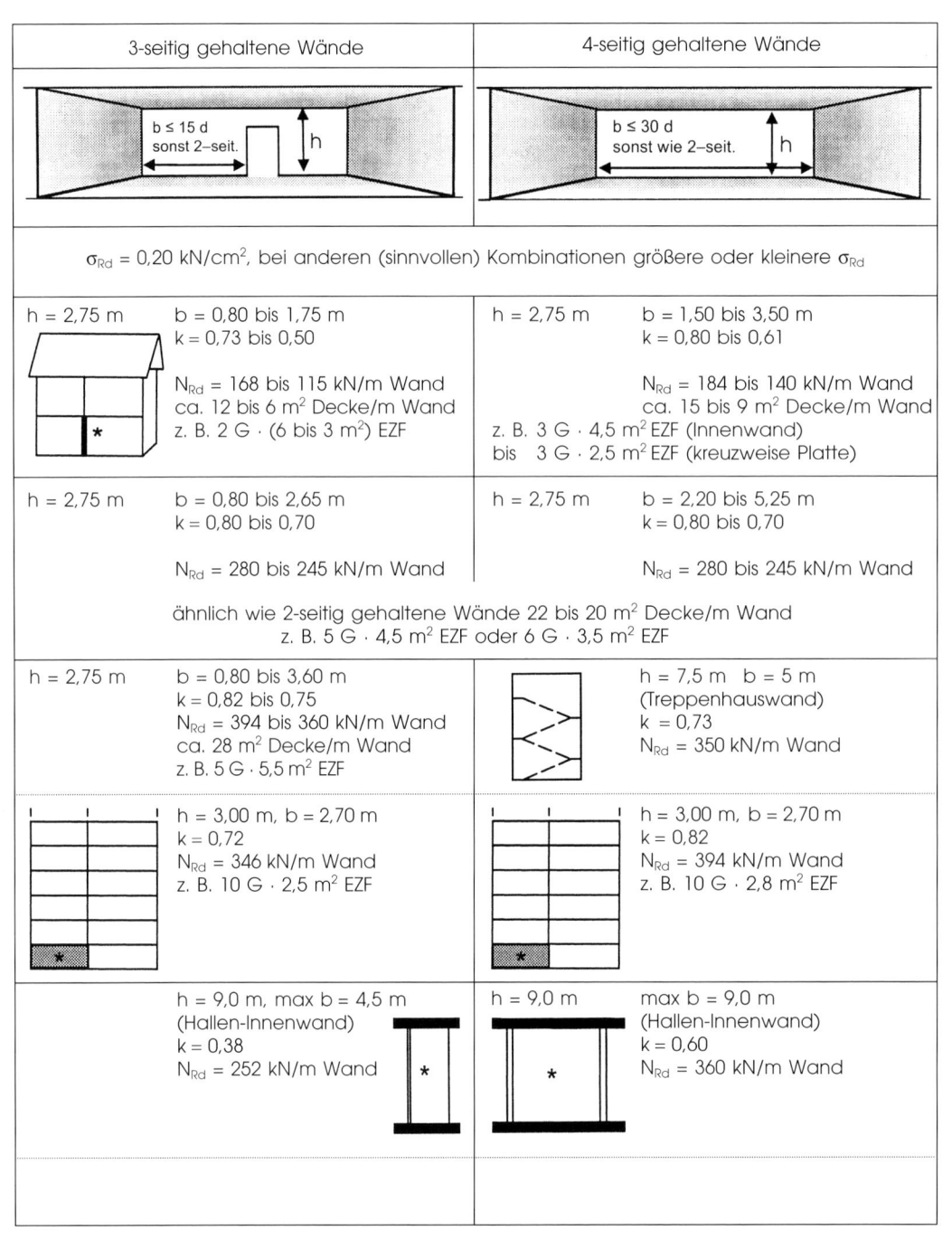

3-seitig gehaltene Wände		4-seitig gehaltene Wände	
$b \leq 15\,d$ sonst 2–seit. / h		$b \leq 30\,d$ sonst wie 2–seit. / h	
$\sigma_{Rd} = 0{,}20$ kN/cm², bei anderen (sinnvollen) Kombinationen größere oder kleinere σ_{Rd}			
$h = 2{,}75$ m	$b = 0{,}80$ bis $1{,}75$ m $k = 0{,}73$ bis $0{,}50$ $N_{Rd} = 168$ bis 115 kN/m Wand ca. 12 bis 6 m² Decke/m Wand z. B. 2 G · (6 bis 3 m²) EZF	$h = 2{,}75$ m	$b = 1{,}50$ bis $3{,}50$ m $k = 0{,}80$ bis $0{,}61$ $N_{Rd} = 184$ bis 140 kN/m Wand ca. 15 bis 9 m² Decke/m Wand z. B. 3 G · 4,5 m² EZF (Innenwand) bis 3 G · 2,5 m² EZF (kreuzweise Platte)
$h = 2{,}75$ m	$b = 0{,}80$ bis $2{,}65$ m $k = 0{,}80$ bis $0{,}70$ $N_{Rd} = 280$ bis 245 kN/m Wand	$h = 2{,}75$ m	$b = 2{,}20$ bis $5{,}25$ m $k = 0{,}80$ bis $0{,}70$ $N_{Rd} = 280$ bis 245 kN/m Wand
ähnlich wie 2-seitig gehaltene Wände 22 bis 20 m² Decke/m Wand z. B. 5 G · 4,5 m² EZF oder 6 G · 3,5 m² EZF			
$h = 2{,}75$ m	$b = 0{,}80$ bis $3{,}60$ m $k = 0{,}82$ bis $0{,}75$ $N_{Rd} = 394$ bis 360 kN/m Wand ca. 28 m² Decke/m Wand z. B. 5 G · 5,5 m² EZF		$h = 7{,}5$ m $b = 5$ m (Treppenhauswand) $k = 0{,}73$ $N_{Rd} = 350$ kN/m Wand
	$h = 3{,}00$ m, $b = 2{,}70$ m $k = 0{,}72$ $N_{Rd} = 346$ kN/m Wand z. B. 10 G · 2,5 m² EZF		$h = 3{,}00$ m, $b = 2{,}70$ m $k = 0{,}82$ $N_{Rd} = 394$ kN/m Wand z. B. 10 G · 2,8 m² EZF
	$h = 9{,}0$ m, max $b = 4{,}5$ m (Hallen-Innenwand) $k = 0{,}38$ $N_{Rd} = 252$ kN/m Wand	$h = 9{,}0$ m	max $b = 9{,}0$ m (Hallen-Innenwand) $k = 0{,}60$ $N_{Rd} = 360$ kN/m Wand

[1] Es können bei größeren Stützweiten der Decken durch Verdrehung des Endauflagers (Außenwände) größere Abminderungen des σ_{Rd} notwendig werden. Deshalb sollte die Anwendung der Tabelle auf Stützweiten < 6 m beschränkt werden, sofern nicht durch konstruktive Maßnahmen (Zentrierleisten) die mittige Krafteinleitung ins Endauflager sichergestellt wird. Bei kreuzweise bewehrten Platten gilt die kleinere der beiden Stützweiten. Diese Tragkraftminderung durch Verdrehung des Endauflagers kann auch durch Wahl der nächstbesseren Stein- oder Mörtelgüte ausgeglichen werden.

[2] Wegen der Stützweite 6,5 m wurde in diesem Beispiel mit $h_k = 1{,}0\,h$ gerechnet, dies entspricht im Diagramm der Kurve »Decke Holz«.

Ablesbare Ergebnisse:

- Das erste Ergebnis ist der Abminderungsfaktor k. Darauf folgt der Bemessungswiderstand der Wand (Tragfähigkeit) N_{Rd} je Meter Wandlänge in kN/m.

- Unter der weiteren Voraussetzung, dass die gesamte Flächenlast je m² Geschossfläche ca. 10 kN/m² beträgt, lässt sich als weiteres Ergebnis der Berechnung auch die von 1 m Wand getragene Geschossfläche angeben.

- Diese zulässige Geschossflächengröße errechnet sich aus Geschosszahl × Einzugsfläche. Bei kreuzweise bewehrten Decken ist das Einzugsfeld ca. $1/4$ der mittleren Deckenstützweite.

Diese Ergebnisse führen dann zu der für Entwürfe wichtigen und einfachen Merkregel:

Bei üblichem Mauerwerk und üblichen Geschosshöhen kann eine Wand auf 1 m Länge je 1 cm Dicke 1 bis 1,5 m² Geschossfläche tragen!

Zum Beispiel 24-cm-Wand:
5 bis 7 Geschosse × 5 m² Einzugsfeld.

11 Grafische Statik

11.1 Grundlagen

Die grafische Statik wird in der Praxis nur noch selten angewandt. Aber sie ist geeignet, den Verlauf der Kräfte anschaulich darzustellen und zu begreifen. Sie ist zudem ein gutes Mittel, die richtige Form mancher Bauteile zu finden und zu verstehen. So ist sie besonders für Architekten weiterhin wichtig und wird deshalb hier erläutert.

Eine Kraft wird bestimmt durch:

1. Größe [N, kN, MN]
2. Wirkungslinie
3. Richtung

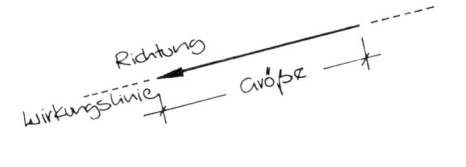

Die **Größe** wird in der Zeichnung durch die Länge eines Pfeiles dargestellt. Der Maßstab der Kräfte (M. d. K.) kann beliebig gewählt werden, z. B. 1 cm $\cong$ 1 kN.

Die **Wirkungslinie** ist durch einen Punkt und den Winkel bestimmt.

Die **Richtung** wird durch die Pfeilspitze angegeben.

Eine Kraft kann auf ihrer Wirkungslinie beliebig verschoben werden; an ihrer Wirkung ändert sich dadurch nichts. Ob ein Gewicht mittels einer kurzen oder einer langen Schnur an einem Haken hängt – die Beanspruchung des Hakens bleibt gleich (vom größeren Gewicht der langen Schnur abgesehen).

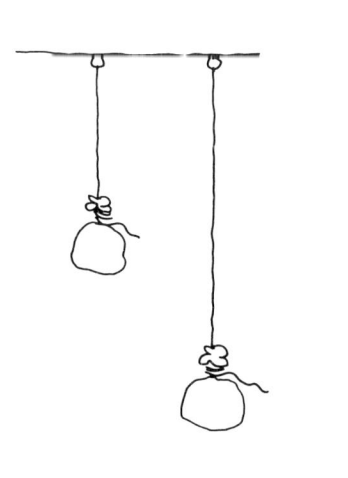

(Die Kräfte in diesen Skizzen sind jeweils auf der gleichen Wirkungslinie zu denken.)

Kräfte in der gleichen Wirkungslinie lassen sich addieren bzw. subtrahieren.

Die Gesamtkraft heißt **Resultierende R**.

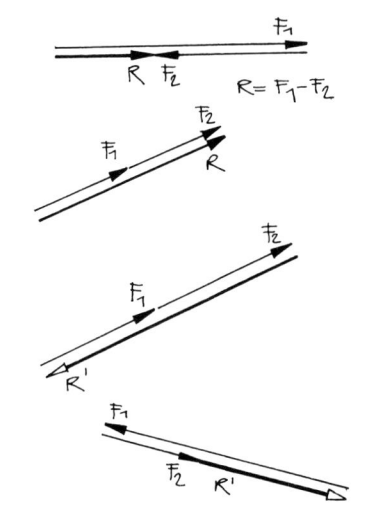

Die Resultierende *ersetzt* die Summe bzw. die Differenz der Einzelkräfte.

Die **Reaktion R'** hat die gleiche Größe und die gleiche Wirkungslinie wie die Resultierende, jedoch die entgegengesetzte Richtung.

Die Reaktion *hebt* die Summe bzw. die Differenz der Einzelkräfte *auf*.

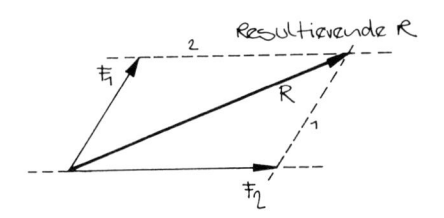

Zwei Kräfte, die auf verschiedenen sich schneidenden Linien liegen, können durch das *Parallelogramm der Kräfte* zu ihrer Resultierenden bzw. zu ihrer Reaktion zusammengefasst werden. Beginnen die beiden Kraftpfeile im Schnittpunkt der Wirkungslinien, so wird parallel zur Kraft F_1 die Hilfslinie 1, parallel zur Kraft F_2 die Hilfslinie 2, jeweils durch die Pfeilspitze der anderen Kraft gezogen. Die Diagonale des so gebildeten Parallelogramms ist die *Resultierende*, wenn sie vom Schnittpunkt der Wirkungslinien ausgeht und ihre Spitze am Schnittpunkt der Hilfslinien hat. Die Diagonale ist die *Reaktion*, wenn sie in die umgekehrte Richtung zeigt, also mit der Pfeilspitze zum Schnittpunkt der Wirkungslinien.

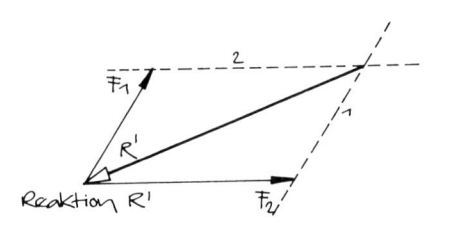

Anmerkung:

Die Bezeichnung R für Resultierende darf nicht verwechselt werden mit R für Beanspruchbarkeit.

11.1 Grundlagen

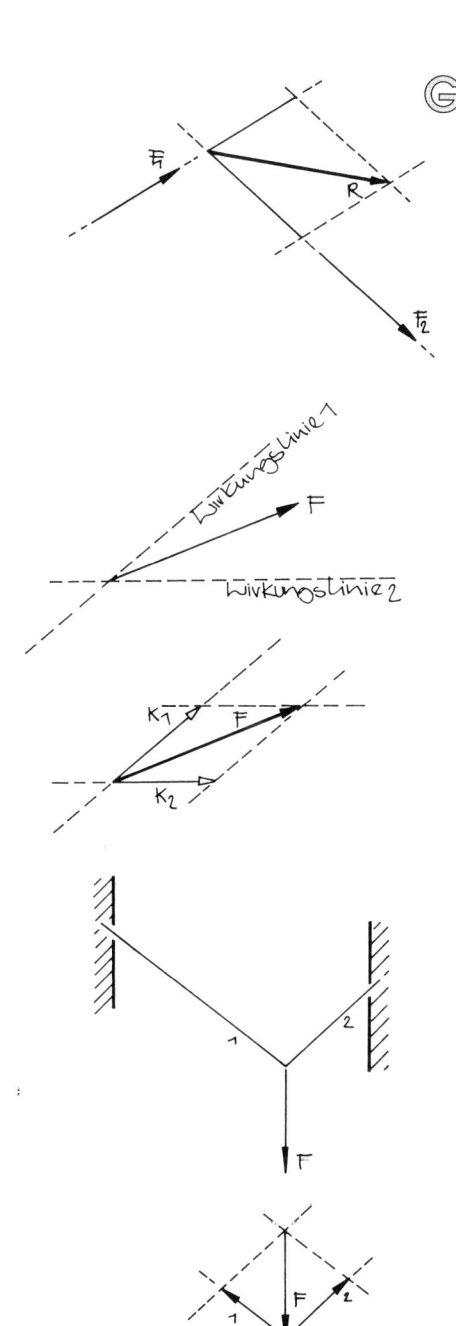

Ⓖ Kraftpfeile, deren Anfangspunkte nicht im Schnittpunkt der Wirkungslinien liegen, werden zunächst auf ihren Wirkungslinien so verschoben, dass sie im Schnittpunkt anfangen, sodass nunmehr das Parallelogramm der Kräfte gezeichnet werden kann.

Wie man zwei Kräfte zu einer Resultierenden vereinigen kann, so kann man auch eine Kraft in *zwei Komponenten* zerlegen, wenn deren Wirkungslinien gegeben sind. Auch hier hilft uns das Parallelogramm der Kräfte.

Beispiel 11.1

Hier ist zwischen zwei Hauswänden ein Seil gespannt, an dem eine Einzellast (z. B. eine Lampe) hängt. Wie groß sind die Kräfte in den Seilen?

Wir können diese Aufgabe mithilfe des Kräfteparallelogrammes lösen.

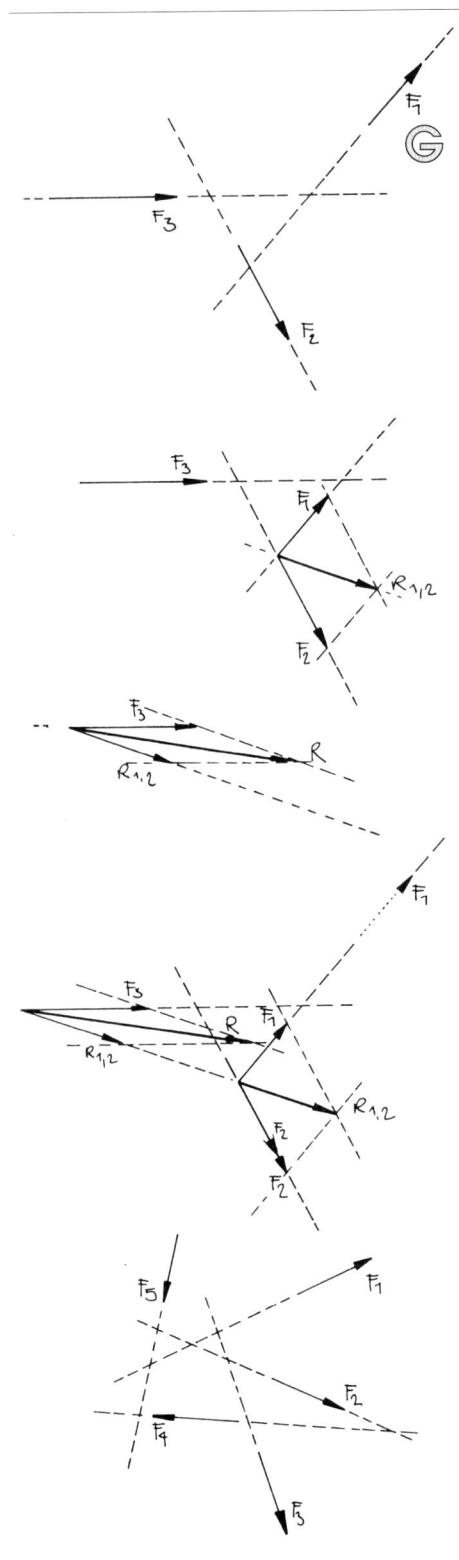

11.2 Zusammensetzen von mehreren Kräften

Hier sollen drei Kräfte zu einer Resultierenden vereinigt werden. Dies ist möglich, indem man schrittweise jeweils zwei Kräfte miteinander vereinigt.

Vorgehensweise:

1. Wir verschieben die Pfeile der Kräfte F_1 und F_2, bis ihre Anfangspunkte am Schnittpunkt ihrer Wirkungslinien liegen, und bilden mit dem Parallelogramm der Kräfte die Teilresultierende $R_{1,2}$.

2. Wir verschieben den Pfeil der Teilresultierenden $R_{1,2}$ und den der Kraft F_3, bis deren Anfangspunkte in ihrem Schnittpunkt liegen, und bilden jetzt die Resultierende R. Sie ersetzt die Kräfte F_1, F_2 und F_3.

Diese Schritte können in **einer** Zeichnung durchgeführt werden. Dies ist genauer als das Arbeiten mit mehreren Zeichnungen, weil Ungenauigkeiten der Übertragung entfallen. Aber diese Zeichnung ist nicht mehr sehr übersichtlich! Vollends unübersichtlich würde die Sache, wenn noch mehr Kräfte in *einer* Zeichnung zusammengefasst werden sollten.

11.2 Zusammensetzen von mehreren Kräften

Ⓖ Deshalb ist es angebracht, *Kräfteplan* und *Lageplan* zu trennen. Hierbei werden im *Kräfteplan*, Größe, Winkel und *Richtung* der Kräfte, im *Lageplan* die *Wirkungslinien* und Richtungen eingetragen und ermittelt. Die *Größen* der Kräfte werden im Lageplan nur zum Teil (keine Zwischenergebnisse) eingetragen.

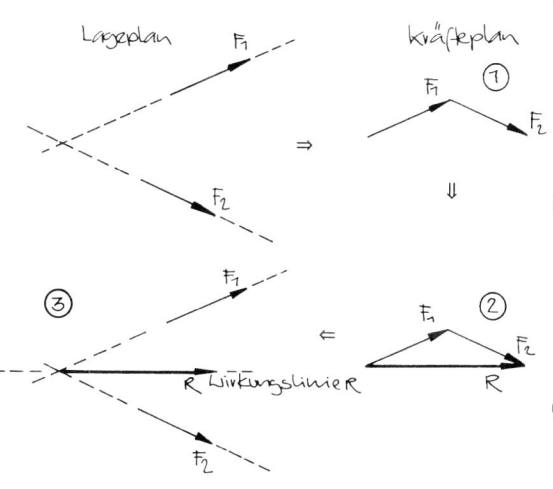

① Zunächst werden die Kräfte aus dem Lageplan in den Kräfteplan parallel verschoben, und zwar so, dass an den Pfeil der Kraft F_1 der Pfeil der nächsten Kraft F_2 anschließt.

② Der Anfangspunkt des Pfeiles von F_1 wird sodann mit der Spitze des Pfeiles von F_2 verbunden, die Verbindungslinie ist der Pfeil der Resultierenden R, seine Spitze liegt bei der Spitze von F_2.

③ Parallel zu R im Kräfteplan wird jetzt im Lageplan die Wirkungslinie von R durch den Schnittpunkt der Wirkungslinie von F_1 und F_2 gezogen und zuletzt Richtung und Größe von R in den Lageplan übertragen.

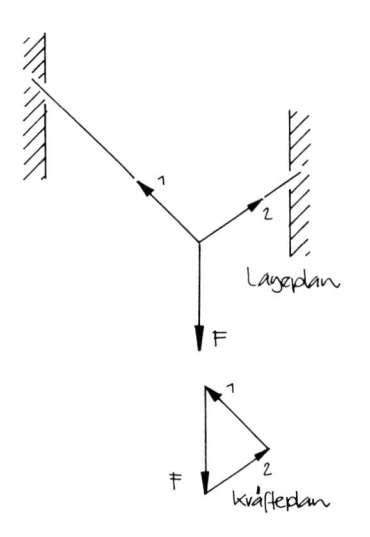

In der Praxis werden Lage- und Kräfteplan nur je einmal gezeichnet, also wie hier die jeweils letzte Skizze. In diesem Buch wird nur zur besseren Erläuterung jeder Schritt in einer neuen Skizze gezeigt.

Die Aufgabe mit der Kraft am Seil zwischen zwei Häusern lässt sich auch in getrenntem Lage- und Kräfteplan lösen.

11.2 Zusammensetzen von mehreren Kräften

Beispiel 11.2

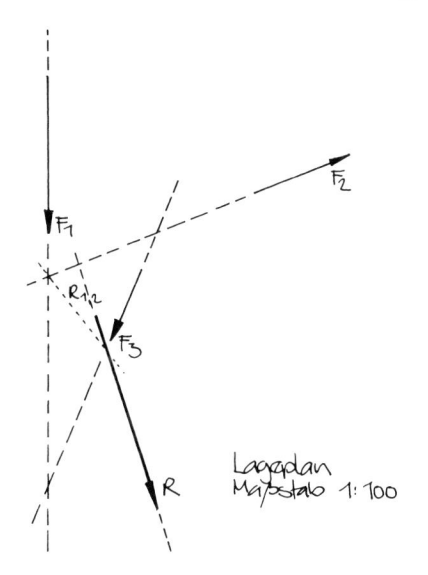

Im folgenden Beispiel werden sowohl der Lageplan als auch der Kräfteplan nur je einmal gezeichnet.

Im Kräfteplan werden die Kräfte $F_1 \ldots F_3$ hintereinander aufgetragen. Die Verbindung vom Anfang des Kraftpfeiles F_1 bis zur Spitze des Kraftpfeiles F_3 ergibt Größe und Winkel der Resultierenden R. Um die Wirkungslinie zu finden, müssen wir in Schritten vorgehen: F_1 und F_2 ergeben im Kräfteplan die Teilresultierende $R_{1,2}$. Diese Teilresultierende wird parallel so in den Lageplan verschoben, dass sie durch den Schnittpunkt der Wirkungslinien von F_1 und F_2 verläuft.

Die Teilresultierende $R_{1,2}$ schneidet im Lageplan die Wirkungslinie von F_3. Durch diesen Schnittpunkt muss die Wirkungslinie der Endresultierenden R verlaufen, deren Winkel und Größe wir im Kräfteplan durch Verbindung der Kräfte F_1, F_2 und F_3 finden und die wir parallel in den Lageplan verschieben.

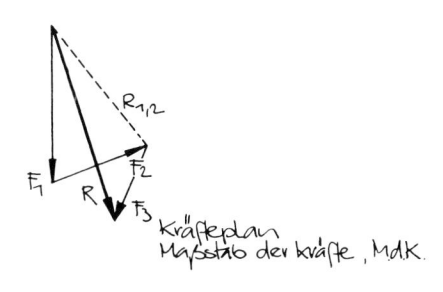

Resultierende

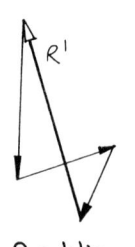

Reaktion

ⓖ Die Richtungen und Größen der Kräfte werden also immer im Kräfteplan, ihre Wirkungslinien im Lageplan ermittelt.

Wichtig ist, dass jede Kraft im Lageplan parallel zu ihrer Abbildung im Kräfteplan verläuft.

Der Kräfteplan wird auch als **Krafteck** bezeichnet. Der Pfeil der Resultierenden **R** weist vom Anfang des ersten Kraftpfeiles zur Spitze des letzten Kraftpfeiles.

Drehen wir seine Richtung um, sodass seine Spitze zum Anfang des ersten Kraftpfeiles weist, dass wir also das Krafteck in den Pfeilrichtungen umfahren und zum Ausgangspunkt zurückkehren können, so ist das Ergebnis die Reaktionskraft oder Reaktion R'.

Das Krafteck aus Einzelkräften und Reaktion schließt sich *(Geschlossenes Krafteck)*. Die *Resultierende* R ersetzt die Einzelkräfte, die *Reaktion* R' hebt sie auf, bewirkt also Gleichgewicht der Kräfte.

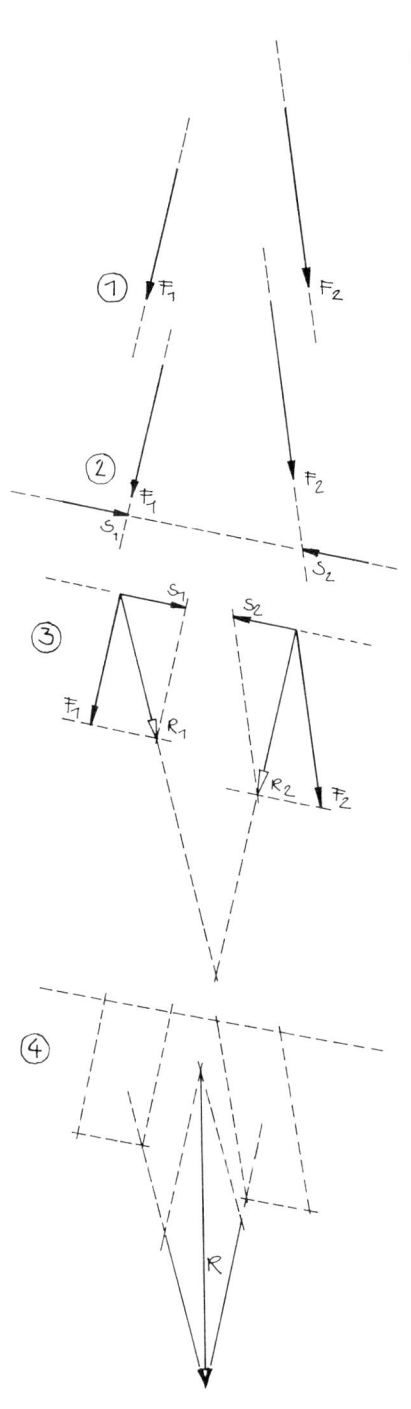

11.3 Poleck und Seileck

Diese beiden Kräfte schneiden sich nicht auf dem Zeichenblatt. Wie lassen sie sich trotzdem zu einer Resultierenden vereinigen? ①

Ein kleiner Trick hilft uns weiter:

Wir führen zwei freigewählte zusätzliche Kräfte S_1 und S_2 ein. Sie liegen auf derselben Wirkungslinie, sind gleich groß, aber entgegengesetzt gerichtet. Sie heben sich also gegenseitig auf, ändern somit am Endergebnis nichts. ②

Sie schaffen uns aber die Möglichkeit, zwei Teilresultierende zu bilden, die sich auf dem Zeichenblatt schneiden und so die gesuchte Endresultierende ergeben. ③ und ④

Anmerkung:

S für zusätzliche Kraft darf nicht mit S für Beanspruchung verwechselt werden.

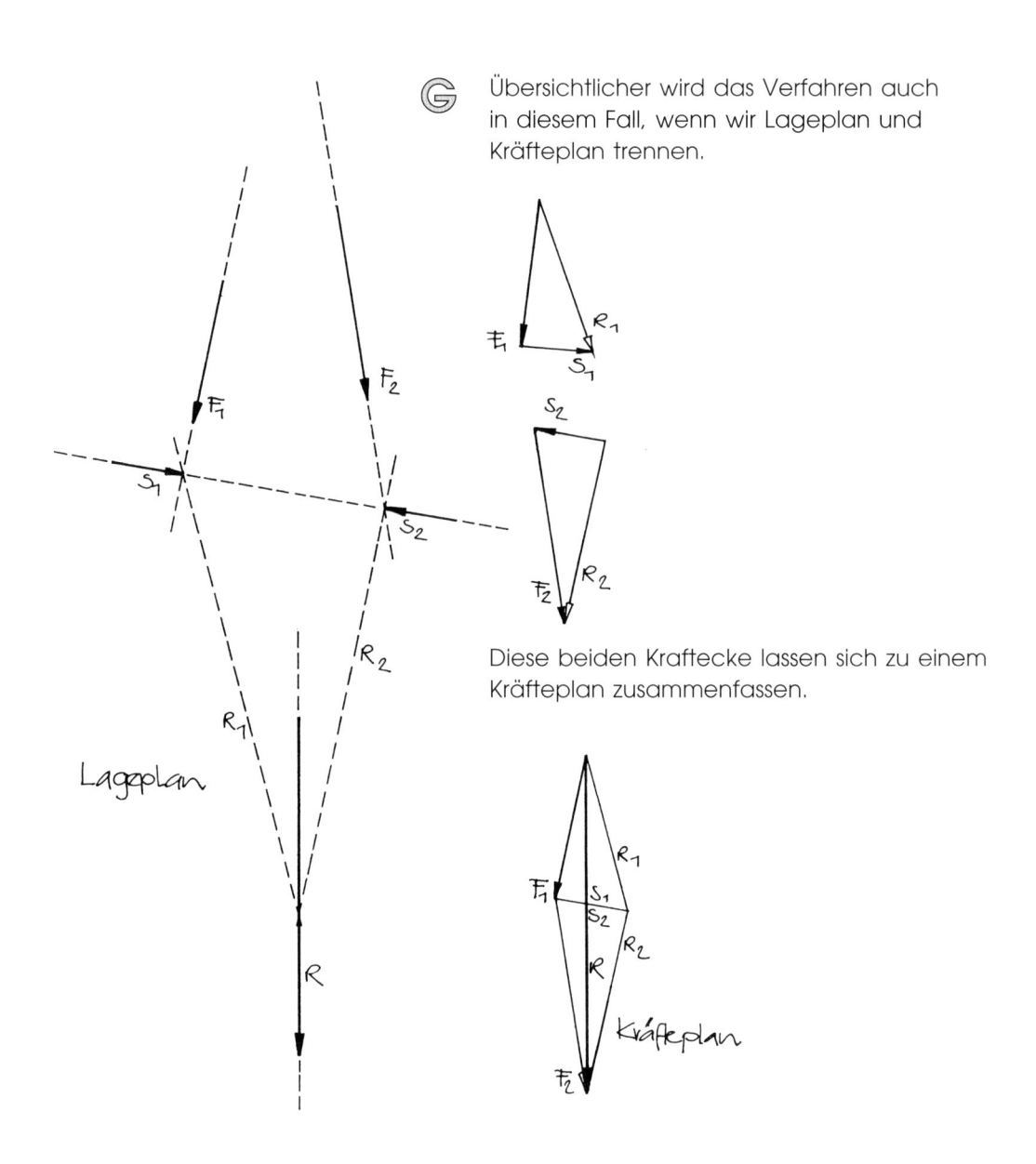

Übersichtlicher wird das Verfahren auch in diesem Fall, wenn wir Lageplan und Kräfteplan trennen.

Diese beiden Kraftecke lassen sich zu einem Kräfteplan zusammenfassen.

11.3 Poleck und Seileck

Ⓖ Nachdem wir dieses Verfahren kennen, können wir es in einer vereinfachten Form anwenden: Wir zeichnen im Kräfteplan die Kräfte F_1 und F_2 hintereinander.

Die Verbindung vom Anfang des ersten Pfeiles zur Spitze des zweiten (bei mehreren: des letzten) ergibt die Resultierende R. Sodann wählen wir einen *Pol*, d. h. einen Punkt seitlich vom Krafteck, und verbinden ihn mit Anfang und Spitze jeder Kraft. Diese Verbindungslinien heißen *Polstrahlen*. Wir erkennen, dass es sich hier versteckt um die Einführung der Zusatzkräfte S_1 und S_2 und um die Teilresultierenden handelt: Polstrahl 1, 2 entspricht den Zusatzkräften S_1 und S_2, Polstrahl 1 der Teilresultierenden R_1 und Polstrahl 2 der Teilresultierenden R_2.

Wie zuvor die Kräfte F_1, R_1 und S_1 im Kräfteplan ein Krafteck bilden und sich im Lageplan schneiden, so bilden auch hier F_1, Polstrahl 1 und Polstrahl 1, 2 im Kräfteplan ein Dreieck, im Lageplan schneiden sie sich. Der Polstrahl 1, 2 gehört zugleich auch dem nächsten Dreieck an, das er mit F_2 und Polstrahl 2 bildet. Parallel verschoben in den Lageplan schneiden sich dort auch diese Linien in einem Punkt.

Schließlich bilden der Anfangspolstrahl 1 und der Endpolstrahl, hier 4, mit der Resultierenden R im Kräfteplan ein Dreieck, im Lageplan einen gemeinsamen Schnittpunkt. Wir finden also die Wirkungslinie der Resultierenden (bzw. ihrer Umkehrung, der Reaktion), indem wir ihre Wirkungslinie aus dem Kräfteplan in den Lageplan parallel verschieben, und zwar durch den Schnittpunkt des ersten und des letzten Polstrahles.

Mit diesem Verfahren können wir beliebig viele Kräfte zusammensetzen.

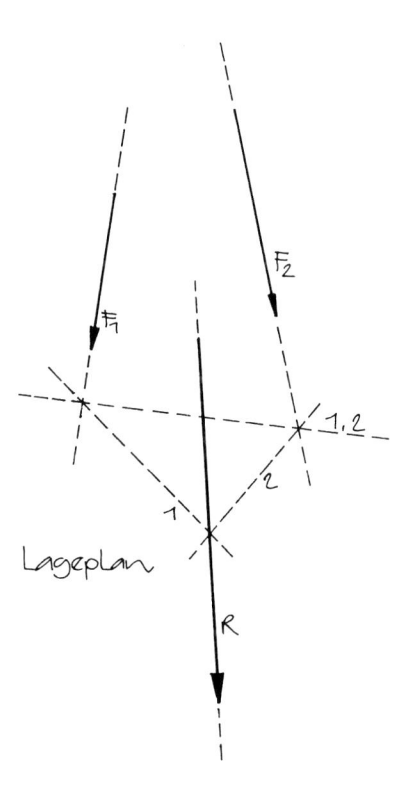

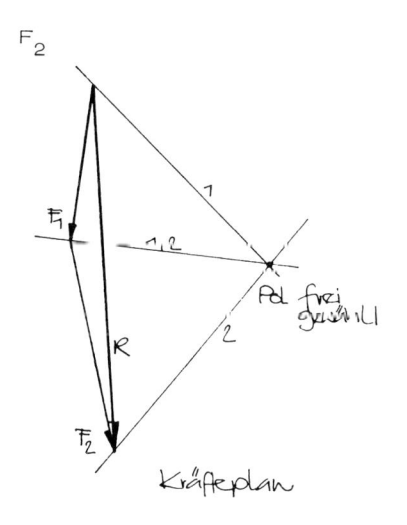

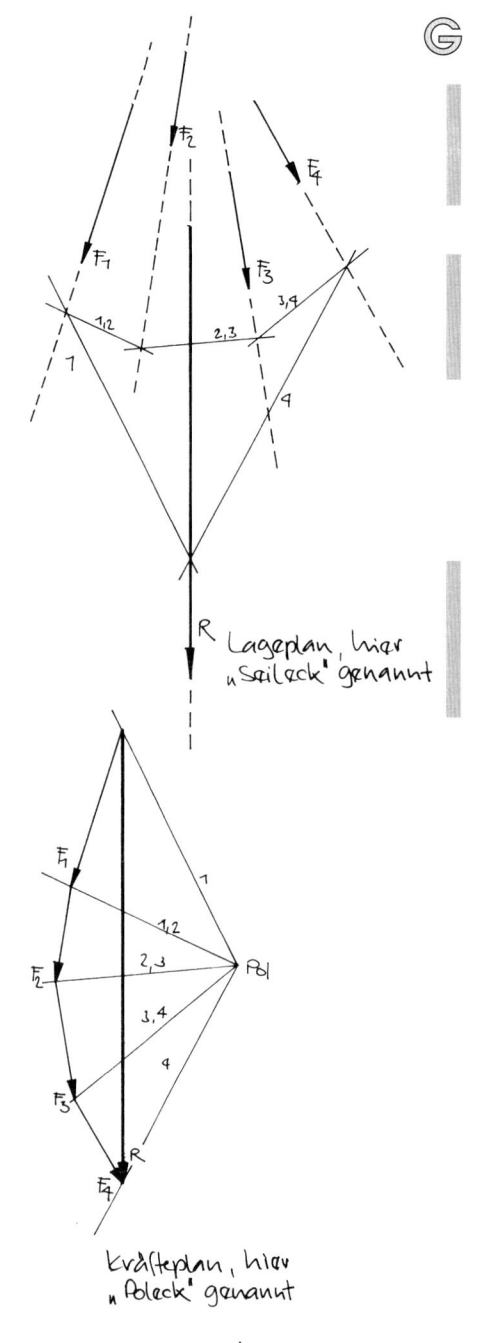

Merksätze:

Kräfte (bzw. Polstrahlen), die im Kräfteplan ein Dreieck bilden, schneiden sich im Lageplan in einem Punkt (z. B. Polstrahl 1, Kraft F_1 und Polstrahl 1, 2).

Polstrahlen, die im Kräfteplan zwei Dreiecken angehören, verbinden im Lageplan die zwei entsprechenden Schnittpunkte. (Das führt dazu, dass z. B. Polstrahl 1, 2 – im Kräfteplan zwischen Kraft F_1 und Kraft F_2 – im Lageplan die Wirkungslinien von F_1 und F_2 verbindet. Entsprechend Polstrahl 2, 3 zwischen F_2 und F_3 etc.)

Kräfte (bzw. Polstrahlen), die im Lageplan ein Dreieck bilden (auch wenn dessen eine Ecke nicht auf dem Papier liegt), schneiden sich im Kräfteplan in einem Punkt (z. B. F_1, F_2 und Polstrahl 1, 2).

Die Figur im Kräfteplan heißt auch *Poleck* oder *Krafteck*, die im Lageplan auch *Seileck*, weil ein Seil unter Belastung durch Einzelkräfte die Form dieser aus den Polstrahlen gebildeten Linie annehmen würde. Denn wie im Beispiel 11.1 (Lampe am Seil zwischen zwei Hauswänden) die Kraft F in die beiden Seilkräfte 1 und 2 zerlegt wird, also die Kräfte F, 1 und 2 im Gleichgewicht stehen, so stehen auch hier an jedem Schnittpunkt eine Kraft F und zwei Polstrahlen (= Seilkräfte) im Gleichgewicht: die Kraft F_1 mit den Polstrahlen 1 und 1, 2, die Kraft F_2 mit den Polstrahlen 1, 2 und 2, 3 etc. Dabei ist die Größe der Polstrahlen (= Seilkräfte) nicht im Lageplan (Seileck), sondern nur im Kräfteplan (Poleck) ablesbar.

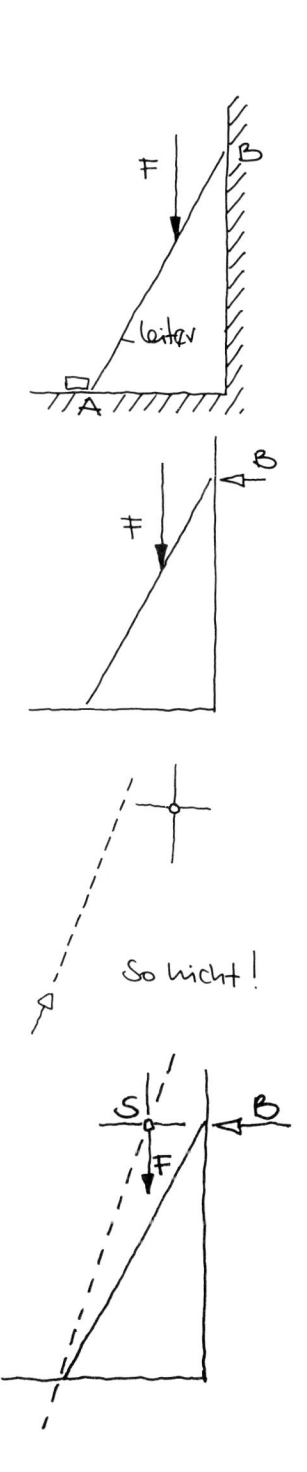

11.4 Zerlegen von Kräften

Wie sich mehrere Kräfte zu einer Resultierenden vereinen lassen, so kann auch eine Resultierende in zwei Kräfte zerlegt werden, wenn von der einen die Wirkungslinie bekannt ist und von der anderen ein Punkt, durch den sie verläuft.

Diese Leiter ist an eine Wand gelehnt. Unten ist sie durch einen Klotz gegen Wegrutschen gesichert, die Wand hingegen sei so glatt, dass wir die Reibung dort vernachlässigen können. Das heißt, an der Wand werden keine vertikalen, sondern nur horizontale Kräfte übertragen. Damit kennen wir die Richtung der Auflagerkraft (Auflagerreaktion) B: Sie ist horizontal. Die Richtung der Auflagerkraft A ist noch unbekannt, sie enthält einen vertikalen und einen horizontalen Anteil, verläuft also schräg.

Die Wirkungslinien der Kraft F und der Auflagerkraft B schneiden sich in einem Punkt S. Durch diesen Punkt S muss auch die dritte Kraft, die Auflagerreaktion A laufen. Warum?

Täte sie es nicht, liefe sie z. B. mit dem Abstand e an diesem Punkt vorbei, so würde sie mit dem Hebelarm e ein Moment A · e bilden, sie würde um den Punkt S drehen, das ganze System wäre nicht im Gleichgewicht. Nur wenn sich die drei Kräfte – eine weitere gibt es ja hier nicht – in einem Punkt schneiden, ist $\Sigma M = 0$.

So gibt uns diese Verbindung von Auflager A zum Schnittpunkt S die Richtung der Auflagerkraft A an: Wir können jetzt die Kraft F in die Auflagerreaktionen A und B zerlegen.

Selbstverständlich können wir A in A_H und A_V zerlegen.

Dabei ist leicht zu erkennen, dass $A_H = B$ und $A_V = P$ sein muss, jeweils entgegengesetzt gerichtet, sodass
$\Sigma F_H = 0$ und $\Sigma F_V = 0$ sind.

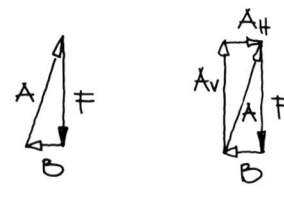

11.4 Zerlegen von Kräften

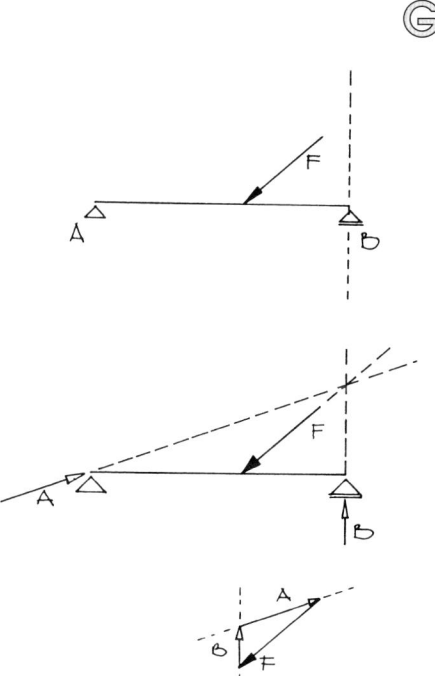

Beispiel 11.4.1

Bei diesem System sind die Auflagerreaktionen unter der gegebenen Einzellast zu ermitteln.

Durch das *horizontal verschiebliche* Auflager B kann nur eine *senkrechte* Wirkungslinie verlaufen – eine Horizontalkomponente vermag ja dieses Auflager nicht aufzunehmen – die Auflagerreaktion B muss also senkrecht wirken. Durch den Schnittpunkt dieser senkrechten Wirkungslinie mit der Wirkungslinie der Kraft F muss auch die Wirkungslinie der Auflagerkraft A verlaufen, denn nur wenn sich alle drei beteiligten Kräfte in einem Punkt schneiden, ist für das Gesamtsystem $\Sigma M = 0$.

Damit sind die Richtungen beider Auflagerreaktionen bekannt; in einem Krafteck lassen sich ihre Größen leicht feststellen.

Die Auflagerreaktionen können wir also nicht nur rechnerisch, sondern auch grafisch ermitteln.

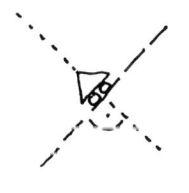

Anmerkung:

In Sonderfällen kann ein Auflager auch in schräger Richtung verschieblich ausgebildet sein – entsprechend ist dann die vorgegebene Wirkungslinie schräg, d. h., sie steht im rechten Winkel zur Verschiebungsrichtung.

Beispiel 11.4.2

Was aber tun, wenn sich, wie in diesem Beispiel eines Balkens mit einer Einzellast, die Wirkungslinien des verschieblichen Auflagers und der Kraft F auf dem Zeichenblatt nicht schneiden?

Auch hier führt das Poleck zur Lösung, nur sind gegebene und gesuchte Kräfte gegenüber den früheren Aufgaben vertauscht.

① Wir zeichnen im Kräfteplan die Kraft F und die Richtung von B, wählen einen Pol und zeichnen die Polstrahlen 1 und 2. Diese Polstrahlen übertragen wir durch Parallelverschiebung in den Lageplan, und zwar den Polstrahl 1 durch den Auflagerpunkt A (denn das ist ja der einzige Punkt, von dem wir schon wissen, dass die Auflagerreaktion A – in Größe und Richtung bisher unbekannt – durch ihn hindurch-gehen muss). Der Polstrahl 2 verläuft dann durch den Schnittpunkt des Polstrahls 1 mit der Wirkungslinie von F.

② Jetzt finden wir im Lageplan die Richtung des Polstrahls 1, 2 durch Verbinden des Auflagerpunktes A (also des Schnittpunktes von Polstrahl 1 mit der noch unbekannten Wirkungslinie A) und des Schnittpunktes von Polstrahl 2 mit der Wirkungslinie B.

Dieser Polstrahl 1, 2 – wir nennen ihn *Schlusslinie* – wird parallel in den Kräfteplan so verschoben, dass er durch den Pol verläuft. Er markiert den Schnittpunkt der Kräfte A und B, sodass wir diese jetzt im Kräfteplan zeichnen und in den Lageplan übertragen können.

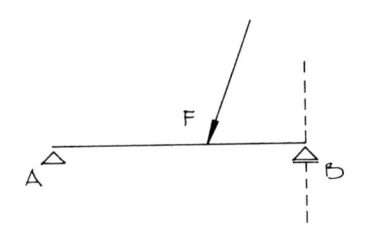

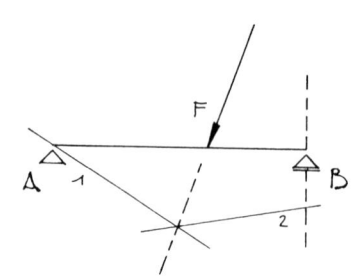

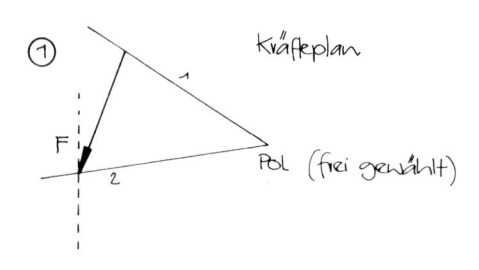

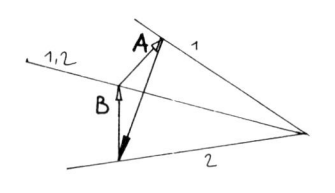

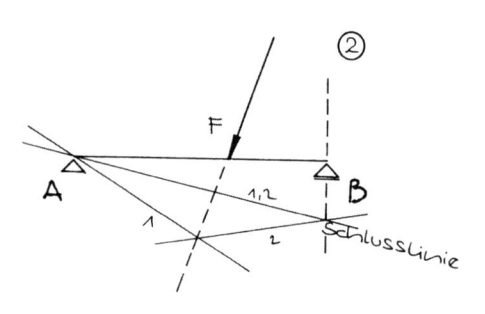

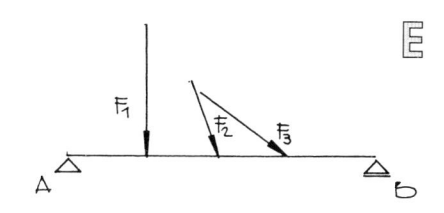

11.5 Zusammensetzen und Zerlegen

In diesem Falle werden zunächst die Einzelkräfte zu einer Resultierenden vereinigt und diese dann in die Auflagerreaktionen zerlegt.

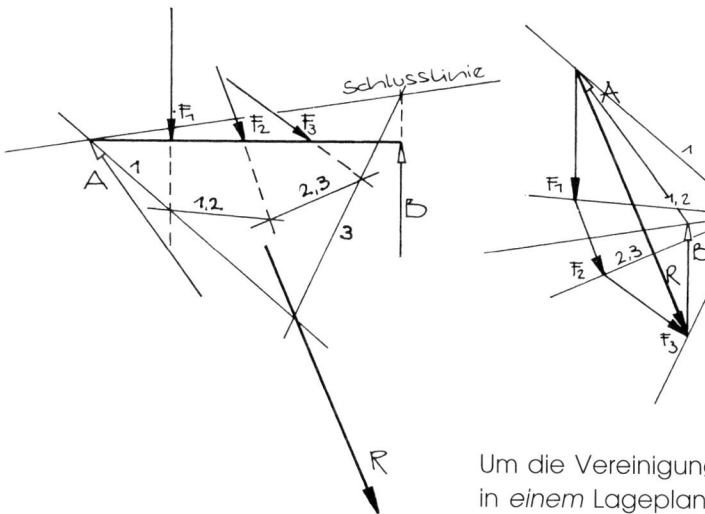

Um die Vereinigung und spätere Zerlegung in *einem* Lageplan und *einem* Kräfteplan ausführen zu können, ist es notwendig, bereits bei der Vereinigung der Kräfte den ersten (bzw. den letzten) Polstrahl durch das Auflager zu legen, dessen Kraftrichtung unbekannt ist, also durch das unverschiebliche Auflager, in unserem Beispiel Polstrahl 1 durch Auflagerpunkt A.

Alles andere wird dann ausgeführt wie schon bekannt.

11.6 Seillinie und Momentenlinie

Zwischen Seillinie und Momentenlinie besteht eine enge Beziehung. Dies wird im Folgenden erläutert.

In einem Träger auf zwei Stützen treten Biegemomente auf. Der Träger muss über die erforderlichen Querschnitts- und Materialeigenschaften verfügen, um diese Biegemomente (wie auch Querkräfte) aufzunehmen. Er wird biegesteif durch innere Zug- und Druckkräfte, die mit einem inneren Hebelarm gegeneinander wirken und so ein inneres Moment erzeugen, das dem äußeren Moment gleich ist.

Ein Seil ist nicht biegesteif. Es kann nur Zugkräfte und keine Biegemomente aufnehmen. Wie trägt es trotzdem?

Es trägt, indem es jeweils die geeignete Form einnimmt, um die Last nur durch Zugkräfte zu tragen. An die Stelle der Druckkräfte im Träger treten die Horizontalkräfte in den Auflagern. Zwischen der Horizontalkraft im Auflager – verlängert in deren Wirkungslinie – und der Horizontalkomponente der Zugkraft im Seil liegt ein Abstand – ein Hebelarm. Kraft mal diesem Hebelarm treten an die Stelle der inneren Biegesteifigkeit.

Die Horizontalkraft bleibt von Auflager bis Auflager konstant – sowohl in der Wirkungslinie der horizontalen Auflagerkomponente als auch im Seil, das ja (in unserem Beispiel) nur vertikal belastet ist, also keine Veränderung der Horizontalkomponente seiner Zugkraft erfährt. Wenn aber die Horizontalkraft gleichbleibt, kann es nur der Hebelarm sein, der – multipliziert mit dem konstanten H – einen Wert ergibt, der dem Moment im Biegeträger entspricht.

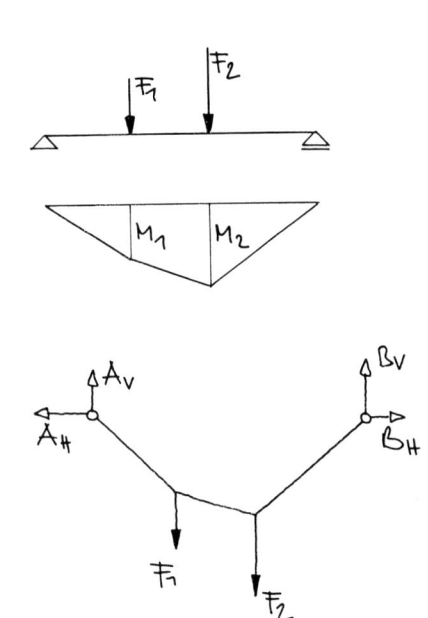

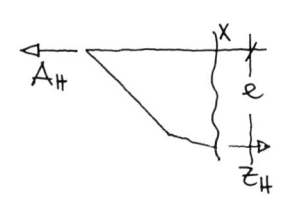

11.6 Seillinie und Momentenlinie

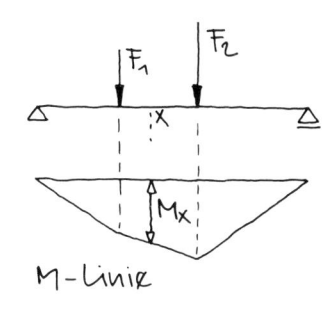

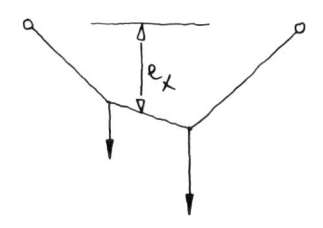

Ⓖ Das bedeutet: Der Durchhang des Seils an der Stelle x entspricht dem Moment des Biegeträgers an derselben Stelle. Die Seillinie entspricht der Momentenlinie. Genauer: Die Seillinie ist eine affine Figur der Momentenlinie.

Für die Momentenlinie können wir verschiedene Maßstäbe wählen, entsprechend für das Seil verschiedene Seillängen. Momentenmaßstab und Seillänge können so gewählt werden, dass beide Linien gleich sind.

Wie ein Seil unter gegebenen Lasten hängt, können wir uns vorstellen. Damit ist uns ein Mittel gegeben, durch die Anschauung festzustellen, ob eine Momentenlinie richtig sein kann.

Selbstverständlich müssen bei einem Seil – anders als bei einem Balken – beide Auflager horizontal unverschieblich sein, damit sie die Horizontalkräfte aus dem Seil aufnehmen können.

Die Beziehung von Seillinie und Momentenlinie gilt auch für Streckenlasten. (Näheres dazu in »Grundlagen der Tragwerklehre, Band 2«, Kapitel »Seile«.)

Ⓔ **Grafische Konstruktion einer Momentenlinie:**

Im Kräfteplan und Lageplan (Poleck und Seileck) werden die Auflagerreaktionen A und B des Trägers und eine der möglichen Seillinien ermittelt.

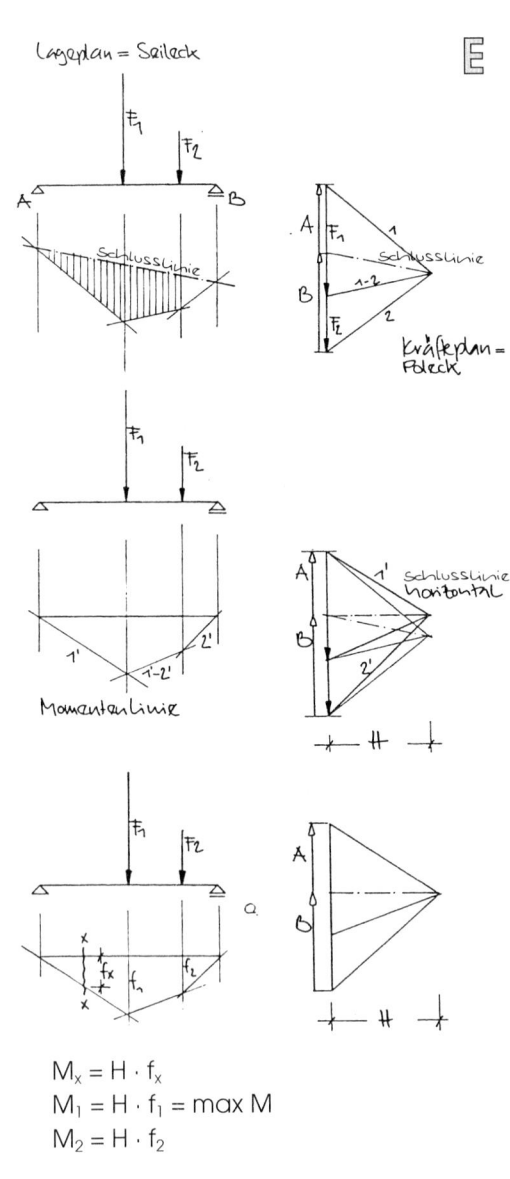

Je nach Wahl des Poles ist nicht nur der Seildurchhang unterschiedlich, sondern es unterscheiden sich auch die Neigung der Schlusslinie und damit der Höhenunterschied zwischen A und B.

Die Momentenlinie eines horizontalen Trägers soll aber an einer horizontalen Grundlinie gezeichnet werden. Deshalb versetzen wir den Pol in die Höhe des Punktes, an dem sich die Pfeile der Auflagerkräfte A und B berühren, in unserem Beispiel also an die Pfeilspitze von B. So erhalten wir eine horizontale Schlusslinie, die wir als Grundlinie der Momentenkurve in den Lageplan übertragen.

Wie können wir die Größe der Momente aus der so gefundenen Linie ablesen? Wir erinnern uns: Mit der Wahl des Poles führten wir eine zusätzliche Kraft ein. Sie ermöglichte uns das Zusammensetzen oder Zerlegen von Kräften, die sich nicht auf dem Zeichenblatt schneiden. Die horizontale Entfernung des Poles von den vertikalen Kräften entspricht der Horizontalkomponente dieser Zusatzkraft. Diese Horizontalkraft mal dem vertikalen Durchhang f des Seiles an einem Schnitt x muss das Moment am Schnitt x ergeben. Wir messen also im Lageplan (Seileck) den Durchhang [m] und multiplizieren ihn mit der Kraft H [kN] im Kräfteplan (Poleck), jeweils im gewählten Maßstab.

Die Wahl eines »glatten« Maßes für den Polabstand H (z. B. H = 10 kN im gewählten Maßstab der Kräfte) erleichtert solches Tun.

$M_x = H \cdot f_x$
$M_1 = H \cdot f_1 = \max M$
$M_2 = H \cdot f_2$

12 Fachwerke

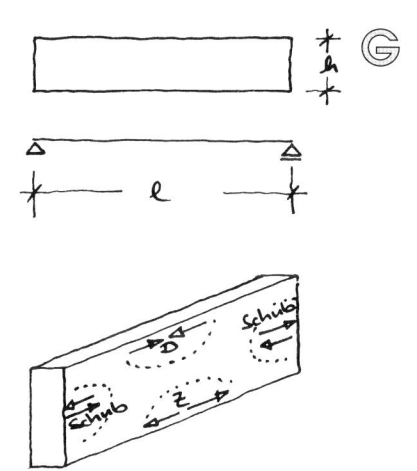

Ein Träger über einer großen Spannweite benötigt eine große Höhe. Das Material wird aber nur in der obersten und in der untersten Randfaser voll auf Druck bzw. auf Zug ausgenutzt und auch das nur in einem kleinen Bereich. Die größte Ausnutzung der Schubkräfte liegt im Bereich der Auflager. Nur im günstigsten Fall wird ein solcher Träger sowohl auf Druck und Zug als auch auf Schub voll ausgenutzt und auch dann jeweils nur in kleinen Bereichen.

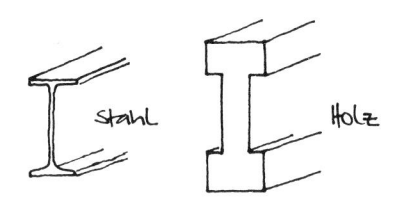

Weit günstiger als der Rechteckquerschnitt ist das I-Profil, denn es konzentriert das Material im Bereich der Randfasern, also im Bereich der stärksten Druck- und Zugbeanspruchung und vermindert den Steg auf die für den Schub notwendige Breite.

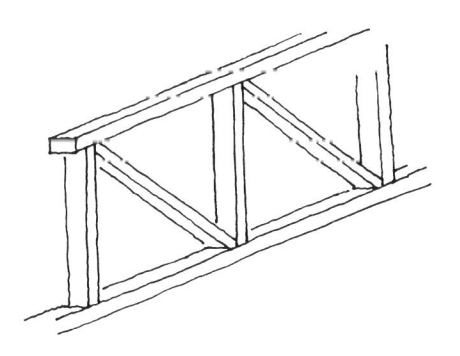

Die günstige Ausnutzung wird weiter gesteigert im Fachwerk. Hier kann das Material entsprechend den Kräften angeordnet, d. h. optimal genutzt werden. Anstelle des vollen Querschnitts über die ganze Höhe und Breite treten einzelne Stäbe. Sie können entsprechend den tatsächlich auftretenden Kräften bemessen werden.

G Beispiele von Fachwerken

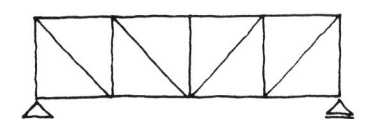

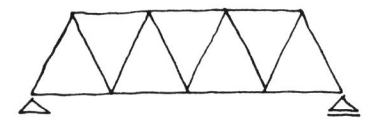

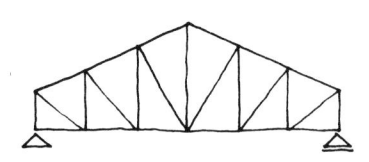

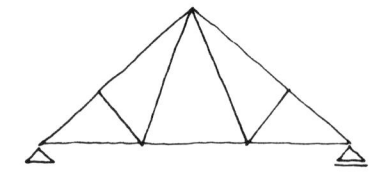

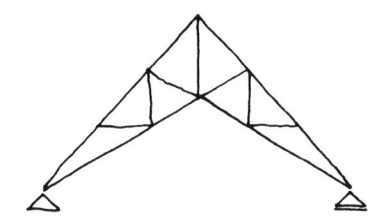

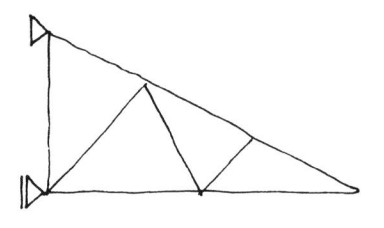

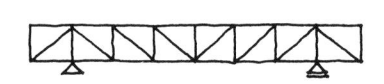

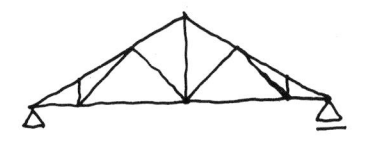

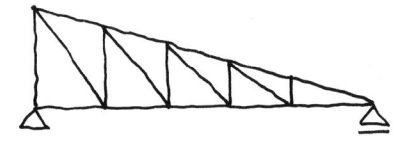

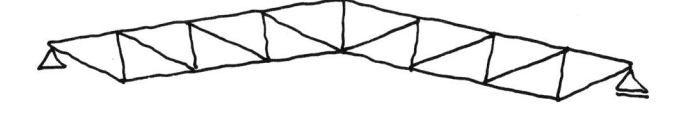

12 Fachwerke

Beim Betrachten von Fachwerken fallen uns zwei wesentliche Eigenschaften auf:

1. Ein Fachwerk enthält nicht nur Stäbe im Bereich der Randfasern (die Obergurt- und Untergurtstäbe), sondern auch Schrägstäbe (Diagonalstäbe) und meist auch Vertikalstäbe.
2. Die Stäbe bilden Dreiecke.

Dass Stäbe nur im Bereich der größten Zug- und Druckspannungen eines gedachten Balkens, also nur Ober- und Untergurtstäbe allein, noch kein brauchbares Tragwerk bilden, leuchtet unmittelbar ein: Jeder dieser Stäbe würde für sich allein als viel zu dünner Balken wirken und sich entsprechend durchbiegen.

Würden zwischen Ober- und Untergurt nur vertikale Verbindungsstäbe und keine Schrägstäbe angeordnet, so könnten diese nichts anderes bewirken als nur die gleichstarke Durchbiegung von Ober- und Untergurt.

Erst wenn auch schräge Stäbe, die Diagonalstäbe, mit den Ober- und Untergurtstäben und eventuell auch den Vertikalstäben ein System von Dreiecken bilden, entsteht ein wirksames Fachwerk.

Das einfachste Fachwerk besteht aus nur einem Dreieck. In dem hier skizzierten Fachwerk wird die Kraft F von beiden schrägen Druckstäben aufgenommen. Diese schräge Druckkraft wird dann an den beiden Auflagern jeweils zerlegt in eine vertikale Auflagerkomponente und den horizontalen Zugstab.

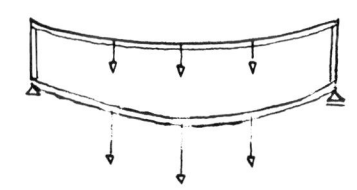

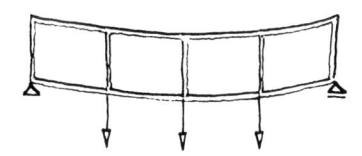

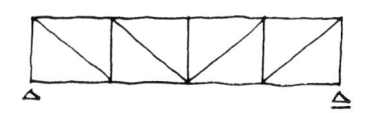

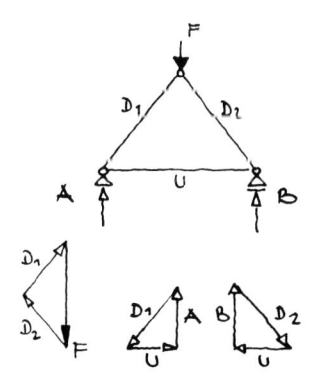

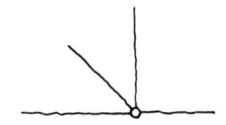

vereinfachende Annahme:
Knoten als Gelenk

G) Wir gehen bei der Untersuchung von Fachwerken von einer vereinfachenden Annahme aus: Wir betrachten Knoten – also die Verbindungspunkte von Stäben – als Gelenke. Wir nehmen also an, dass dort keine Momente, sondern nur Normalkräfte von Stab zu Stab übertragen werden.

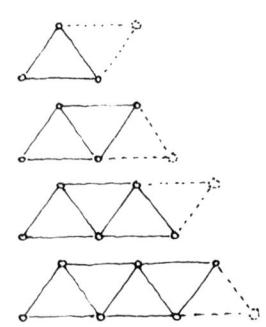

E) Das einfache Fachwerk, das wir eben betrachtet haben, hat drei Stäbe und drei Knoten.

Soll ein zweites Dreieck hinzugefügt werden, so brauchen wir dazu zwei weitere Stäbe und einen weiteren Knoten. Auch das nächste Dreieck benötigt zwei weitere Stäbe und einen weiteren Knoten.

Dies setzt sich bei jedem zusätzlichen Dreieck fort. Daraus ergibt sich die Formel:

$$s = 2k - 3$$

Diese Formel zeigt das Zahlenverhältnis von Stäben s und Knoten k in einem Fachwerk auf. Dieses Verhältnis gilt für Fachwerke jeder Form. Ist die Zahl der Stäbe kleiner, so ist an einer Stelle kein Dreieck vorhanden: Das Fachwerk ist nicht stabil.

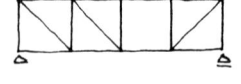

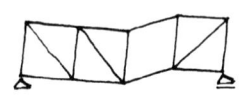

12 Fachwerke

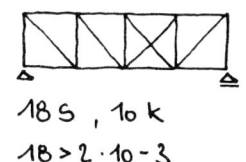

18 S , 10 k
18 > 2·10 - 3
18 - 1 = 2·10 - 3

19 S , 10 k
19 - 2 = 2·10 - 3

E Ist die Zahl der Stäbe größer, so liegt eine innere statische Unbestimmtheit des Fachwerks vor. Es gibt also nicht nur die äußere statische Unbestimmtheit, wie wir sie vom Auflager kennen, sondern auch die innere. Der Fachwerkträger dieses Beispiels ist in seiner Gesamtheit, also als Träger gesehen, statisch bestimmt gelagert. Er ist äußerlich statisch bestimmt. Er ist jedoch innerlich einfach statisch unbestimmt durch einen überzähligen Stab. Man könnte einen der Stäbe aus dem dritten Feld weglassen, das Fachwerk wäre dann immer noch stabil, aber innerlich bestimmt.

Hingegen würde durch Hinzufügung weiterer überflüssiger Stäbe der Grad der inneren statischen Unbestimmtheit erhöht werden. Das hier gezeigte Fachwerk ist 2-fach statisch unbestimmt.

In der weit überwiegenden Mehrzahl werden Fachwerke innerlich statisch bestimmt gebaut. Wir sollten beim Entwurf auf diese statische Bestimmtheit achten. Die im Folgenden erläuterten Verfahren zur Ermittlung der Stabkräfte gelten nur für solche innerlich statisch bestimmten Fachwerke.

G Bei der Ermittlung der Stabkräfte werden wir von folgenden Vereinfachungen ausgehen:

1. Die Knoten sind gelenkig.
2. Kräfte greifen nur in den Knoten an. Die Eigengewichte der Stäbe werden so betrachtet, als seien sie in den Knoten zusammengefasst und in den dort angreifenden Kräften inbegriffen.

Aus diesen Vereinfachungen ergibt sich, dass alle Kräfte in den Stäben nur in Stabrichtung – also als Längskräfte – wirken. Die Stabachsen sind also die Wirkungslinien der Kräfte.

12.1 Zeichnerische Methode zur Ermittlung der Stabkräfte – *Cremonaplan*

Zunächst müssen wir alle äußeren Kräfte kennen – also nicht nur die gegebene Kraft F, sondern auch die Auflagerreaktionen A und B. Wir können sie nach den bereits besprochenen Methoden zeichnerisch oder rechnerisch ermitteln. In unserem Fall ist wegen der Symmetrie:

$$A = B = \frac{F}{2}$$

Die äußeren Kräfte sind damit im Gleichgewicht.

Wir zeichnen diese äußeren Kräfte in der Reihenfolge F – B – A, »umfahren« das ganze Gebilde also rechtsdrehend (im Uhrzeigersinn). In derselben Richtung werden wir im Folgenden auch jeden einzelnen Knoten umfahren, wobei wir immer von einer schon bekannten Kraft ausgehen.

Betrachten wir den Knoten ①. Wir gehen aus von der bekannten Kraft F, dann – im Lageplan – rechtsdrehend zu Stab O_2, in dem die noch unbekannte Kraft O_2 wirkt und weiter zu Stab O_1 mit der Kraft O_1. (Mit O werden die Obergurtstäbe, mit U die Untergurtstäbe bezeichnet.)

In derselben Reihenfolge tragen wir die Kräfte auch in den Kräfteplan ein, ermitteln so ihre Größe und Richtung und tragen schließlich in dieser Richtung die Pfeilspitzen an die Kräfte an. Sie zeigen uns die Richtung der Kräfte, die aus den Stäben auf die Knoten wirken, damit an diesen Knoten Gleichgewicht herrscht.

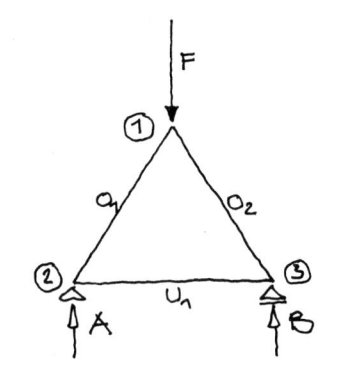

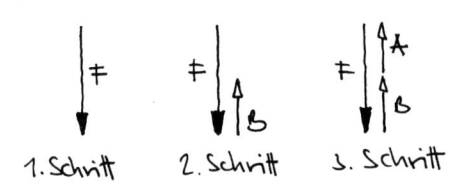

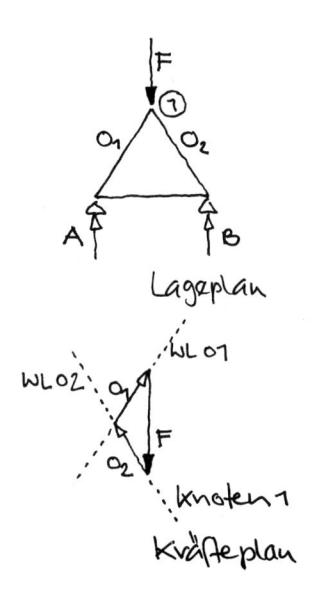

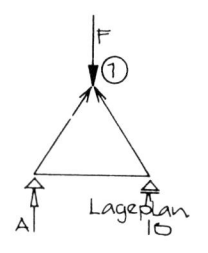

12.1 Zeichnerische Methode zur Ermittlung der Stabkräfte – Cremonaplan

Wenn wir jetzt diese Pfeile in den Lageplan übertragen und an die jeweiligen Stäbe nahe dem betrachteten Knoten ① antragen, so wird deutlich: Die Stabkräfte wirken zum Knoten hin, sie drücken auf den Knoten, d. h., in den Stäben wirken Druckkräfte. Die Stäbe O_1 und O_2 sind Druckstäbe.

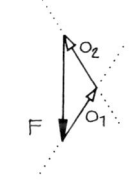

Es wäre genausogut möglich gewesen, äußere Kräfte und Knoten linksdrehend zu umfahren, also am Knoten erst F, dann O_1, dann O_2. Das Ergebnis wäre das gleiche gewesen, das Krafteck jedoch wäre spiegelbildlich zu dem anderen geworden.

Da wir aber beim ersten untersuchten Knoten die Rechtsumfahrung gewählt haben, müssen wir diese Rechtsumfahrung bei diesem Fachwerk für alle Knoten beibehalten – ein Wechsel der Umfahrungsrichtung innerhalb eines Fachwerkes führt zu Fehlern.

Mit der Reihenfolge der Knoten hat dieser Umfahrungssinn nichts zu tun!

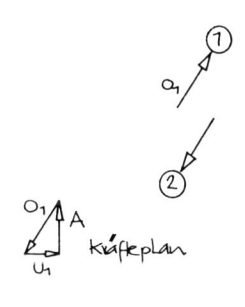

Betrachten wir jetzt den Knoten ② am Auflager A. Die Kraft im Stab O_1 ist uns schon bekannt. So wie diese Druckkraft gegen den Knoten ① drückt, so drückt sie auch hier gegen den Knoten ②, muss also bei dessen Untersuchung mit dem Pfeil auf den Knoten ② hinzeigen. Der Pfeil hat jetzt also die umgekehrte Richtung wie vorhin, als wir Knoten ① untersuchten.

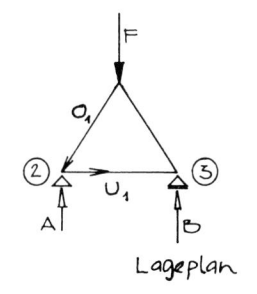

Von der schon bekannten Auflagerkraft A ausgehend, umfahren wir den Knoten wieder rechtsdrehend, kommen so zunächst zum Stab O_1 und schließlich zu dem Stab U_1. Die Kraft U_1 wirkt vom Knoten weg, ist also eine Zugkraft und wird als solche in den Lageplan eingetragen.

Ⓖ Wir durchfuhren also zunächst die schon bekannten Kräfte und schlossen mit der unbekannten Kraft.

Zuletzt betrachten wir den Knoten ③ nur noch zur Probe, denn die Stabkräfte sind ja schon bekannt. Die Druckkraft O_2 ist zum Knoten hin gerichtet, die Zugkraft U_1 vom Knoten weg, wie sich aus der Übertragung der Kraftrichtungen in den Lageplan leicht erkennen lässt.

Nachdem uns die Vorgehensweise klar geworden ist, können wir die drei Kraftecke der Knoten sowie das Krafteck der äußeren Kräfte in *einem* einzigen Kräfteplan zusammenzeichnen. Jede Kraft wird dabei nur einmal gezeichnet, jede Stabkraft aber zweimal durchfahren, und zwar in entgegengesetzten Richtungen – einmal für jeden ihrer beiden Knoten.

Bei jedem Durchfahren zeichnen wir eine Pfeilspitze, also an jede Kraft zwei entgegengesetzte. Sobald im Kräfteplan eine Pfeilspitze gezeichnet ist, übertragen wir sie sofort in den Lageplan, um so Zug und Druckkräfte zu unterscheiden. Später, wenn im Kräfteplan jede Kraft mit zwei Pfeilen »abgehakt« ist, könnten wir dort ihre Richtung nicht mehr erkennen.

Dieser Kräfteplan heißt »*Cremonaplan*«, nach dem italienischen Mathematiker *Luigi Cremona* (1830 bis 1903).

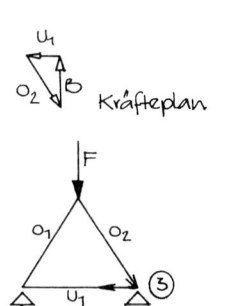

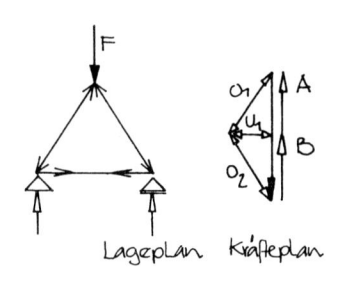

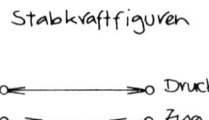

12.1 Zeichnerische Methode zur Ermittlung der Stabkräfte – Cremonaplan   231

F= 2,00
A= 1,00
B= 1,00

O₁	-1,25
O₂	-1,25
U₁	+0,81

Ⓖ Zuletzt werden die Größen der Kräfte – nach dem gewählten Kräftemaßstab ablesbar – in einer Tabelle niedergelegt, hierbei Druckkräfte mit (–) und Zugkräfte mit (+) gekennzeichnet.

Wenn wir das Verfahren beherrschen, werden wir uns nicht mehr damit aufhalten, für jeden Knoten ein einzelnes Krafteck zu zeichnen, sondern werden sofort alle Kräfte im Cremonaplan zeichnen und ermitteln – dies ist nicht nur zeitsparend, sondern auch genauer, weil damit das Übertragen von einem Krafteck ins andere – jeweils eine Quelle der Ungenauigkeit – entfällt. Zum besseren Verstehen aber wird im folgenden Beispiel noch einmal ein Fachwerk erst in einzelnen Kraftecken untersucht und diese Untersuchung erst zuletzt im *Cremonaplan* zusammengefasst.

Beispiel 12.1.1

Bei diesem Fachwerk gibt es neben den Obergurtstäben O und den Untergurtstäben U auch Vertikalstäbe V und Diagonalstäbe D.

Nach Klärung der äußeren Kräfte müssen wir an einem Knoten beginnen, an dem nur zwei Kräfte unbekannt sind.

Der Knoten ① wäre dazu ungeeignet – an ihm schließen drei unbekannte Stabkräfte an. Wir beginnen deshalb bei Knoten ②. Dabei erkennen wir, dass im Stab U_1 keine Kraft wirkt – er ist ein »Nullstab«. Als Umfahrungsrichtung wählen wir wieder *rechtsdrehend*.

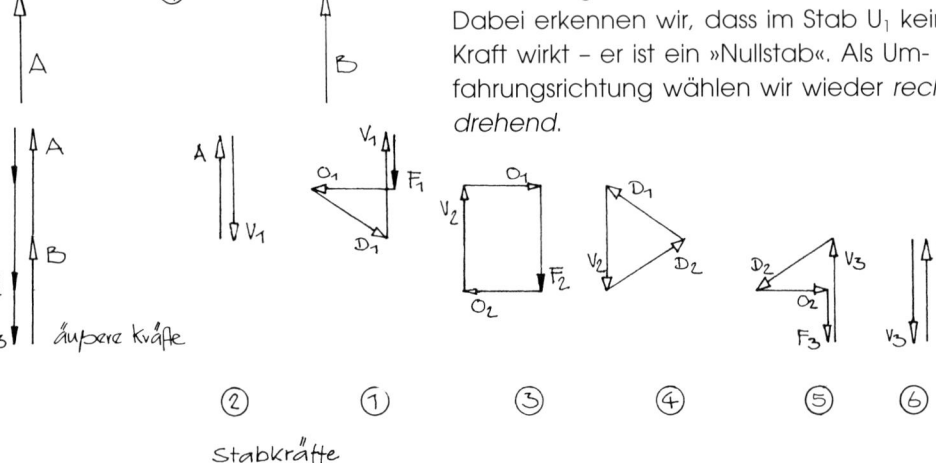

Diese einzelnen Kraftecke werden wieder im *Cremonaplan* zusammengefaßt und die Ergebnisse in einer *Tabelle* niedergelegt.

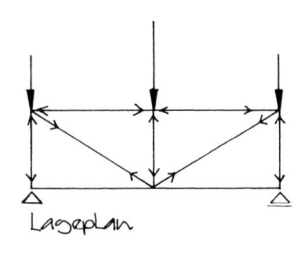

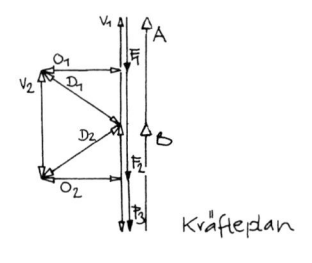

O_1	
O_2	
U_1	± 0
U_2	± 0
V_1	
V_2	
V_3	
D_1	
D_2	

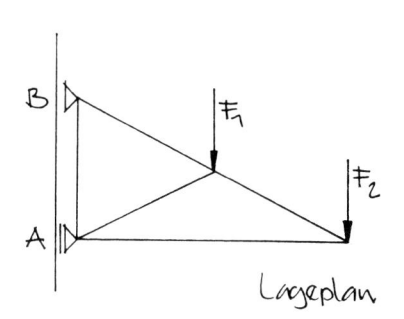

12.1 Zeichnerische Methode zur Ermittlung der Stabkräfte – Cremonaplan   233

Beispiel 12.1.2

An einem auskragenden Fachwerkträger werden im Folgenden zunächst die Auflagerreaktionen und anschließend die Stabkräfte grafisch ermittelt. Auf die Zerlegung in einzelne Kraftecke können wir jetzt schon verzichten und gehen gleich daran, den *Cremonaplan* zu zeichnen.

Zum besseren Verständnis wird hier das Entstehen des *Cremonaplans* in einzelnen Stufen dargestellt. Die Richtung von A ist bekannt, die Richtung von B finden wir im Lageplan.

Zunächst ermitteln wir im Poleck die Resultierende aus F_1 und F_2. Durch den Schnittpunkt dieser Resultierenden mit der Wirkungslinie von A (horizontal) im Lageplan muss auch die Wirkungslinie von B gehen. Nur wenn A, B und R sich in einem Punkt schneiden, ist $\Sigma M = 0$; nichts dreht um diesen Schnittpunkt. Ist die Richtung von B bekannt, so finden wir die Größe von A und B im Kräfteplan der äußeren Kraft.

Zu Beispiel 12.1.2

Kräftepläne

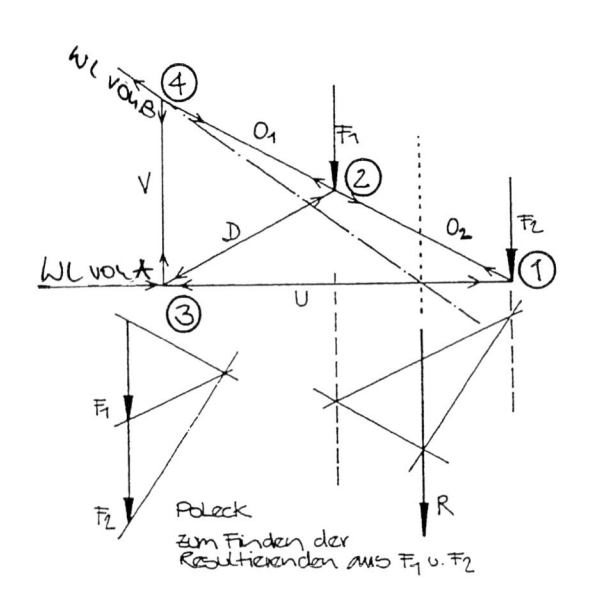

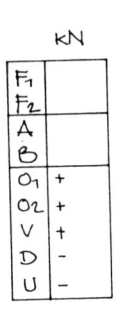

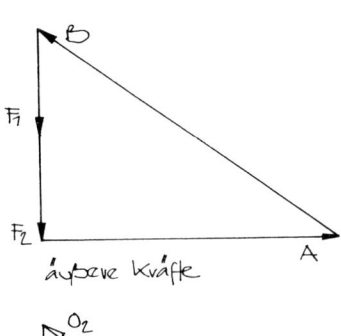

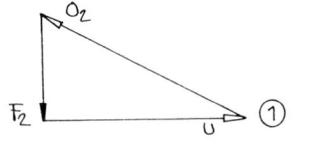

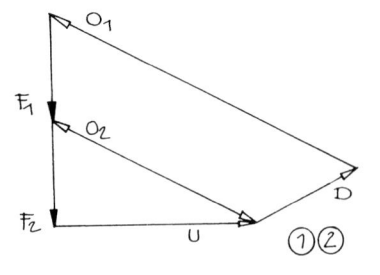

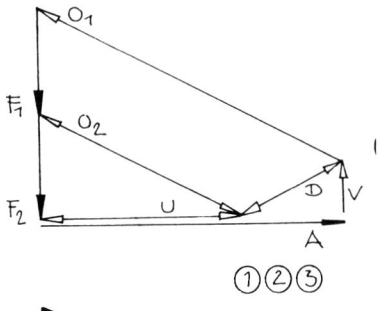

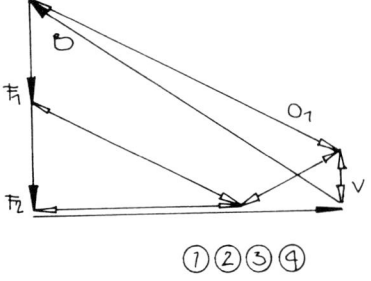

äußere Kräfte

Poleck
zum Finden der
Resultierenden aus F_1 u. F_2

	kN
F_1	
F_2	
A	
B	
O_1	+
O_2	+
V	+
D	−
U	−

12.1 Zeichnerische Methode zur Ermittlung der Stabkräfte – Cremonaplan

> Wir merken uns als Arbeitsfolge für die Ermittlung der Kräfte im *Cremonaplan*:

1. Belastende Kräfte F_1, F_2 ... feststellen.

2. Stützende Kräfte (Auflagerreaktionen) A und B ermitteln.

3. Stäbe benennen (O_1, O_2, U_1 ...).

4. Einen Umfahrungssinn festlegen, und alle äußeren Kräfte in der Reihenfolge des Umfahrungssinnes aneinanderreihen.

5. Die Ermittlung der inneren Stabkräfte an einem Knoten beginnen, an dem nur zwei unbekannte Kräfte angreifen.

6. In der Reihenfolge des gewählten Umfahrungssinnes bekannte Kräfte dieses Knotens aneinanderreihen.

7. Richtung der beiden unbekannten Kräfte antragen, sodass sich das Krafteck schließt, und so deren Größe und Richtung ermitteln.

8. Übertragen der Pfeilspitzen und somit der Kraftrichtungen in den Lageplan, feststellen ob Zug- oder Druckkraft.

9. Wiederholen der Schritte 6. bis 8. am nächsten Knoten, hierbei Pfeilrichtungen jeweils umdrehen, sodass jede Stabkraft zweimal in entgegengesetzten Richtungen durchfahren wird.

10. Größe und Vorzeichen in eine Tabelle eintragen.

12.2 Rechnerische Methode zur Ermittlung der Stabkräfte – Rittersches Schnittverfahren

Das Verfahren von *Ritter* ermöglicht es, *einzelne* Kräfte zu ermitteln, während ein Cremonaplan für das *ganze* Fachwerk aufgestellt wird.

(Das Verfahren ist benannt nach August *Ritter*, Ingenieur, 1826 bis 1908.)

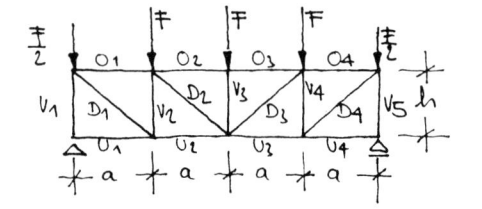

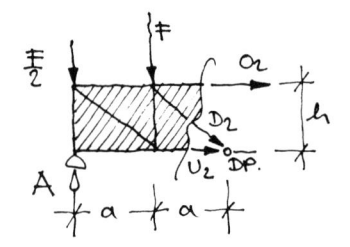

Beispiel 12.2.1

Wegen der Symmetrie ist:

$A = B = 2F$

gesucht: $O_2 = ?$
$\qquad\qquad U_2 = ?$
$\qquad\qquad V_1 = ?$
$\qquad\qquad D_1 = ?$

Zur Berechnung einer unbekannten Stabkraft legen wir einen (gedachten) Schnitt durch das Fachwerk, und zwar so, dass höchstens drei unbekannte Stabkräfte geschnitten werden. Diese gesuchten Kräfte müssen so groß und so gerichtet sein, dass mit ihnen und den bereits bekannten Kräften die Gleichgewichtsbedingungen

($\Sigma F_V = 0$, $\Sigma F_H = 0$, $\Sigma M = 0$)

erfüllt werden. Wir können sie also als Unbekannte an dem abgeschnittenen Teil des Tragwerkes (hier schraffiert gezeichnet) ansetzen und dort wie unbekannte äußere Kräfte angreifen lassen.

Stabkraft O_2

Der gewählte Schnitt schneidet drei Stäbe, deren Kräfte uns unbekannt sind. Mithilfe einer List können wir die Untersuchung so vereinfachen, dass wir zunächst nur *eine* Unbekannte ermitteln: Wir bilden $\Sigma M = 0$ um den Punkt, in dem sich zwei dieser Stäbe schneiden, diese zwei können also kein Moment um diesen Punkt bilden. So bleibt nur die unbekannte Stabkraft O_2, die um diesen Punkt dreht.

Mit $\Sigma M = 0$ können wir schreiben:

$$+ A \cdot 2a - \frac{F}{2} \cdot 2a - F \cdot a + O_2 \cdot h = 0$$

$$O_2 = \frac{2aF - 2aA}{h} \qquad \Big| \; A = 2F$$

$$O_2 = - \frac{2aF}{h}$$

Negatives Vorzeichen bedeutet: Druck. Der Stab O_2 ist also ein Druckstab. In diesem Fall konnten wir das schon vorher vermuten; dass bei dieser Lagerung und Belastung im Obergurt Druck herrscht – so wie bei einem entsprechenden Balken an der Oberseite –, ist leicht zu erkennen. Wie aber waren wir rechnerisch zu diesem Ergebnis gekommen? Wir stellten uns dumm und setzten die unbekannte Kraft O_2 zunächst einmal mit positiven Vorzeichen (+) an, behandelten sie also wie eine Zugkraft. Als solche *zog* sie an dem abgeschnittenen (schraffiert gezeichneten) Teil des Tragwerks, drehte ihn also rechtsherum: $+ O_2 \cdot h$.

Wäre es nun wirklich eine Zugkraft, so würde auch im Ergebnis das (+) erhalten bleiben. In unserem Falle aber hat sich das Vorzeichen umgedreht; wir erhalten (–). Das heißt: In dem Stab wirkt eine Druckkraft.

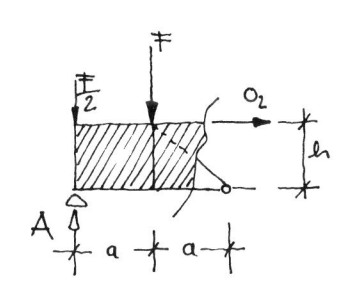

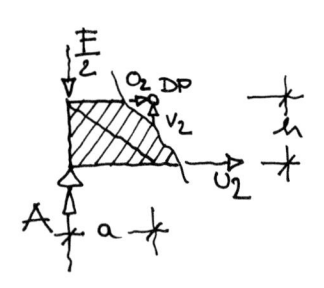

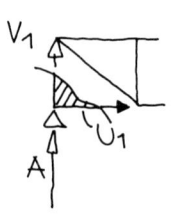

Vorzeichen

Die unbekannte Stabkraft wird immer als Zugkraft angesetzt, auch dann, wenn man sie schon als Druckkraft erkannt haben sollte. Die Auflösung der Gleichung liefert dann das richtige Vorzeichen: (+) für Zug- und (−) für Druckstäbe.

Stabkraft U_2

Wieder legen wir Schnitt und Drehpunkt so, dass nur die Unbekannte U_2 ein Drehmoment erzeugt und arbeiten mit $\Sigma M = 0$:

$$A \cdot a - \frac{F}{2} \cdot a - U_2 \cdot h = 0$$

$$U_2 = \frac{3aF}{2 \cdot h} \qquad \bigg| A = 2F$$

Die Stabkraft U_2 hat positives Vorzeichen (+), ist also eine Zugkraft.

Stabkraft V_1

Wir legen den Schnitt schräg durch das Fachwerk, sodass V_1 und U_1 durchschnitten werden. Die unbekannten Kräfte werden so eingetragen, dass sie vom Schnitt weg zeigen, so, als seien sie Zugkräfte. U_1 ist ein Nullstab, das heißt, in ihm wirkt keine Kraft, wie wir aus $\Sigma F_H = 0$ leicht erkennen. Zur Berechnung von V_1 verwenden wir $\Sigma F_V = 0$ und setzen alle nach oben wirkenden Kräfte positiv (+) ein.

$$+ A + V_1 = 0$$
$$V_1 = -A \qquad \text{(Druckkraft)}$$

Vorzeichen

12.2 Rechnerische Methode zur Ermittlung der Stabkräfte ...

Vorzeichen

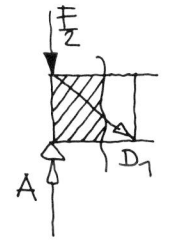

Stabkraft D_1

Auch hier können wir von $\Sigma F_V = 0$ ausgehen. Die horizontalen Stabkräfte O_1 und U_1 haben keine Vertikalkomponenten. Nach unten wirkende Kräfte bezeichnen wir diesmal als positiv.

$$-A + \frac{F}{2} + D_1 \cdot \sin\alpha = 0$$

$$D_1 = \frac{-\frac{F}{2} + A}{\sin\alpha}$$

$$D_1 = \frac{-\frac{F}{2} + 2F}{\sin\alpha}$$

$$D_1 = \frac{3F}{2\sin\alpha}$$

Zur Ermittlung von α:

$$\tan\alpha = \frac{h}{a}$$

Also auch D_1 ist ein Zugstab.

Oft lassen sich zur Ermittlung einer unbekannten Stabkraft verschiedene Gleichungen ansetzen. Wir werden im Allgemeinen die einfachste Möglichkeit einer Lösung suchen.

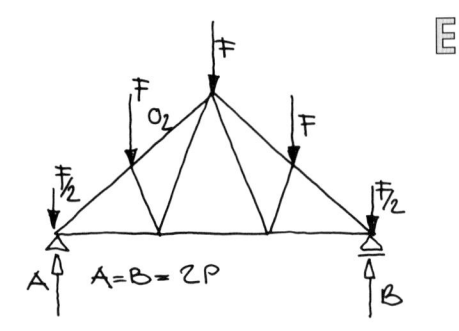

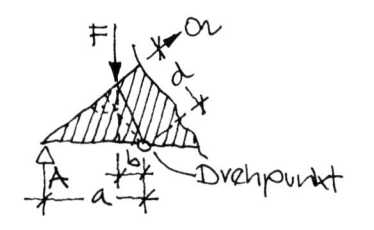

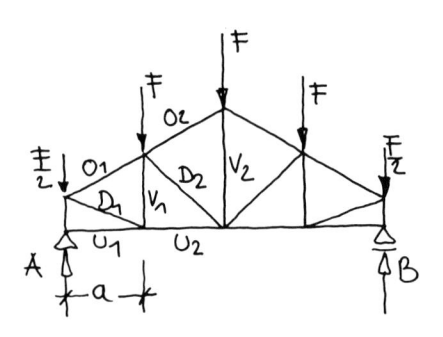

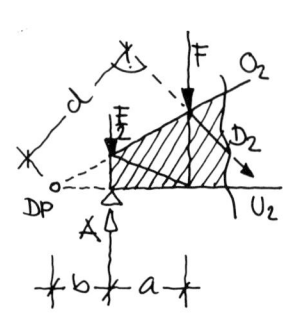

Beispiel 12.2.2

$A = B = 2F$

gesucht: O_2

$$A \cdot a - \frac{F}{2} \cdot a - F \cdot b + O_2 \cdot d = 0$$

$\Rightarrow O_2$

Der Abstand d der Kraft O_2 vom Drehpunkt kann entweder rechnerisch ermittelt oder aus der Zeichnung herausgemessen werden – sofern wir – mittels eines wohlgespitzten Bleistiftes – genügend genau gezeichnet haben.

Beispiel 12.2.3

$A = B = 2F$

gesucht: D_2

In diesem Fall schneiden sich die Stabkräfte O_2 und U_2 außerhalb des Fachwerkes. Dorthin müssen wir den Drehpunkt legen, wenn D_1 und keine andere Kraft um ihn ein Moment erzeugen soll, sodass wir auch hier eine Gleichung mit nur einer Unbekannten erhalten:

$$-A \cdot b + \frac{F}{2} \cdot b + F(a + b) + D_2 \cdot d = 0$$

$\Rightarrow D_2$

12.3 Eine Überschlagsmethode

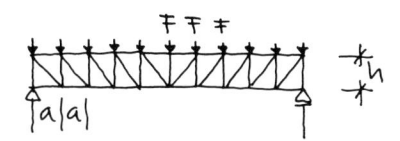

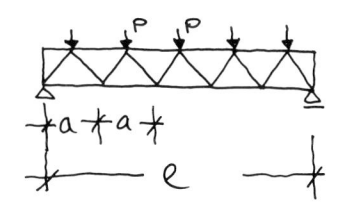

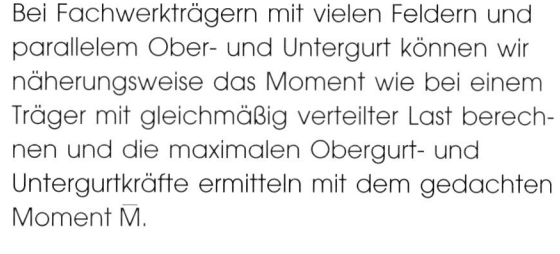

Bei Fachwerkträgern mit vielen Feldern und parallelem Ober- und Untergurt können wir näherungsweise das Moment wie bei einem Träger mit gleichmäßig verteilter Last berechnen und die maximalen Obergurt- und Untergurtkräfte ermitteln mit dem gedachten Moment $\bar{M}$.

$$\max O \approx \frac{\max \bar{M}}{h} \quad \text{(Druck)}$$

$$\max U \approx \frac{\max \bar{M}}{h} \quad \text{(Zug)}$$

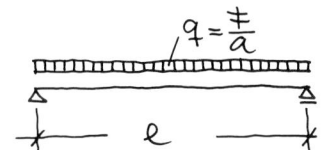

Dabei setzen wir an:

$$q = \frac{F}{a}$$

Wir verteilen also in Gedanken die Einzellasten zu einer gleichmäßig verteilten (»verschmierten«) Last. Mit dieser ergibt sich

$$\max \bar{M} = \frac{q \cdot l^2}{8} \quad \text{und daraus}$$

$$\max O \approx \max U \approx \frac{q \cdot l^2}{8h}$$

Die größten Kräfte in Vertikal- und Diagonalstäben ergeben sich aus den Auflagerreaktionen, sie lassen sich entweder rechnerisch ermitteln (Ritterschnitt) oder grafisch, indem wir nur den ersten Knoten des Cremonaplanes zeichnen.

12.4 Erkennen von Stabkräften

Durch einfache Überlegungen läßt sich oft erkennen, welche Art von Kräften in welchen Stäben wirken; es lassen sich also Zug-, Druck- und Nullstäbe unterscheiden, auch ohne Cremonaplan oder Berechnung nach Ritter.

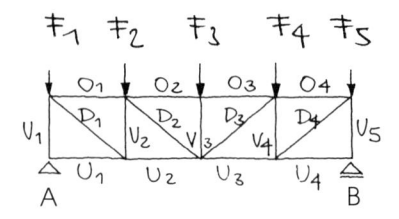

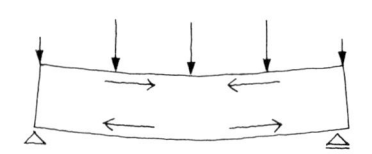

Der Vergleich mit einem Balken unter gleicher Belastung macht deutlich: In den Obergurtstäben herrscht Druck – so wie in den oberen Fasern des Balkens. Die Analogie zum Balken lässt uns auch erkennen, dass die mittleren Obergurtstäbe – O_2 und O_3 – größere Druckkräfte enthalten als die äußeren.

Entsprechend herrscht im Untergurt Zug – wie in den unteren Fasern des Balkens. Doch Halt! In allen Untergurtstäben???

Stellen wir uns vor, der Untergurtstab U_4 wäre ein Zugstab. *Wäre!* Wo sollte diese Kraft am rechten Ende des Stabes eine Gegenkraft finden? Sie würde »ins Leere laufen«. Der Vertikalstab V_5 kann also keinen horizontalen Kraftanteil enthalten. Das Auflager B ist verschieblich – es kann keine H-Kraft aufnehmen. Da jede Gegenkraft, jede Reaktion, fehlt, so kann auch in U_4 keine Kraft sein – U_4 ist ein Nullstab.

Aber könnte nicht U_1 ein Zugstab sein – mit einer horizontalen Reaktion im Auflager A? Nein! Da Auflager B keine horizontale Reaktionskraft entwickeln kann und horizontale oder schräge Lasten nicht auf das System wirken, kann auch in A keine horizontale

12.4 Erkennen von Stabkräften

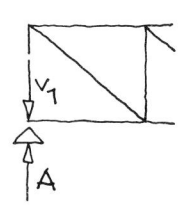

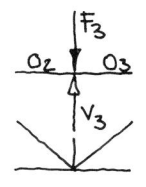

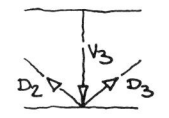

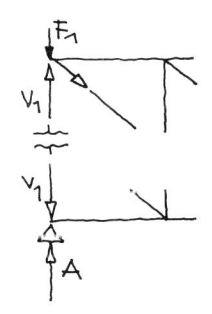

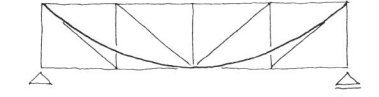

Kraft wirken, sonst wäre nicht

$\Sigma F_H = 0$.

Die vertikale Auflagerreaktion A wird nur vom Vertikalstab V_1 aufgenommen. In ihm herrscht eine Druckkraft, sie ist

$V_1 = A$

Welche Kraft wirkt im mittleren Vertikalstab V_3?

Die äußere Kraft F_3 trifft in einen Knoten mit den beiden Obergurtstäben O_2 und O_3 und dem Vertikalstab V_3 zusammen. Die beiden Obergurtstäbe liegen auf **einer** Geraden. Ihre Kräfte liegen auf derselben Wirkungslinie. Sie können nicht mit einer dritten Kraft ein Krafteck bilden, keiner von ihnen vermag die vertikale Kraft F_3 aufzunehmen. Sie wird deshalb voll auf den Vertikalstab V_3 übertragen, der sich ihr als Druckstab entgegenstellt:

$V_3 = F_3$

An seinem unteren Knoten gibt der Stab V_3 seine Kraft an die beiden Diagonalstäbe D_2 und D_3 ab – er wird von diesen beiden Stäben wie von zwei Seilen gehalten – gleichsam hochgezogen. D_2 und D_3 sind Zugstäbe.

Noch größer ist die Zugkraft in dem Diagonalstab D_1. Die Auflagerkraft A, die von dem Vertikalstab V_1 in voller Größe aufgenommen wurde, muss jetzt (um die Last F_1 verringert) von dem Stab D_1 als Zugkraft weitertransportiert werden.

In einem parallelgurtigen Fachwerkträger sind zur Mitte fallende Diagonalstäbe – die sich gleichsam einer Seillinie nähern – Zugstäbe.

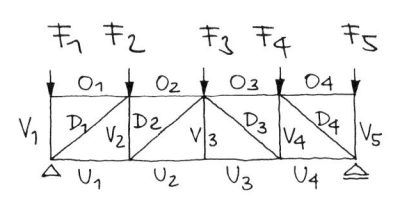

Auch hier herrscht in Obergurtstäben Druck, in Untergurtstäben Zug. Hier aber sind auch die äußeren Untergurtstäbe U_1 und U_4 Zugstäbe – die Diagonalstäbe stellen ihnen die erforderliche horizontale Kraftkomponente entgegen.

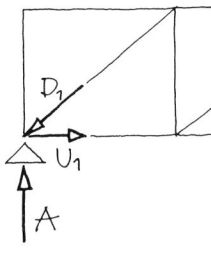

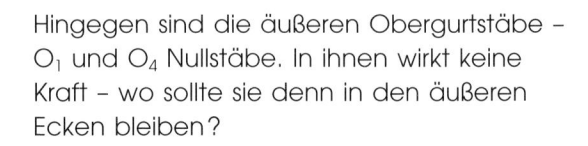

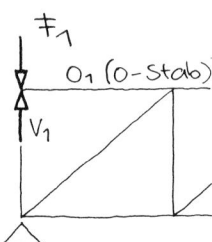

Hingegen sind die äußeren Obergurtstäbe – O_1 und O_4 Nullstäbe. In ihnen wirkt keine Kraft – wo sollte sie denn in den äußeren Ecken bleiben?

Der Vertikalstab V_1 überträgt nur die Last F_1, er tut dies als Druckstab:

$V_1 = -F_1$.

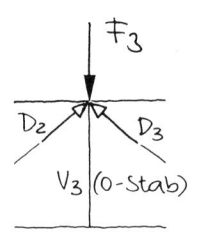

Wie wird der Vertikalstab V_3 beansprucht?

Gar nicht! Er würde an seinem unteren Knoten keinen Widerstand finden. V_3 ist ein Nullstab. Der Last F_3 stemmen sich die beiden Diagonalstäbe D_2 und D_3 entgegen und nehmen sie – als Druckstäbe – voll auf.

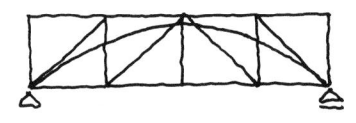

In einem parallelgurtigen Fachwerkträger sind zur Mitte steigende Diagonalstäbe – die sich gleichsam einer Bogenlinie nähern – Druckstäbe.

12.4 Erkennen von Stabkräften

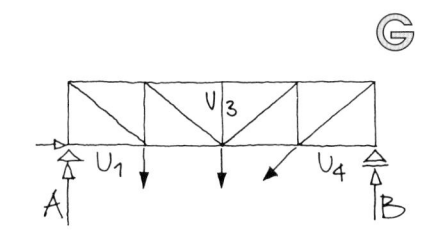

Ⓖ In diesem Fall ist der Vertikalstab V_3 ein Nullstab. Hingegen bewirkt die Horizontalkomponente einer Last, dass im unverschieblichen Auflager A eine horizontale Reaktion auftreten muss. Ihr steht eine Druckkraft im Stab U_1 entgegen. U_4 bleibt ein Nullstab, weil er in das verschiebliche Auflager B keine horizontale Kraft bringen kann.

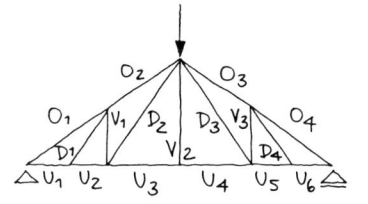

Ⓔ Es ist wohl ohne Weiteres einzusehen, ja zu spüren, dass die Obergurtstäbe Druck und die Untergurtstäbe Zug erhalten.

Der mittlere Vertikalstab V_2 kann nur ein Nullstab sein, eine Kraft in ihm würde unten »ins Leere laufen«. Welche Kraft aber bekommt D_2?

An diese Frage müssen wir uns Schritt für Schritt herantasten. Beginnen wir mit D_1. Auch dieser Stab kann nur ein Nullstab sein, wie an seinen unteren Knoten leicht abzulesen ist – auch hier würde eine Kraft aus D_1 »ins Leere laufen«.

Da D_1 ein Nullstab ist, kann auch der Vertikalstab V_1 keine Kraft führen, sie würde an seinem oberen Knoten keinen Widerstand finden. Auch V_1 ist ein Nullstab.

Dasselbe gilt für unsere gesuchte Kraft in D_2. Da V_1 ein Nullstab ist, steht D_2 an seinem unteren Knoten keine Kraft entgegen. D_2 muß ein Nullstab sein.

Somit sind nur die Stäbe des Obergurtes und die des Untergurtes beansprucht, alle Stäbe im Inneren sind Nullstäbe.

Dies gilt aber nur für den hier dargestellten Lastfall mit nur einer Einzellast auf der Spitze des Trägers!

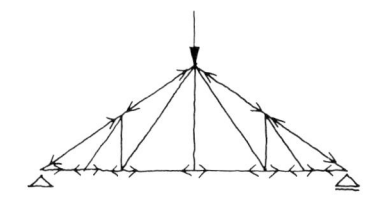

Bei dieser Belastung sind D_1 und V_2 auch Nullstäbe. Aber die Last F_1 wirkt voll auf den Vertikalstab V_1 – er wird zum Druckstab.

An seinem unteren Knoten gibt er seine Kraft weiter an den Diagonalstab D_2 – dieser wird zum Zugstab.

Dieser Fachwerkträger, nach seinem Erfinder *Polonceau*)* – Binder genannt, besteht aus zwei dreieckförmigen Trägern, die durch ein Zugband verbunden werden. Es ist sofort zu erkennen, dass alle Obergurtstäbe Druck, alle Untergurtstäbe Zug erhalten. Der Diagonalstab D_1 stellt sich der Last F_1 als Druckstab entgegen. Seiner Druckkraft muss an seinem unteren Knoten eine Zugkraft entgegentreten.

Der Winkel zwischen den Stäben am Auflager darf nicht zu klein sein, weil sonst die Kräfte in diesen Stäben sehr groß werden. Je größer dieser Winkel, umso kleiner die Stabkräfte.

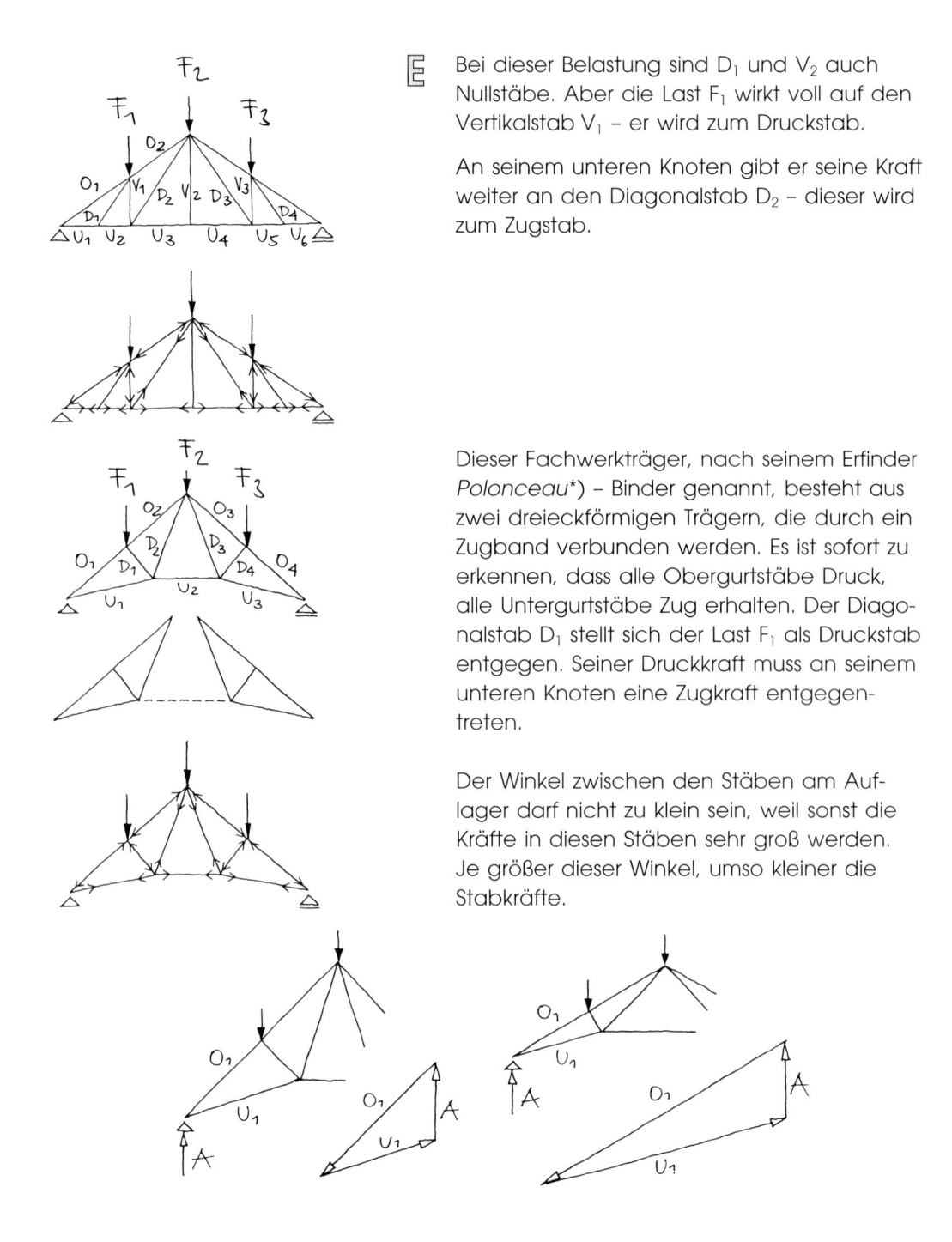

*) Jean B.-C. Polonceau, 1813 bis 1859

12.5 Aussteifung des Druckgurtes

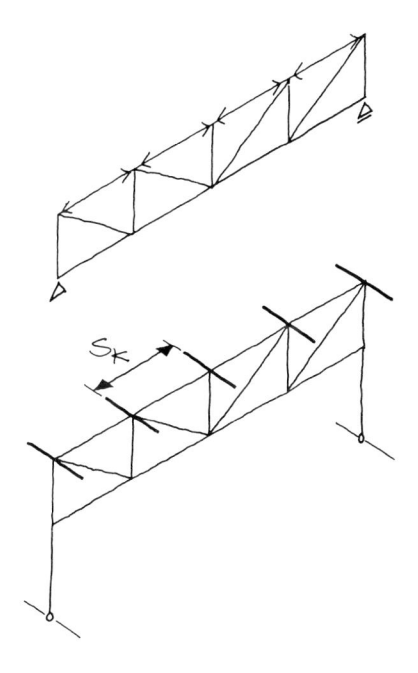

Die Druckstäbe des Obergurtes eines Fachwerkträgers drohen zu knicken – sie sind deshalb entsprechend zu bemessen.

Wie groß ist die Knicklänge?

Die Knicklänge ist gleich der Knicklänge des Einzelstabes, wenn jeder Knoten des Obergurtes seitlich festgehalten ist.

In der Regel liegen die Obergurte in der Dachebene. Hier ist es durch einfache konstruktive Maßnahmen möglich, die Knoten seitlich festzuhalten und so das seitliche Knicken des Obergurtes als Ganzes zu verhindern. Windverbände oder steife Dachscheiben sind hier hilfreich.

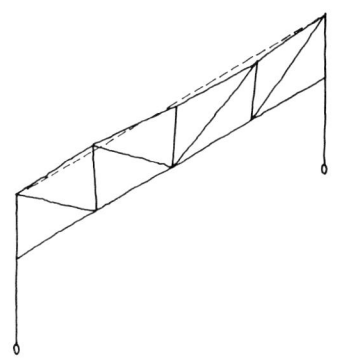

Sind aber die Knoten nicht seitlich gehalten, so kann jeder Knoten seitlich ausweichen.

Selbst dann, wenn die oberen Eckknoten des Fachwerkes, also die Obergurtknoten über den Auflagern, seitlich gehalten wären, z. B. durch bis zu dieser Höhe durchgehende Stützen, so bliebe doch als Knicklänge des Obergurtes die volle Länge des Fachwerkträgers – eine fragwürdige Konstruktion. Auch seitliches Halten jedes Obergurtknotens durch schräges Abspannen wäre eine wenig beglückende Notlösung.

In vertikaler Richtung hingegen ist jeder Knoten durch den Fachwerkträger selbst gehalten. Näheres dazu in Band 2.

13 Schräge und geknickte Träger

Dachsparren und Treppen sind die häufigsten Fälle von schrägen und geknickten Trägern. Doch auch Balken, Platten etc. können schräg und/oder geknickt sein.

Beispiel 13.1

Dieser Träger liegt schräg, die Längen l, a und b sind aber in seiner Horizontalprojektion gemessen. Er ist nur mit einer vertikalen Einzellast F beansprucht, sein Eigengewicht sei zunächst außer Acht gelassen. Das Auflager B ist horizontal verschieblich, kann also nur Vertikalkräfte aufnehmen. Damit ist klar, dass auch in Auflager A nur Vertikalkräfte auftreten, keine Horizontalkräfte, denn sonst wäre nicht $\Sigma F_H = 0$. Mit dieser Erkenntnis lassen sich die Auflagerreaktionen ermitteln:

$$\Sigma M_B = 0 \qquad A \cdot l - F \cdot b = 0$$

$$A = \frac{F \cdot b}{l}$$

Entsprechend über $\Sigma M_A = 0 \qquad B = \dfrac{F \cdot a}{l}$

Wir sehen, dass hier die Höhe h keine Rolle spielt, solange keine horizontalen Kräfte auftreten. Die Auflagerreaktionen sind also die gleichen, wie bei einem horizontalen Träger mit den gleichen Maßen l, a und b, hier wie dort horizontal gemessen.

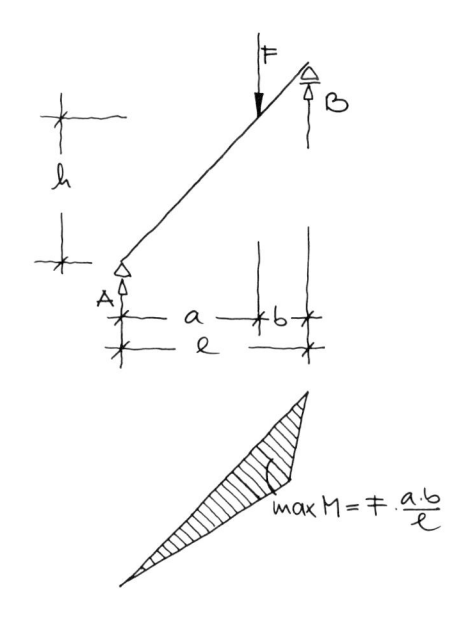

$\max M = \mp \dfrac{a \cdot b}{l}$

$\max M = \mp \dfrac{a \cdot b}{l}$

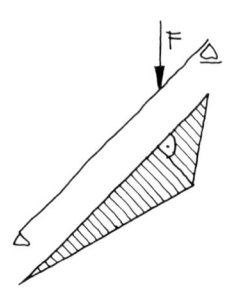

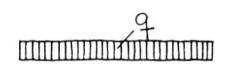

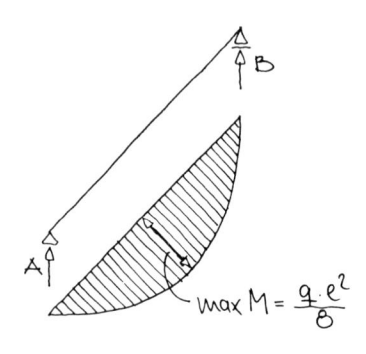

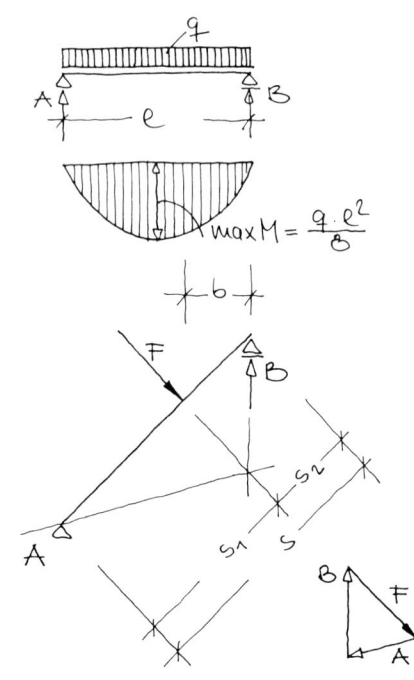

Auch für die Momente ergeben sich dieselben Werte, wie für den entsprechenden horizontalen Träger:

$$\max M = A \cdot a = \frac{F \cdot a \cdot b}{l}$$

Momente werden in der Zeichnung aber immer im rechten Winkel zur Systemlinie angetragen!

Beispiel 13.2

Der Träger wird mit einer vertikalen Gleichstreckenlast beansprucht, dabei ist kN/m auf die horizontale Länge bezogen. Die Länge l ist auch hier in der Horizontalprojektion des Trägers gemessen, Auflager B ist horizontal verschieblich. Wie bei einem horizontal liegenden Träger mit gleicher Länge l und gleicher Last q ergibt sich:

$$A = B = \frac{q \cdot l}{2}$$

$$\max M = \frac{q \cdot l^2}{8}$$

Beispiel 13.3

Hier jedoch wirkt die Last schräg, im rechten Winkel zur Systemlinie des Trägers. Für das Ermitteln der Auflagerreaktionen wählen wir die grafische Methode. Es hilft uns, dass durch das horizontal verschiebliche Auflager B nur vertikale Kräfte laufen können. Das maximale Moment liegt am Angriffspunkt der Einzellast. Es ist:

$$\max M = B \cdot b$$

(Wie immer wird der Hebelarm im rechten Winkel zur Kraft gemessen.)

13 Schräge und geknickte Träger

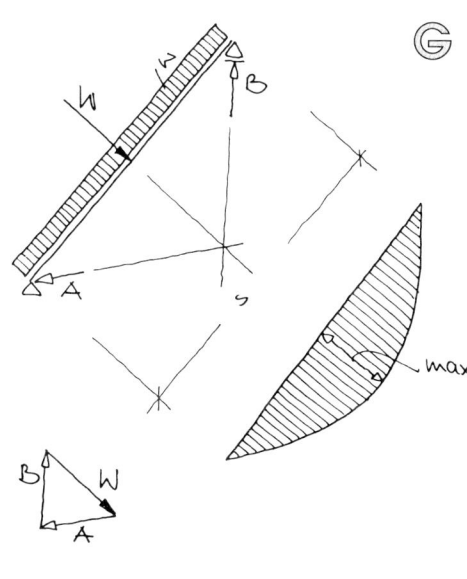

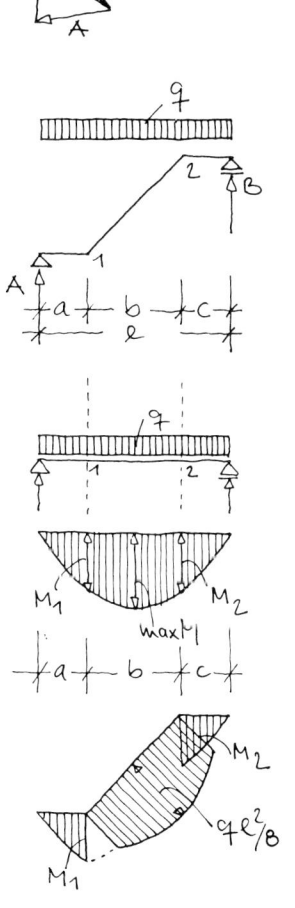

Beispiel 13.4

Diese Gleichstreckenlast, die im rechten Winkel auf einen schrägen Träger wirkt, könnte z. B. eine Windlast auf einen Dachsparren sein; wir nennen sie deshalb w. Sie wird in kN/m angegeben, gemessen in der schrägen Länge s. Wir ermitteln die Auflagerkräfte grafisch und fassen hierfür die Last in einer Resultierenden W zusammen.

Als maximales Moment ergibt sich:

$$\max M = \frac{w \cdot s^2}{8}$$

Beispiel 13.5

Bei Treppen kommen solche geknickten Trägerformen häufig vor. Die Last nehmen wir zunächst als gleichmäßig verteilt über die ganze Länge an, sie ist je Meter in der Horizontalprojektion gemessen und wirkt vertikal.

Mit $\Sigma M_B = 0$ ermitteln wir:

$$A \cdot l - q \cdot l \frac{l}{2} = 0 \qquad A = \frac{q \cdot l}{2}$$

$$B = \frac{q \cdot l}{2}$$

Also auch hier sind die Auflagerkräfte die gleichen wie bei einem geraden horizontalen Träger mit gleichem l und gleicher Last.

Dies gilt auch für das Maximalmoment:

$$\max M = A \cdot \frac{l}{2} - q \cdot \frac{l}{2} \cdot \frac{l}{4} = \frac{q \cdot l^2}{8}$$

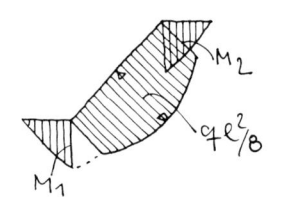

Die Momentenlinie wird auch hier an jedem Teil des Trägers im rechten Winkel zur Systemlinie angetragen. Das ergibt bei M_1 ein Klaffen in der M-Fläche. Auf beiden Seiten dieses Klaffens, also links und rechts vom Träger-Knick, ist M_1 gleichgroß. Bei M_2 ergibt sich eine Überschneidung der M-Flächen.

Die Momente an den Knicken sind:

$$M_1 = A \cdot a - \frac{q \cdot a^2}{2}$$

$$M_2 = B \cdot c - \frac{q \cdot c^2}{2}$$

Hier sei darauf hingewiesen, dass bei Treppen aus Beton die Neigung der Platte und das Gewicht der Stufen zu einer höheren Last auf der Schräge führen. Die Momente sind auch hier die gleichen wie an einem horizontalen Träger mit gleichen Maßen (horizontal gemessen) und gleichen vertikalen Lasten.

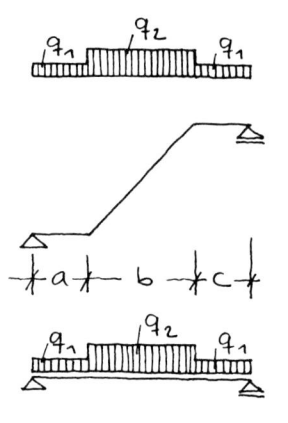

Beispiel 13.6

Hier ist ein horizontaler Kragarm mit einer vertikalen Stütze (auch »Stiel« genannt) biegesteif verbunden. Die Biegesteifigkeit der Ecke C kann wie in der nebenstehenden Skizze dargestellt werden.

Zunächst die Auflager:

$\Sigma F_V = 0 \qquad F - A_V = 0 \qquad A_V = F$

$\Sigma F_H = 0 \qquad A_H = 0$

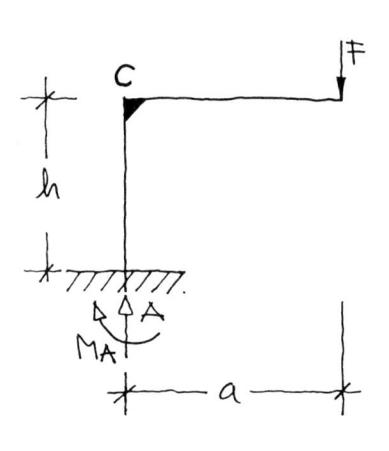

13 Schräge und geknickte Träger

$\sum M_A = 0 \qquad F \cdot a + M_A = 0 \qquad M_A = - F \cdot a$

Das größte Biegemoment im Kragarm ist:

$M_C = \min M = - F \cdot a$

Dieses Moment läuft in gleicher Größe um die Ecke C. Über die Höhe der Stütze bleibt es unverändert, denn die vertikale Kraft F (bzw. deren Wirkungslinie) und die vertikale Stütze sind parallel, d. h. der Abstand zwischen ihnen (= Hebelarm der Kraft) bleibt gleich. So ist über die ganze Stütze von der Ecke bis zur Einspannstelle:

$M = - F \cdot a$

Dies ist auch das Einspannmoment M_A.

Für die Stütze bilden wir uns die Vorzeichenregel so, daß das Kragmoment M_C mit gleichem Vorzeichen um die Ecke läuft, also auf beiden Ufern der Ecke (–) ist. Das heißt in diesem Fall: Zug auf der linken Seite der Stütze sei (–).

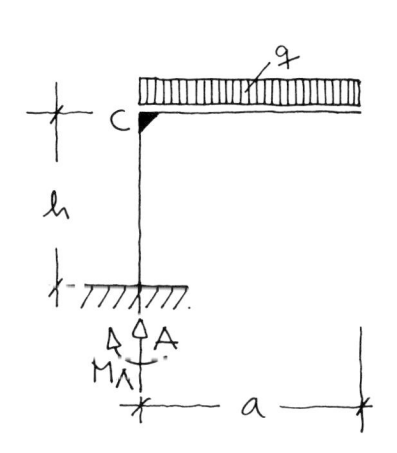

Beispiel 13.7

$\sum F_V = 0 \qquad q \cdot a - A = 0 \qquad A = q \cdot a$

$\sum F_H = 0 \qquad A_H = 0$

$\sum M_A = 0 \qquad q \cdot a \cdot \dfrac{a}{2} + M_A = 0$

$\qquad\qquad\qquad M_A = - \dfrac{q \cdot a^2}{2}$

Ⓖ Das Eckmoment M_C ist:

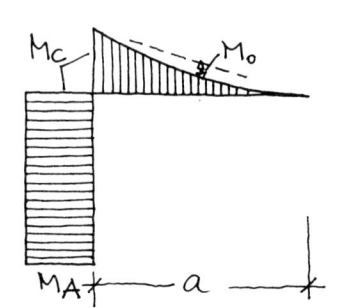

$$M_C = -\frac{q \cdot a^2}{2}$$

Auch hier geht das Moment in gleicher Größe um die Ecke und bleibt über die ganze Stielhöhe bis zur Einspannung gleich:

$$M = -\frac{q \cdot a^2}{2}$$

Zum Zeichnen der Momentenlinie über dem Kragarm brauchen wir auch hier wieder:

$$M_0 = \frac{q \cdot a^2}{8}$$

Beispiel 13.8

Die horizontale Windlast w belastet nicht den Kragarm, sondern nur die Stütze.

$\Sigma F_V = 0 \qquad A_V = 0$

$\Sigma F_H = 0 \qquad w \cdot h - A_H = 0 \qquad A_H = w \cdot h$

$\Sigma M_A = 0 \qquad w \cdot h \cdot \dfrac{h}{2} + M_A = 0$

$$M_A = -\frac{w \cdot h^2}{2}$$

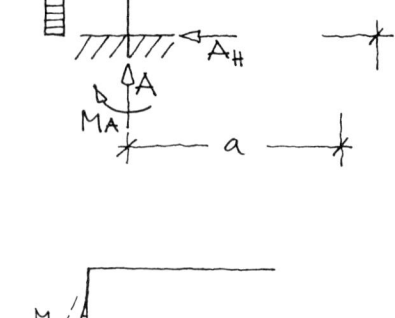

Auch als Biegemoment ist:

$$M_A = -\frac{w \cdot h^2}{2}$$

Zum Zeichnen der Momentenlinie am Stiel brauchen wir:

$$M_0 = \frac{w \cdot h^2}{8}$$

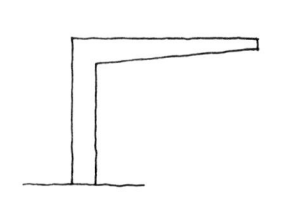

13 Schräge und geknickte Träger

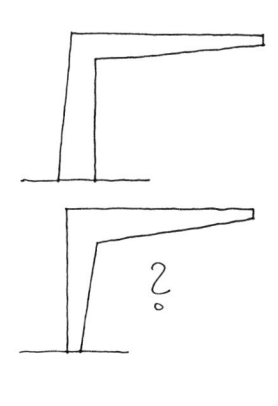

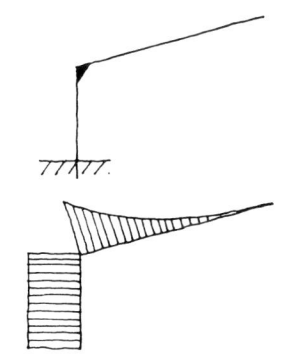

Zu den Beispielen 13.6 bis 13.8

Die Form eines solchen Gebildes kann etwa so wie hier skizziert der Momentenlinie angepasst werden.

Bei großen Wind- oder anderen Horizontalkräften kann das nach unten größer werdende Moment in der Stütze zu einer solchen oder entsprechenden Form führen.

Keinesfalls aber ist diese Form richtig! Sie täuscht vor, das Moment würde zur Einspannstelle hin kleiner.

Die Neigung des Kragarms ändert nichts an Auflagerkräften und Momenten. Allerdings kann sich die Windlast auf dem Kragarm ändern, bei großer Neigung auch die Schneelast.

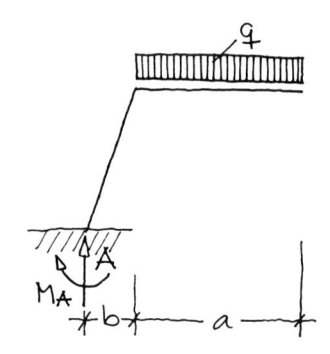

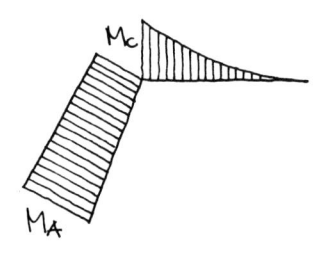

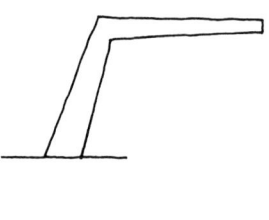

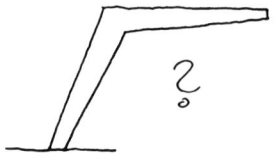

Beispiel 13.9

$\Sigma F_V = 0$

$q \cdot a - A_V = 0$

$A_V = q \cdot a$

$\Sigma F_H = 0$

$A_H = 0$

$\Sigma M_A = 0 \qquad q \cdot a \cdot \left(b + \dfrac{a}{2}\right) + M_A = 0$

$M_A = - q \cdot a \left(b + \dfrac{a}{2}\right)$

Das Biegemoment nimmt auf der schrägen Stütze nach unten weiter zu, weil der Hebelarm zur Fußeinsparung hin größer wird.

$M_C = - \dfrac{q \cdot a^2}{2}$

$M_A = - q \cdot a \cdot \left(b + \dfrac{a}{2}\right)$

Diese Form entspricht dem Momentenverlauf.

Diese Form – man sieht sie gelegentlich – mag ja vielleicht flott aussehen, aber sie ist falsch. Sie entspricht nicht dem Momentenverlauf. Während an der Einspannung A die Bemessung nur gewaltsam möglich wird, ist die Ecke überflüssig dick ausgebildet.

13 Schräge und geknickte Träger

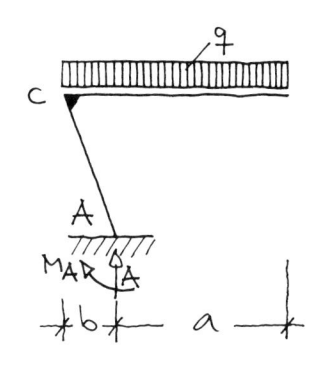

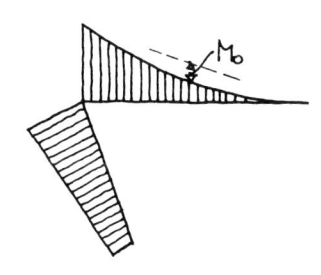

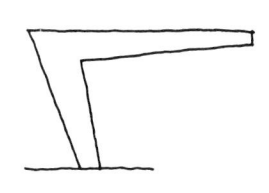

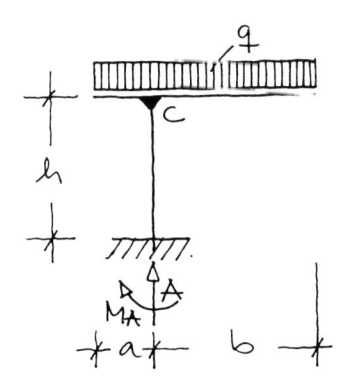

Beispiel 13.10

$\Sigma F_V = 0$

$q \cdot (a + b) - A_V = 0$

$A_V = q \cdot (a + b)$

$\Sigma F_H = 0 \qquad A_H = 0$

$\Sigma M_A = 0 \qquad q \cdot \dfrac{a^2}{2} - q \cdot \dfrac{b^2}{2} + M_A = 0$

$M_A = -q \cdot \dfrac{a^2 - b^2}{2}$

Das Biegemoment wird in der Sütze zum Fußpunkt kleiner, da sich der Hebelarm der Belastung dorthin kontinuierlich verringert.

$M_C = -q \cdot \dfrac{(a+b)^2}{2}$

$M_0 = \dfrac{q(a+b)^2}{8}$

Hier ist eine solche Form gerechtfertigt!

Beispiel 13.11

$\Sigma F_V = 0 \qquad q(a+b) + A_V = 0 \qquad A_V = q(a+b)$

$\Sigma F_H = 0 \qquad A_H = 0$

$\Sigma M_A = 0 \qquad q \cdot a \cdot \dfrac{a}{2} - q \cdot b \cdot \dfrac{b}{2} + M_A = 0$

$M_A = -q \cdot \left(\dfrac{a^2 - b^2}{2} \right)$

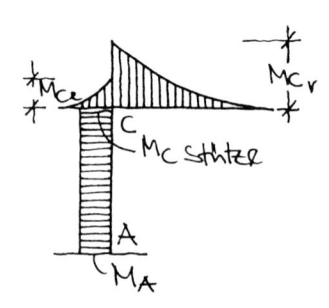

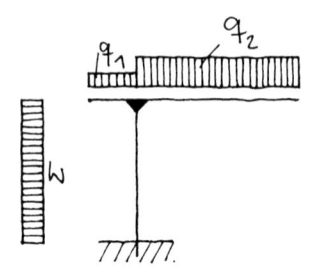

Die Biegemomente im Kragarm sind:

$$M_{Cl} = -\frac{q \cdot a^2}{2}$$

$$M_{Cr} = -\frac{q \cdot b^2}{2}$$

Welches Biegemoment wird in die Stütze übertragen? Die Momente vom linken und vom rechten Kragarm heben sich zum Teil auf. Nur die Differenz muss die Stütze aufnehmen:

$$M_{C\,Stütze} = M_{Cre} - M_{Cli}$$

$$= -\frac{q \cdot b^2}{2} - \left(-\frac{q \cdot a^2}{2}\right)$$

$$M_{C\,Stütze} = -q\left(\frac{b^2}{2} - \frac{a^2}{2}\right)$$

(Die Reihenfolge von M_{Cre} und M_{Cli} wurde hier – willkürlich – so gewählt, dass das Biegemoment in der Stütze ein negatives Vorzeichen erhält.)

Das Biegemoment bleibt über die Höhe h der Stütze unverändert:

$$M_A = M_{C\,Stütze}$$

Zu bedenken ist hier auch der Lastfall ungleichmäßiger Belastung – er kann zu größeren Momenten in der Stütze führen. Hinzu kommt der Wind.

13 Schräge und geknickte Träger

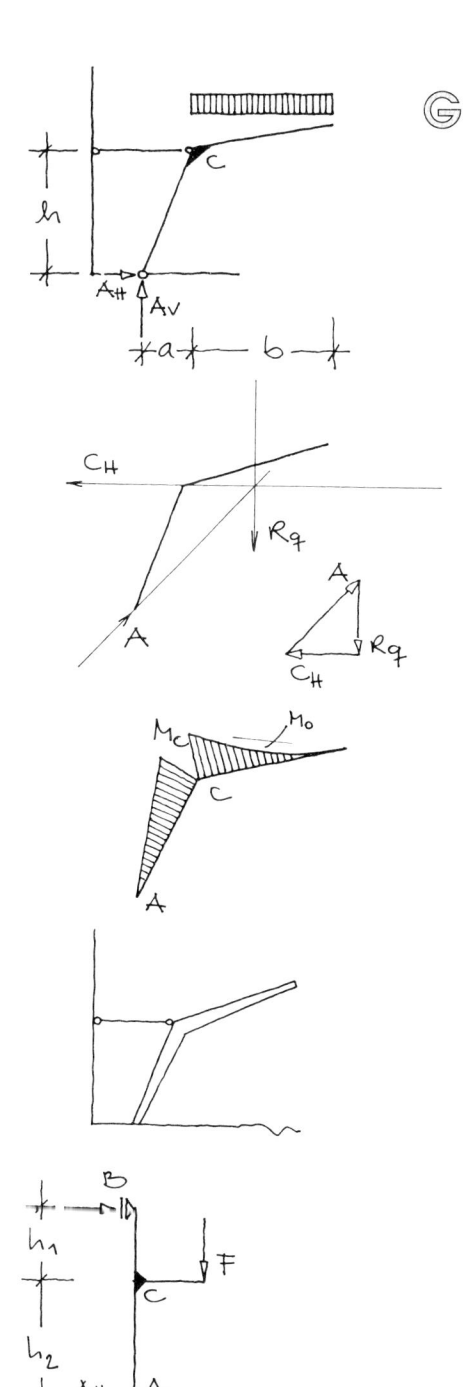

Beispiel 13.12

Dieses Vordach mit einer schrägen Stütze ist über einen »Pendelstab« an dem dahinterstehenden Gebäude verhängt. Der Fußpunkt A ist gelenkig.

Die Auflagerkräfte können wir grafisch ermitteln, dabei hilft uns die Richtung des Pendelstabes; nur in dieser Richtung kann er Kräfte übertragen (hier horizontal). Die Last q wird in ihrem Schwerpunkt zur Resultierenden R_q zusammengefasst. Durch deren Schnittpunkt mit der Wirkungslinie des Pendelstabes muff auch die Auflagerkraft A führen.

$R_q = q \cdot b$

Das Biegemoment an der Ecke C ist:

$$M_C = -\frac{q \cdot b^2}{2}$$

$$M_0 = \frac{q \cdot l^2}{8}$$

Das Moment am Auflager A muss $M_A = 0$ sein! (Wegen des Gelenkes.)

In diesem Fall ist es richtig, die Stütze nach unten schlanker werden zu lassen.

Beispiel 13.13

Eine Denksportaufgabe: Bitte versuchen Sie, zunächst die Auflagerkratte zu ermitteln (grafisch oder rechnerisch) und dann die Momente.

Ein Hinweis: Stellen Sie sich die Biegelinie vor!

Lösung auf den nächsten Seiten.

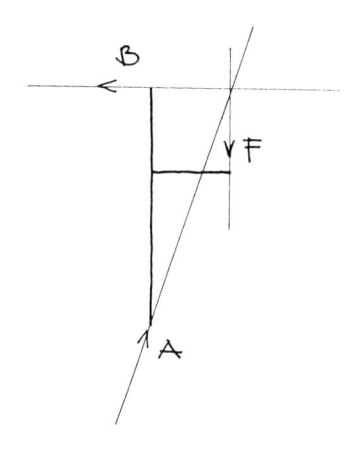

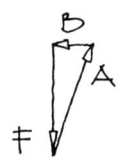

Auflagerkräfte grafisch:

Im vertikal verschieblichen Auflager B kann nur eine horizontale Kraft wirken. Die Kräfte A, B und F müssen sich in einem Punkt schneiden. A lässt sich in A_H und A_V aufteilen. Dass $A_V = F$ und $A_H = |B|$ ist leicht zu erkennen.

Auflagerkräfte rechnerisch:

$\Sigma F_V = 0 \qquad F - A_V = 0 \qquad A_V = F$

$\Sigma M_A = 0 \qquad F \cdot a + B(h_1 + h_2) = 0$

$B = - \dfrac{F \cdot a}{h_1 + h_2}$

$\Sigma F_H = 0 \qquad A + B = 0 \qquad A = -B = + \dfrac{F \cdot a}{h_1 + h_2}$

Biegemomente:

$M_{C\,Krag} = -F \cdot a$

$M_{C\,oben} = |B| \cdot h_2 = + \dfrac{F \cdot a \cdot h_1}{h_1 + h_2}$

(d. h. Zugseite rechts)

$M_{C\,unten} = -A \cdot h_2 = - \dfrac{F \cdot a \cdot h_2}{h_1 + h_2}$

(d. h. Zugseite links)

13 Schräge und geknickte Träger

Ⓖ Wir haben – willkürlich – Momente in der Stütze mit Zugseite links als (−), mit Zugseite rechts als (+) bezeichnet.

An den gelenkigen Auflagern ist das Moment selbstverständlich 0. Der Momentenverlauf ist immer geradlinig, weil nur eine Einzellast wirkt. Die Momente $|M_{C\,oben}| + |M_{C\,unten}|$ müssen $= |M_{C\,Krag}|$ sein, damit am Punkt C Gleichgewicht der Momente besteht.

In der nebenstehenden Skizze sind die Auflagerreaktionen mit ihren wirklichen Richtungen – also B nach links – eingetragen.

Wie könnte die Form eines solchen Gebildes aussehen?

14 Decken und Träger aus Stahlbeton

14.1 Allgemeines

»Beton ist ein künstlicher Stein, der aus einem Gemisch von Zement ..., Betonzuschlag und Wasser ... entsteht.« »Stahlbeton (bewehrter Beton) ist ein Verbundstoff aus Beton und Stahl.« Diese Definitionen aus DIN 1045 (1988) sind nach wie vor gültig, auch wenn sie in den neuen Normen, DIN 1045-1 und EC 2, nicht mehr aufgeführt sind.

Bei Normalbeton ist der Zuschlagstoff Kies oder Splitt, bei Leichtbeton (höhere Wärmedämmung) Blähton, Bims oder Ähnliches.

Für Beton und Stahlbeton ist die Norm DIN 1045 maßgebend.

Beton kann hohe Druckspannungen, jedoch nur geringe Zugspannungen aufnehmen. Ein Tragteil aus Beton allein würde deshalb in der Zugzone reißen und auf diese Weise brechen, lange bevor die *Druck*festigkeit des Betons voll ausgenutzt wäre. Deshalb werden in den Beton Stahlstäbe eingelegt. Im Stahlbeton nimmt der Stahl vorwiegend die Zugkräfte, der Beton die Druckkräfte auf.

Betonteile können am Bau an Ort und Stelle aus Beton hergestellt werden (Ortbeton) oder lassen sich auf der Baustelle oder in Fertigteilwerken produzieren und werden dann auf der Baustelle – ähnlich wie Holz- und Stahlstützen – montiert (Stahlbetonfertigteile).

14.1.1 Beton

Die Qualität des Betons wird nach Festigkeitsklassen unterschieden. Diese sind nach DIN 1045: C 12/15, C 20/25, C 30/37... bis C 50/60 (C für concrete, englisch für Beton).

Diese Bezeichnungen geben an, welche Druckfestigkeit der Beton nach einer Abbindezeit von 28 Tagen erreicht haben muss. Dies wird anhand von Würfeln mit 15 cm Seitenlänge und Zylindern mit 15 cm Durchmesser von zugelassenen Prüfstellen überprüft. Der erste Wert der Doppelbezeichnung (z. B. C 20/25) steht für die erforderliche Zylinder-Druckfestigkeit, der zweite für die erforderliche Würfel-Druckfestigkeit.

Betonbauteile werden nicht auf die Nennfestigkeit (also den Wert der Doppelbezeichnungen) bemessen, sondern auf den Bemessungswert der Betondruckfestigkeit.

Die Betonklassen und die zugehörigen Bemessungswerte σ_{Rd} sind:

Betonfestigkeitsklassen C ($f_{ck}/f_{ck,\,cube}$)	C 12/15	C 20/25	C 30/37	C 40/50	C 50/60
charakteristischer Wert der Betondruckfestigkeit f_{ck} (kN/cm²)	1,2	2,0	3,0	4,0	5,0
Grenzwert der Betondruckfestigkeit σ_{Rd} (kN/cm²)	0,68	1,13	1,70	2,27	2,86

Hinzu kommen nach DIN 1045 noch andere, seltener gebrauchte Zwischenstufen.

Die Zeichen bedeuten:
- f: allgemeiner Wert für Materialfestigkeit (meist Zug- oder Druckfestigkeit)
- c: concrete (Beton)
- d: Bemessungswert
- k: charakteristischer Wert

Beton folgt **nicht** dem Hookeschen Gesetz, d. h. die Spannungen verhalten sich **nicht** wie die Dehnungen. Vielmehr verläuft das Spannungs-Dehnungs-Diagramm zunächst parabolisch, ab einer Dehnung von 2‰ horizontal.

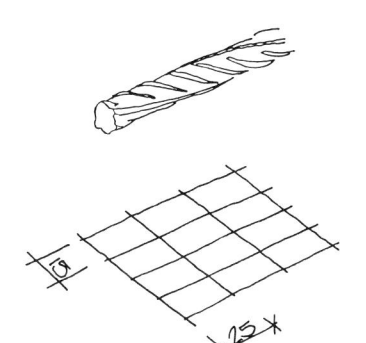

14.1.2 Stahl

Der Betonstahl wird meist als Rundstahl mit aufgewalzter Rippung verwendet, Durchmesser 6 bis 28 mm, in manchen europäischen Ländern bis 40 mm. Durch die Rippen wird eine kraftschlüssige Verzahnung mit dem Beton erzielt. Das ist der Grund, weshalb heute ausschließlich gerippte Betonstähle eingesetzt werden. Die Stähle können zu Matten verschweißt sein, hierfür werden Stäbe von 4 bis 12 mm Durchmesser verwendet.

Der Beton muss den Stahl voll umhüllen, um ihn gegen Korrosion zu schützen und um einen guten Verbund der beiden Materialien zu gewährleisten. Je nach Art der Bauteile und Umweltbedingungen muss die Betondeckung der Stähle mindestens
c_{nom} = 2,0 cm bis 5,5 cm betragen (siehe Tabellenbuch StB 3.1.1). Diese Werte sind der Bemessung zugrunde zu legen und in die Zeichnung einzutragen. Wegen der Ungenauigkeit der Baustelle werden dort Abweichungen bis zu 1 cm toleriert.

Es wird heute vorwiegend Betonstahl der Güte BSt 500 verwendet, mit den Kurzzeichen für statische Berechnungen und Zeichnungen:

BSt 500 S – BSt IV S für Betonstabstahl,

BSt 500 M = BSt IV M für Betonstahlmatten.

Hierbei gibt die Zahl 500 die Streckgrenze in N/mm^2 an.

Tabellenbuch StB 3

14.1.3 Zusammenwirken von Stahl und Beton

Der Stahl dehnt sich bei Zug. Da Stahl und Beton miteinander verbunden sind, muss sich auch der Beton der benachbarten Zonen mit dem Stahl dehnen, wird also auch auf Zug beansprucht. Diese Zugbeanspruchung kann jedoch die Zugfestigkeit des Betons übersteigen.

Folge: Der Beton reißt. Das ist aber unbedenklich, die Zugkräfte werden ja vom Stahl aufgenommen. Doch muss dafür gesorgt werden, dass nicht einzelne große Risse entstehen, sondern viele kleine Risse – die *Haarrisse*. Auch dies ist Aufgabe der Bewehrung.

Wir unterscheiden zwei Zustände des Stahlbetons während der Beanspruchung:

Zustand I: Der Beton ist nicht gerissen. So z. B. bei druckbeanspruchten Stützen oder bei Biegeträgern, deren Tragfähigkeit erst zum kleinen Teil ausgenutzt wird, sodass die Zugspannungen sehr klein bleiben und noch nicht zum Reißen des Betons führen.

Zustand II: Der Beton ist in der Zugzone gerissen, die Zugspannungen werden allein von dem Stahl aufgenommen. Das ist der normale Zustand für Biegeträger, er wird der Bemessung zugrunde gelegt.

Nach DIN 1045 wird Stahlbeton nach einem *Traglastverfahren* bemessen. Das bedeutet: Das aufnehmbare Moment und die aufnehmbare Längskraft werden ermittelt aus der rechnerischen Bruchlast, geteilt durch die Sicherheitsfaktoren.

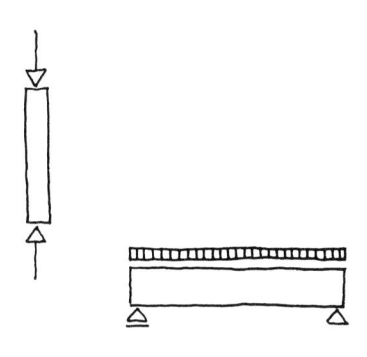

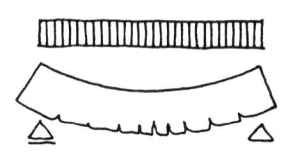

14.1 Allgemeines

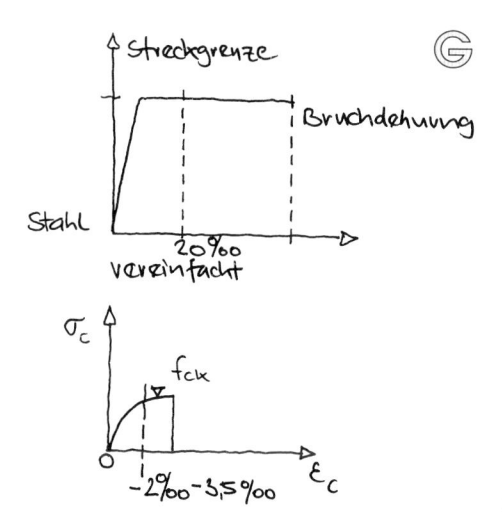

Ein theoretischer Grenzwert der Bemessung gilt nach DIN 1045 als erreicht, wenn die Betonstauchung 3,5‰ und die Stahldehnung 20‰ betragen. Wie die Spannungs-Dehnungs-Diagramme erkennen lassen, haben hierbei beide Materialien die Elastizitätsgrenze bzw. Streckgrenze bereits überschritten. In der Praxis werden – u. a. dank den Sicherheitsfaktoren – diese Werte so gut wie nie erreicht. Die tatsächliche Beanspruchung bleibt in beruhigendem Abstand von diesen rechnerischen Grenzwerten.

Die Materialien Stahl und Beton verformen sich plastisch. Durch die Anpassungsfähigkeit (auch »Schlauheit« genannt) des Materials stellt sich ein innerer Gleichgewichtszustand ein.

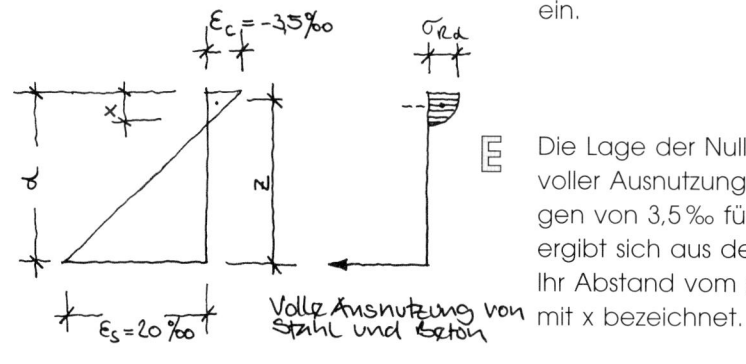

Die Lage der Null-Linie eines Querschnitts bei voller Ausnutzung der genannten Dehnungen von 3,5‰ für Beton und 20‰ für Stahl ergibt sich aus dem Dehnungsdiagramm. Ihr Abstand vom gedrückten Rand wird mit x bezeichnet.

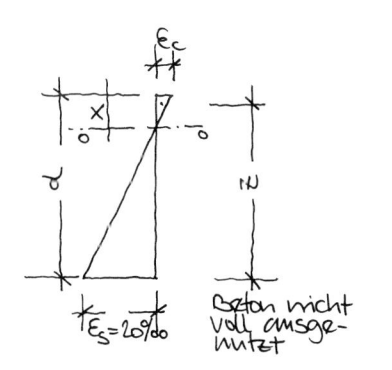

Ist ein Betontragteil höher oder breiter als zum Tragen seiner Belastung notwendig, dann wird der Beton nicht voll ausgenutzt. Stahl wird jedoch nur in der notwendigen Menge eingelegt – die Stahldehnung also voll ausgeschöpft.

Das Dehnungsdiagramm zeigt, dass die Null-Linie nach oben gerutscht ist. Damit wird auch der Hebelarm der inneren Kräfte größer. Die Stahleinlagen wirken also mit einem größeren inneren Hebelarm, es wird weniger Stahl benötigt.

$\varepsilon_c = 3,5‰$

$\varepsilon_s < 20‰$

Stahl nicht voll ausgenutzt

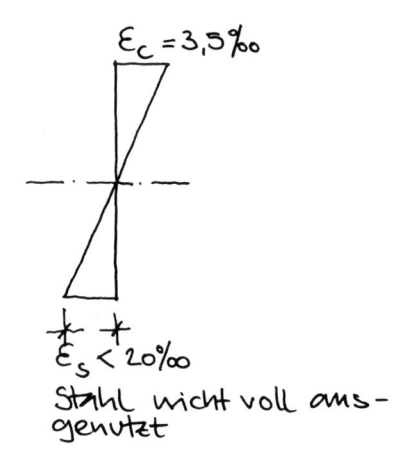

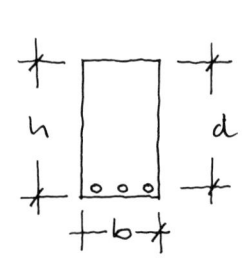

E Ist es hingegen notwendig, das Betonteil sehr knapp zu dimensionieren, sodass der Beton überlastet würde, so bietet sich u. a. folgende Möglichkeit:

Es wird so viel Stahl eingelegt, dass er nicht voll ausgelastet, die zulässige Dehnung also nicht erreicht wird. Damit rutscht die Null-Linie nach unten, ein größerer Teil des Betons steht als Druckzone zur Verfügung, die Tragfähigkeit des Betontragteiles wird größer.

In Kapitel 14.2, Stahlbetonbalken, wird dies anhand von Beispielen näher erläutert.

G **Das k_d-Verfahren**

Die Bemessung von biegebeanspruchten Bauteilen aus Stahlbeton wird für die Praxis sehr erleichtert durch Tabellen, in die die beschriebenen Einflüsse eingearbeitet sind. Ein wichtiger Tabellenwert wird als k_d, die Bemessungsmethode daher als »k_d-Verfahren« bezeichnet.

Gegeben: M_d [kN · m] | Achtung:
b [m] | b ist in m, d in
d [cm] | cm einzusetzen. Warum, das werden wir in Abschnitt »Platten« erkennen.

(M_d ist das Bemessungs-Moment max M · γ_F)

(Siehe Kapitel 7.5 »Sicherheit gegen Bruch von Tragkonstruktionen«)

14.1 Allgemeines

Hierbei ist d der Abstand vom gedrückten Rand bis zum Schwerpunkt der Stahleinlagen. Mit h wird die Gesamtdicke des Betonteiles, mit b die Breite des Betonteiles in seiner Druckzone bezeichnet.
Wir ermitteln:

$$k_d = \frac{d}{\sqrt{\frac{M_d}{b}}} = \frac{d}{\sqrt{M_d}} \sqrt{b}$$

In der Zeile der Tabelle, in der wir den ermittelten k_d-Wert finden, steht der zugehörige Wert k_s in der Spalte k_s. Mit diesem Wert k_s ermitteln wir den erforderlichen Querschnitt A_s [cm²]:

$$\text{erf } A_s = k_s \cdot \frac{M_d}{d}$$

Das ist eine sehr verständliche Formel, denn A_s wächst mit dem Moment und verringert sich mit der Höhe d.

In den Wert k_s sind eingearbeitet:

– die Stahldehnung/Stahlfestigkeit,
– der Sicherheitsfaktor γ_M des Stahls,
– der Faktor ζ, mit dem sich der Hebelarm der inneren Kräfte aus der Höhe d ergibt: $z = \zeta \cdot d$.

Das müssen wir normalerweise nicht ermitteln, weil in k_s bereits berücksichtigt.

In den folgenden Kapiteln wird dies alles anhand von Zahlenbeispielen näher erläutert.

Tabellenbuch StB 3

k_d für Betonfestigkeitsklasse C ...					k_s	ζ
12/15	20/25	30/37	40/50	50/60		
15,75	12,20	9,96	8,62	7,71	2,32	0,991
8,50	6,58	5,37	4,65	4,16	2,34	0,983
6,16	4,77	3,89	3,37	3,02	2,36	0,975
5,06	3,92	3,20	2,77	2,48	2,38	0,966
4,45	3,44	2,81	2,44	2,18	2,40	0,958
4,04	3,13	2,56	2,21	1,98	2,42	0,950
3,63	2,81	2,29	1,99	1,78	2,45	0,939
3,35	2,60	2,12	1,84	1,64	2,48	0,927
3,14	2,43	1,99	1,72	1,54	2,51	0,916
2,97	2,30	1,88	1,63	1,46	2,54	0,906
2,85	2,21	1,80	1,56	1,40	2,57	0,896
2,72	2,11	1,72	1,49	1,33	2,60	0,885
2,62	2,03	1,66	1,44	1,29	2,63	0,875
2,54	1,97	1,61	1,39	1,24	2,66	0,865
2,47	1,91	1,56	1,35	1,21	2,69	0,854
2,41	1,86	1,52	1,32	1,18	2,72	0,846
2,35	1,82	1,49	1,29	1,15	2,75	0,836
2,28	1,77	1,44	1,25	1,12	2,79	0,824
2,23	1,73	1,41	1,22	1,09	2,83	0,813
2,18	1,69	1,38	1,19	1,07	2,87	0,801
2,14	1,65	1,35	1,17	1,05	2,91	0,790
2,10	1,62	1,33	1,15	1,03	2,95	0,780
2,06	1,60	1,30	1,13	1,01	2,99	0,769
2,03	1,57	1,28	1,11	0,99	3,04	0,757
1,99	1,54	1,26	1,09	0,98	3,09	0,743

Ausschnitt aus Tabellenbuch StB 3.1.2

14.2 Stahlbetonbalken

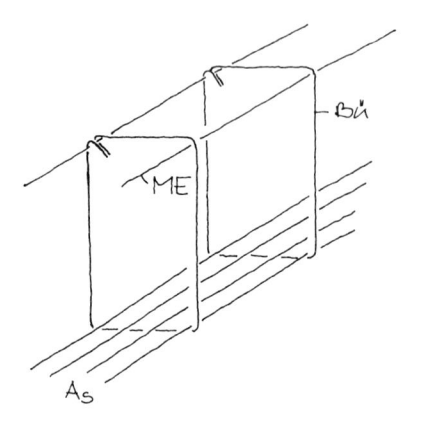

In einem Stahlbetonbalken werden nicht nur die im vorigen Abschnitt besprochenen Zugstähle angeordnet, sondern auch Bügel in Querrichtung und Montageeisen. Die Bügel dienen vor allem zur Aufnahme der Schubkräfte, mithilfe der Montageeisen werden die Bügel vor dem Einbringen und Abbinden des Betons in ihrer Lage gehalten.

Zugstähle (A_s), Bügel (Bü) und Montageeisen (ME) werden vor dem Betonieren zu »Körben« zusammengefügt, mit »Rödeldrähten« verbunden und in der Schalung unverrückbar befestigt.

Die Schalung ist die Gussform für den Beton. Eine ausreichende Betonüberdeckung, also der Abstand der Bewehrungseisen zur Schalungsoberfläche wird durch Abstandshalter erreicht. Die Dauerhaftigkeit eines Betonbauteiles wird maßgebend von der Betonüberdeckung beeinflusst. Alle Bewehrungsstähle müssen so angeordnet werden, dass sie ausreichend von Beton umgeben sind – sowohl gegen die Außenseiten des Betonteiles als auch gegen andere parallel laufende Stähle. Nur kreuzende Stähle dürfen sich unmittelbar berühren, z. B. Bügel mit den Längsstählen, also den Zugstählen oder Montagestählen.

14.1 Allgemeines

Beispiel 14.2.1

Im Inneren eines Bürogebäudes wird ein Deckenträger untersucht.

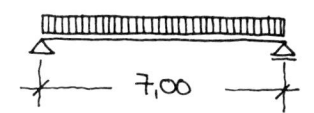

Ein Träger ist über die Spannweite l = 7,00 m gelegt. (Er »spannt« über 7,00 m.)

Gegeben seien die Lasten aus der den Träger belastenden Decke (Gebrauchslasten):

p = 20 kN/m

g_1 = 28 kN/m

Wir müssen zunächst die Abmessungen des Trägers schätzen, um eine Annahme für sein Eigengewicht treffen zu können. Wir schätzen die Dicke h des Trägers mit $\frac{1}{10}$ der Spannweite und seine Breite b mit etwas weniger als $\frac{1}{2}$ h:

h = 70 cm

b = 30 cm

Dem Tabellenbuch Teil L entnehmen wir das Gewicht des Stahlbetons mit 25 kN/m³ (Beton aus Kies mit Stahleinlagen).
Damit ist das Eigengewicht des geschätzten Trägers je lfdm:

g = 25 kN/cm³ · 0,7 m · 0,3 m = 5,3 kN/m

Ⓖ **Gebrauchslasten**

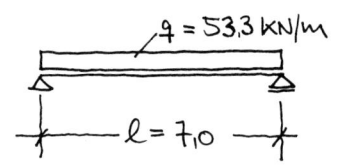

$q = 53{,}3$ kN/m
$\ell = 7{,}0$

$$\begin{aligned}
p &= 20{,}0 \text{ kN/m} \\
g_1 &= 28{,}0 \text{ kN/m} \\
\text{Eigengew.} \quad g_2 &= 5{,}3 \text{ kN/m} \\
\hline
q &= 53{,}3 \text{ kN/m}
\end{aligned}$$

Basis-Schnittgrößen:

$$A = B = \frac{53{,}3 \cdot 7{,}00}{2} = \underline{186{,}6 \text{ kN}}$$

$V_{Are} = -V_{Bei} = 186{,}6$ kN

$$\max M = \frac{53{,}3 \cdot 7{,}0^2}{8} = 326{,}5 \text{ kN} \cdot \text{m}$$

Bemessungs-Schnittgrößen:

$V_d = V_{Ar} \cdot \gamma_F = 186{,}6 \cdot 1{,}4 = \underline{261{,}2 \text{ kN}}$
(Bemessungsquerkraft)

$\max M_d = \max M \cdot \gamma_F = 326{,}5 \cdot 1{,}4 = \underline{\underline{457{,}1 \text{ kNm}}}$
(Bemessungs-Moment)

14.1 Allgemeines

Tabellenbuch StB 3.1

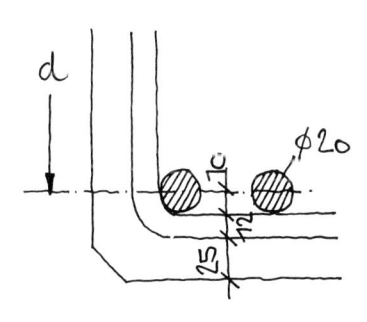

Bemessung

Geschätzte Abmessungen des Trägers: $h = 70$ cm, $b = 30$ cm

Materialien: C 20/25, BSt 500 S

Wie groß ist d? Um das zu ermitteln, müssen wir die Umweltbedingungen unseres Trägers kennen. Die Betondeckung der Stähle muss in feuchter oder aggressiver Umgebung größer sein als in trockener. Nehmen wir an, unser Träger sei in einem geschlossenen, ständig trockenen Raum, z. B. im Inneren eines Bürogebäudes.

In Abhängigkeit von den Umweltbedingungen wird die erforderliche Betonüberdeckung nach DIN 1045 in Expositionsklassen festgelegt (siehe Tabellenbuch, Tabelle StB 3.1.1). Bei trockener Umgebung gibt die DIN 1045 für die Expositionsklasse XC1 eine Betonüberdeckung von $c_{nom} = 2{,}0$ cm an (siehe Tabelle StB 3.1.1). Wir sind vorsichtig und wählen einen etwas größeren Wert, um die Ungenauigkeiten der Baustelle zu berücksichtigen: gew. $c = 2{,}5$ cm.

Die Längsstähle sind von Bügeln umschlossen. Von diesen Bügeln – den am weitesten außen liegenden Stählen – ist dieses c_{nom} in der Regel zu messen. Daraus ergibt sich als Abstand a von der Außenkante des Trägers bis zum Schwerpunkt der Längseisen:

Radius der Längsbewehrung	1,0 cm
Bügel	1,2 cm
Betondeckung	2,5 cm
	$a = 4{,}7$ cm

Somit ist $d = 70$ cm $- 4{,}7$ cm ≈ 65 cm.

Ⓖ Gebräuchlich ist die Schreibweise:
h/d/b = 70/65/30
C 20/25
BSt 500 S

Jetzt können wir ermitteln:

$$k_d = \dfrac{d}{\sqrt{\dfrac{M_d}{b}}} \qquad \begin{array}{l} d\ [cm] \\ M\ [kN \cdot m] \\ b\ [m] \end{array}$$

$$k_d = \dfrac{65}{\sqrt{\dfrac{457,1}{0,30}}} = 1,67$$

Tabellenbuch StB 3.1

Den zugehörigen k_s-Wert finden wir im Tabellenbuch in der k_d-Tabelle. Er steht in der gleichen Zeile wie k_d = 1,67, wobei k_d in der Spalte für C 20/25, k_s in der Spalte für BSt 500 (nur mit k_s überschrieben) zu finden ist.

k_d für ... C 20/25			k_s
... ...	... 1,65	... ⟶	... 2,91

Wir finden dort: k_s = 2,91

Mit diesem k_s = 2,91 bestimmen wir den erforderlichen Querschnitt A_s der Biegezugbewehrung:

$$A_s = k_s \dfrac{M_d\ [kN \cdot m]}{d\ [cm]}$$

$$\text{erf } A_s = 2,91 \cdot \dfrac{457,1}{65} = 20,46\ cm^2$$

14.1 Allgemeines

Ⓖ Welche Stähle sollen wir wählen? Hierfür gibt es keine festen Regeln. Allgemein kann man nur sagen, dass man für größere Balken Stähle mit größerem Durchmesser – also etwa 20 mm –, für kleine Fensterstürze solche mit kleinerem Durchmesser – also etwa 12 mm – wählen wird. Versuchen wir es mit Durchmesser 20 mm.

Ein Rundstahl ⌀ 20 hat die Querschnittsfläche $A_s = 3{,}14$ cm². Wir benötigen hier also 7 Rundstähle ⌀ 20. In der Tabelle StB 2.1 des Tabellenbuches finden wir:

7 ⌀ 20 = 21,99 cm² > erf A_s

Wie finden diese Rundstähle Platz in dem Träger? Die Zwischenräume a zwischen den Rundstählen müssen mindestens 20 mm und mindestens gleich dem Stahldurchmesser sein:

⌀ ≤ a ≥ 20 mm

In unserem Fall ist also der Mindestabstand gleich dem Stahldurchmesser. Wenn die Stähle in *einer* Lage angeordnet werden, so muss der Träger mindestens breit sein:

7 ⌀ 20	7 · 2,0 = 14,0 cm
6 Zwischenräume	6 · 2,0 = 12,0 cm
2 Bügel	2 · 1,2 = 2,4 cm
Betondeckung	2 · 2,5 = 5,0 cm
erf b	= 33,4 cm

Anmerkung:

Manchmal wird statt ⌀ das Zeichen d verwendet. Dies vermeiden wir jedoch hier, weil d bereits für die statische Höhe vergeben ist.

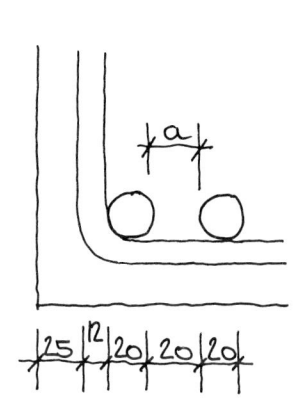

Die Stähle passen also nicht in einer Lage in den Träger von b = 30 cm. Es gibt hier vier Möglichkeiten der Abhilfe:

1. Verbreiterung des Trägers auf 34 cm. Die geringe Erhöhung des Eigengewichtes kann dabei vernachlässigt werden.

2. Anordnung in zwei Lagen. Sie führt zu einer Verringerung von d, da der Schwerpunkt der Eisen vom gezogenen Rand weiter entfernt ist als bei nur einer Lage. Neubemessung wäre erforderlich. Bewehrung in zwei Lagen wird im nächsten Beispiel näher behandelt.

3. Wahl größerer Durchmesser. Sie führt zu einer kleineren Anzahl von Stäben und Abständen.

4. Vergrößerung der Höhe h des Trägers. Sie führt zu einem kleineren erf A_s.

Wählen wir Möglichkeit 3:

$\Rightarrow$ gewählt: 5 $\varnothing$ 25 = 24,5 cm²

Gemessen ab Mitte der Stähle ergibt sich als Abstand von der unteren Außenkante des Trägers:

halber Durchmesser	1,25 cm
Bügel $\varnothing$ 12 mm	1,20 cm
Betondeckung ab Bügel	2,50 cm
	4,95 cm

Die statische Höhe d = 65 cm bleibt also unverändert.

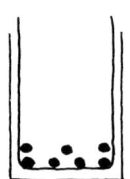

Ⓖ Erforderliche Trägerbreite:

5 ⌀ 25	5 · 2,5 = 12,5 cm
Zwischenräume	4 · 2,5 = 10,0 cm
Bügel	2 · 1,2 = 2,4 cm
Betondeckung	2 · 2,5 = 5,0 cm
	erf b = 29,9 cm

Der Träger mit der Breite von 30 cm reicht aus, die Stähle in einer Lage anzuordnen.

Beispiel 14.2.2

Für den Träger mit $M_d = 457{,}1$ kN · m stehe nur eine begrenzte Höhe von 58 cm zur Verfügung:

h = 58 cm   b = 30 cm

Es ist zu erwarten, dass hier zwei Lagen erforderlich sind. Wir nehmen deshalb die Höhe d entsprechend an:

h = 58 − 7,5 = 50,5 cm   h/d/b = 58/50,5/30
C 20/25
BSt 500 S

$$k_d = \frac{50{,}5}{\sqrt{\dfrac{457{,}1}{0{,}30}}} = 1{,}29$$

Der Wert $k_d = 1{,}29$ ist in der Spalte für C 20/25 nicht mehr zu finden. Das bedeutet: Die Betonstauchung (Betondruckspannung) wäre zu groß. Wir wählen deshalb den höherwertigen Beton C 30/37. Für ihn finden wir:

$k_d = 1{,}28 \Rightarrow k_s = 3{,}04$

$$As = 3{,}04 \cdot \frac{457{,}1}{50{,}5} = 27{,}5 \text{ cm}^2$$

gewählt: 6 Ø 25 $\hat{=}$ 29,45 cm²
(angeordnet in zwei Lagen:
untere Lage 4 Ø 25
obere Lage 2 Ø 25)

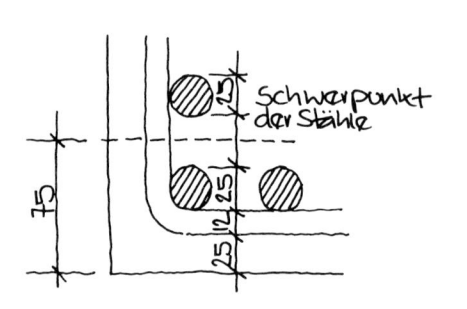

Siehe Bewehrungsplan Kapitel 14.5

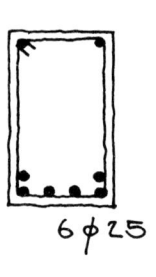

6 ɸ 25

14.1 Allgemeines

Ⓖ Anstelle der Erhöhung der Betonqualität wäre die Anordnung von Druckbewehrung zur Verstärkung der Druckzone möglich. Dies wird jedoch hier nicht näher besprochen.

In Grenzfällen kann der Ingenieur auch durch Erhöhung der Zugbewehrung die Tragfähigkeit des Querschnitts erhöhen. Dies ist jedoch – ebenso wie die Druckbewehrung – unwirtschaftlich und sollte nur in Ausnahmefällen angewandt werden. Zudem sei davon abgeraten, schon in der Vorbemessung für den Entwurf diese letzten Reserven auszunutzen.

14.2.3 Schub

Die Querkraft erzeugt Schub.

Die Schubkraft im Balken muss durch Stähle im Zusammenwirken mit dem Beton aufgenommen werden.

Man kann sich einen Betonbalken innerlich wie ein Fachwerk mit schrägen Druckstäben und schrägen oder vertikalen Zugstäben vorstellen. Während der Beton die Aufgabe der Druckstäbe übernimmt, fällt die der Zugstäbe den Stählen zu. (Fachwerkanalogie nach Mörsch.)*)

In jedem Stahlbetonbalken sind immer Bügel anzuordnen. Der Bügelabstand richtet sich nach der Größe der einwirkenden Querkraft V_{Sd}.

Der größtmögliche Abstand ist 30 cm. Hingegen werden schräg aufgebogene Stähle wegen des hohen Verlege-Arbeitsaufwandes nur noch selten angewandt, obwohl sie besonders wirksam sind.

Die *einwirkende* Querkraft V_{Sd} (Bemessungsquerkraft) darf nicht größer sein als die *aufnehmbare* Querkraft V_{Rd}.

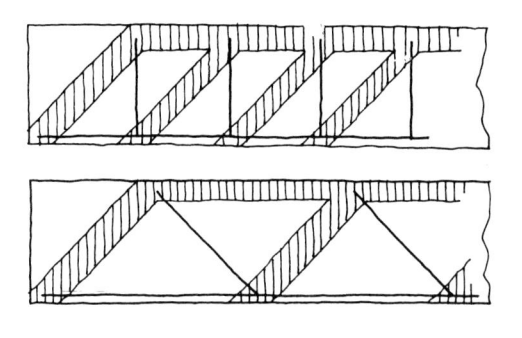

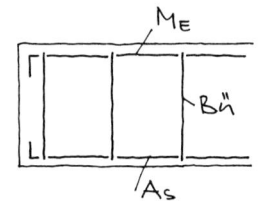

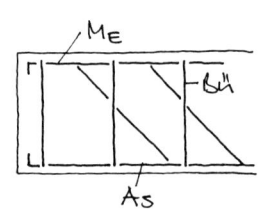

$V_{Sd} \leqq V_{Rd}$

---

*) Mörsch, Emil, 1872 bis 1959

14.1 Allgemeines

Ⓖ Die genaue Ermittlung der aufnehmbaren Querkraft V_{Rd} im Stahlbeton ist aufwendig. Wir erreichen jedoch eine gute Näherung, wenn wir die bereits vom Holz bekannte Formel

$$\tau = \frac{V}{b \cdot z}$$

auch für Stahlbeton anwenden. Hierbei können wir den Hebelarm z der inneren Kräfte annehmen mit:

$z \approx 0{,}85\,d$

Die so ermittelte Schubspannung τ darf den zulässigen Grenzwert τ_{Rd2} nach DIN 1045 (Tabellenbuch, Tabelle StB 1.1) nicht überschreiten. Dieser Grenzwert der Schubspannung beträgt z. B. 0,45 kN/cm² für Beton C 20/25. Es muss also sein:

$\tau \leqq \tau_{Rd2}$

Ist diese Bedingung erfüllt, kann die Schubkraft durch Bügel und evtl. Schrägeisen aufgenommen werden. Sie finden fast immer genügend Platz im Balkenquerschnitt, sind also fast nie maßgebend für dessen Außenabmessungen. Deshalb – und wegen des hohen Rechenaufwandes – wird die Ermittlung ihrer Stärke und Anzahl hier nicht weiter behandelt. Wir überlassen sie dem Ingenieur.

Der Abstand der Bügel beträgt meist 15 bis 25 cm, manchmal weniger, höchstens 30 cm. Er darf nie größer sein als die Breite des Balkens.

Ⓖ Wenn aber der zulässige Grenzwert τ_{Rd2} überschritten wird, droht der Beton zu versagen. Die Druckstützen aus unserem Denkmodell, der Fachwerkträger-Analogie, werden überfordert. Dann helfen auch keine Bügel und Schrägeisen – es geht nicht mehr. Der Träger muss neu bemessen werden. Diese Überschreitung des Schubspannungs-Grenzwertes kann vorkommen bei kurzen, hochbelasteten Trägern oder bei großen Einzellasten nahe einem Auflager. Bedenklich sind vor allem Durchbrüche in der Nähe eines Auflagers, dort also, wo die Querkraft V am größten ist.

In unserem Beispiel ist die Bemessungsquerkraft:

$V_{Sd} = 261{,}2$ kN

Abmessungen und Material des Trägers:

h/d/b = 70/65/30
C 20/25
BSt 500 S

Damit ergibt sich:

$$\tau = \frac{261{,}2}{30 \cdot 0{,}85 \cdot 65} = 0{,}16 \text{ kN/cm}^2$$

Dieser Wert liegt unter dem zulässigen Grenzwert $\tau_{Rd2} = 0{,}45$ kN/cm^2 aus der Tabelle StB 1.1 des Tabellenbuches – also es geht. Als Bügel nehmen wir vorläufig an:

∅ 12,   Abstand e = 25 cm.

(Die genaue Ermittlung der Bügel wird, wie schon erwähnt, der Ingenieur vornehmen.)

14.1 Allgemeines

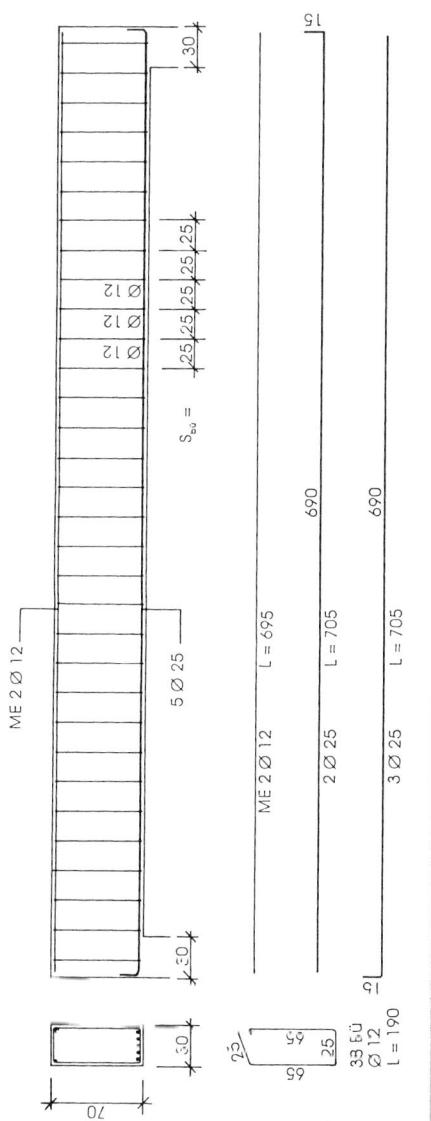

Für die Abmessungen eines Balkens können somit drei Kriterien maßgebend sein:

1. **Die Betonstauchung ε_c**
   Sie darf unter dem Bemessungs-Moment M_d den Wert 3,5 ‰ nicht überschreiten. Wenn er auf der Tabelle für den gewählten Beton zu finden ist, bleibt die Betonstauchung und damit die Betondruckspannung im zulässigen Bereich. Ist k_d kleiner als die Tabellenwerte, so muss der Balken größer bemessen werden.

2. **Der Stahlquerschnitt A_s**
   Er muss in ein oder zwei Lagen mit den vorgeschriebenen Abständen in Balken angeordnet werden können. Ist dies nicht möglich, so muss der Balken breiter bemessen werden (oder höher, um so A_s zu verringern).

3. **Die Querkraft V_d**
   Sie kann in seltenen Fällen bei kurzen, hochbelasteten Trägern oder bei Einzellasten in Nähe der Auflager maßgebend sein. Die Schubbewehrung passt fast immer in den Träger. Durchbrüche in Nähe der Auflager sollten möglichst vermieden werden, da dort immer eine hohe Querkraft vorhanden ist. Der Bügelabstand wird deshalb zum Auflager hin enger, entsprechend der Zunahme der Querkraft V_d.

Erste Schätzwerte:

$$h \approx \frac{l}{15} \ldots \frac{l}{10}$$

$$b \approx \frac{h}{3} \ldots \frac{h}{2}$$

14.3 Stahlbetonplatten

Platten sind ebene, flächenartige Tragwerke, die über die Plattendicke auf Biegung beansprucht werden. Die Dicke h und mit ihr die statische Höhe d sind wesentlich kleiner als die Breite b und die Spannweite l.

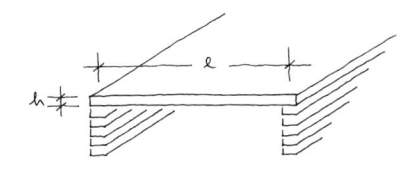

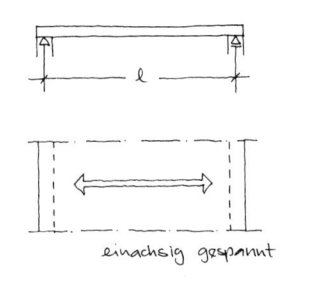

Platten können auf zwei gegenüberliegenden Wänden oder Trägern aufliegen, sie werden dann als »einachsig gespannte Platten« bezeichnet.

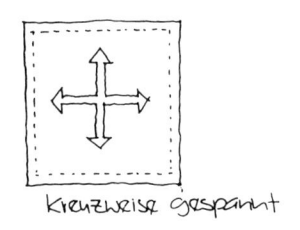

Platten können auch auf vier Seiten aufliegen. Sie heißen dann »kreuzweise gespannt« oder »allseitig aufgelagert«.

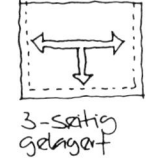

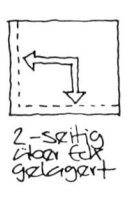

In Sonderfällen sind Platten auf drei oder auf zwei Seiten über Eck gelagert.

14.1 Allgemeines

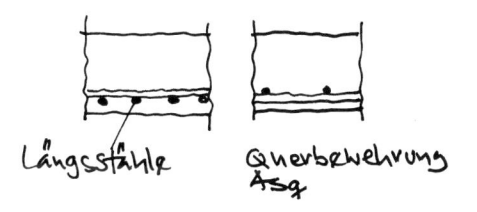

In diesem Band werden nur die einachsig-gespannten Platten behandelt. Sie wirken wie Balken mit kleiner Höhe und sehr großer Breite und werden auch so bemessen. Die Bewehrungseisen werden nicht zu Körben verbunden, sondern zu Matten aus Längs- und Querstählen. Die Matten können vorgefertigt als sogenannte Lagermatten bezogen werden. Diese Matten werden so gelegt, dass ihre Längsstähle – also die Rundstähle in Tragrichtung – möglichst nahe dem gezogenen Rand liegen, denn dort wirken sie am günstigsten. Im Bereich der positiven Momente werden also die Matten mit den Längsstäben nach unten und den Querstäben nach oben gelegt.

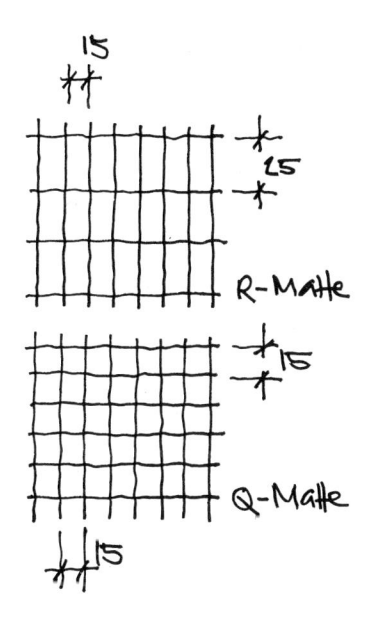

Bei den gebräuchlichsten Baustahlmatten beträgt der Abstand der Längsstäbe 15 oder 10 cm, der der Querstäbe 25 cm. Diese Matten, deren Stähle Rechtecke bilden, werden als »R-Matten« bezeichnet. Sie werden vor allem für einachsig gespannte Platten verwendet. Andere Matten, deren Stäbe Quadrate bilden werden als »Q-Matten« bezeichnet. Der Stababstand beträgt dort meist 15 cm in jeder Richtung.

Tabellenbuch StB 3

Um die Durchbiegung der Platte zu begrenzen (Gebrauchstauglichkeitsnachweis), sollte eine Mindestdicke von

$$d \geq \frac{l_i}{35}$$ eingehalten werden.

Hierbei ist l_i der Abstand der Momenten-Nullpunkte. Bei Platten ohne Kragarme also ist $l_i = l$, bei Platten mit Kragarmen ist $l_i < l$.

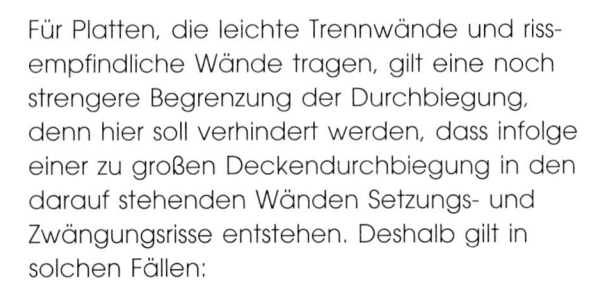

Für Platten, die leichte Trennwände und rissempfindliche Wände tragen, gilt eine noch strengere Begrenzung der Durchbiegung, denn hier soll verhindert werden, dass infolge einer zu großen Deckendurchbiegung in den darauf stehenden Wänden Setzungs- und Zwängungsrisse entstehen. Deshalb gilt in solchen Fällen:

$$\boxed{d \geq \frac{l_i^2}{150}}$$

(Die Formel ist dimensionsecht, wenn d und l_i in m eingesetzt werden.)

Die vorgeschlagenen Mindestmaße sind Überschlagswerte für die Vorbemessung.

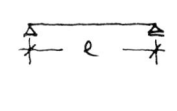

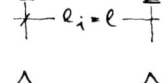

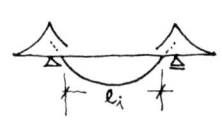

14.3 Stahlbetonplatten

Unter den im Hochbau normalerweise vorkommenden Flächenlasten reicht das Maß $d \geq \dfrac{l_i}{35}$ bzw. $d \geq \dfrac{l_i^2}{150}$ immer für die Bestimmung der Plattendecke. Damit ist uns für Entwurf und Vorbemessung ein wichtiges und einfaches Hilfsmittel an die Hand gegeben.

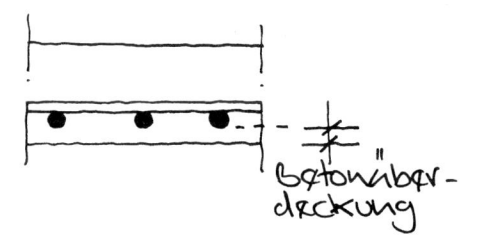

Die tatsächliche Plattendicke h ergib sich aus der statisch erforderlichen Höhe d, der Betonüberdeckung und einem Zuschlag für einen noch nicht berechneten Stabdurchmesser der Biegezugbewehrung (Ansatz hierfür i. d. R. 1,0 cm).

Betonüberdeckung

Ⓖ Soll auch die Bewehrung ermittelt werden, so gehen wir so vor, wie bei der Bemessung eines Balkens. Um die Rechnung zu vereinfachen, betrachten wir hier einen 1 m breiten Streifen der Platte. Da in der k_d-Formel

$$k_d = \frac{d}{\sqrt{\frac{M}{b}}}$$

b in [m] angegeben wird (jetzt erkennen wir auch, warum!), erscheint b jetzt nicht mehr in der Rechnung:

$$k_d = \frac{d}{\sqrt{\frac{M}{b}}} \quad \Rightarrow \quad k_d = \frac{d}{\sqrt{M}}$$

Wie bei der Bemessung des Balkens ist:

$$A_s = k_s \cdot \frac{M}{d}$$

Dabei ist M das Moment des 1 m breiten Streifens und A_s der Stahlquerschnitt, der über 1 m zu verteilen ist.

Wie schon erwähnt, wird Schub in Platten fast nie maßgebend. Bügel und Aufbiegungen sind nur selten notwendig, zudem wären sie schwer zu montieren. Wenn die Schubspannung

$$\tau \leq \tau_{Rd1}$$

also kleiner als der Grenzwert in der untersten Zeile der Tabelle StB 1.1 des Tabellenbuches ist, so kann auf Bügel oder Schrägeisen verzichtet werden. Dies ist in Platten fast immer der Fall.

14.3 Stahlbetonplatten

Beispiel 14.3.1: Stahlbetonplatte über Außenraum

$l = 4{,}80$ m

$\text{erf } d \geqq \dfrac{480}{35} = 14$ cm

min h = 14 + 4 = 18 cm

gew.: h = 19 cm

Für den Entwurf genügt dieses Maß.

Im Folgenden wird auch die weitere Berechnung und Bemessung gezeigt.

Gebrauchslasten:

Eigengewicht	$0{,}19 \cdot 1{,}00 \cdot 25 = 4{,}75$ kN/m²
Belag und Putz	$\approx 1{,}25$ kN/m²
	$\bar{g} = 6{,}00$ kN/m²
Nutzlast Wohnraum	$\bar{p} = 1{,}50$ kN/m²
	$\bar{q} = 7{,}50$ kN/m²

Basis-Schnittgrößen:
(für den 1,0 m breiten Streifen)

$$A = B = \frac{q \cdot l}{2} = \frac{7{,}50 \cdot 4{,}80}{2} = \underline{18{,}0 \text{ kN}}$$

$V_{Ac} = -V_{Br} = 18{,}0$ kN

$$\max M = \frac{q \cdot l^2}{8} = \frac{7{,}50 \cdot 4{,}8^2}{8} = 21{,}6 \text{ kN} \cdot \text{m}$$

Bemessungs-Moment:

$\max M_d = \max M \cdot \gamma_F = 21{,}6 \cdot 1{,}4 = \underline{\underline{30{,}24 \text{ kNm}}}$

Tabellenbuch StB 3.1

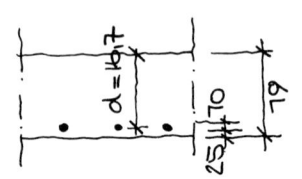

Bemessung: gew. h/d/b = 19/16/100

Die Bemessung wird wie bei einem StB-Balken durchgeführt. Baustahlgewebe besteht aus BSt 500. Wir schreiben also:

C 20/25
BSt 500 M

$$k_d = \frac{d}{\sqrt{M}} = \frac{16}{\sqrt{30,24}} = 2,91$$

Wir suchen diesen Wert im Tabellenbuch, Tabelle 3.1.2, unter StB 3 in der Spalte für C 20/25. Dort erkennen wir, dass 2,91 (zwischen 2,81 und 3,13) im oberen Teil der Tabelle liegt. In der Spalte ε_{S1} lässt sich die Stahldehnung von 20 ‰, in Spalte ε_{C2} die Betonstauchung zwischen 2,83 ‰ und 3,46 ‰ ablesen. Der Querschnitt ist also nahezu optimal ausgenutzt.

Den k_s-Wert finden wir in seiner Spalte und der Zeile von $k_d = 2,81$: $k_s = 2,45$

$$\text{erf } A_s = k_d \cdot \frac{M_d}{d} = 2,45 \cdot \frac{30,24}{16} = 4,63 \text{ cm}^2$$

Auch dieses erforderliche A_s ist auf den 1 m breiten Streifen bezogen. Die gebräuchlichen Baustahlmatten sind so bezeichnet, dass aus der Bezeichnung der Stahlquerschnitt je Meter unmittelbar abgelesen werden kann.

14.3 Stahlbetonplatten

Tabellenbuch StB 2.2

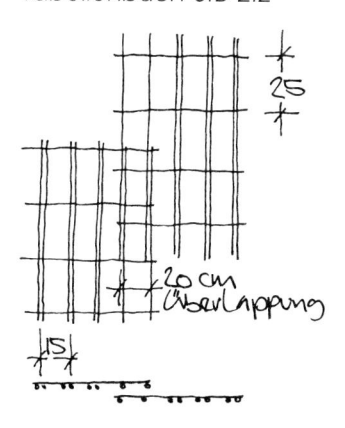

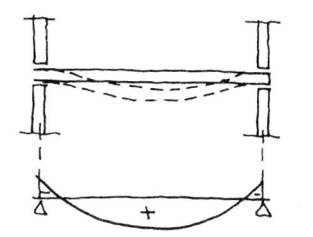

Siehe Bewehrungsskizze

So hat z. B. die Matte R 325 A einen Stahlquerschnitt von 3,25 cm²/m. Wir wählen hier die Matte R 524 A mit A_s = 5,24 cm²/m > erf A_s und schreiben:

gew: R 524 A

Der Tabelle in StB 2.2 des Tabellenbuches können wir Näheres über die Matte entnehmen: Die Längsstähle liegen im Abstand von 15 cm, es sind Doppelstäbe mit je 7,0 mm Durchmesser. Diese Doppelstäbe wurden gewählt, damit dort, wo sich die Matten an ihren Rändern überlappen, auch nur die gleiche Bewehrung vorhanden ist:

Jede Matte hat nämlich an den Rändern Einzelstäbe, durch die Überlappung kommen wieder jeweils zwei Stäbe zusammen.

Die Querstäbe ⌀ 6,0 liegen im Abstand von 25 cm. Dies führt zu A_{sq} = 1,13 cm² = 0,2 A_s.

Die Querbewehrung muss mindestens $1/5$ der Längsbewehrung betragen. Dies ist bei den Lagermatten bereits berücksichtigt. (Tabellenbuch, StB. 2.2)

An den Rändern können durch darüberstehende Wände o. Ä. unbeabsichtigte Einspannungen und damit negative Momente entstehen. Ihnen begegnen wir durch eine schwache obere Bewehrung entlang den Rändern, genannt »Randbewehrung« oder »Randeinspannungsmatten«.

Schub:
V_{Sd} = 18,0 · 1,4 = 25,2 kN

$$\tau = \frac{25,2}{100 \cdot 0,85 \cdot 16} = 0,019 \text{ kN/cm}^2$$
$$< \tau_{Rd1} = 0,048 \text{ kN/cm}^2$$

Es sind also weder Bügel noch Aufbiegungen erforderlich.

Bewehrungsplan für eine einachsig gespannte Stahlbetonplatte in C 20/25 BSt. 500

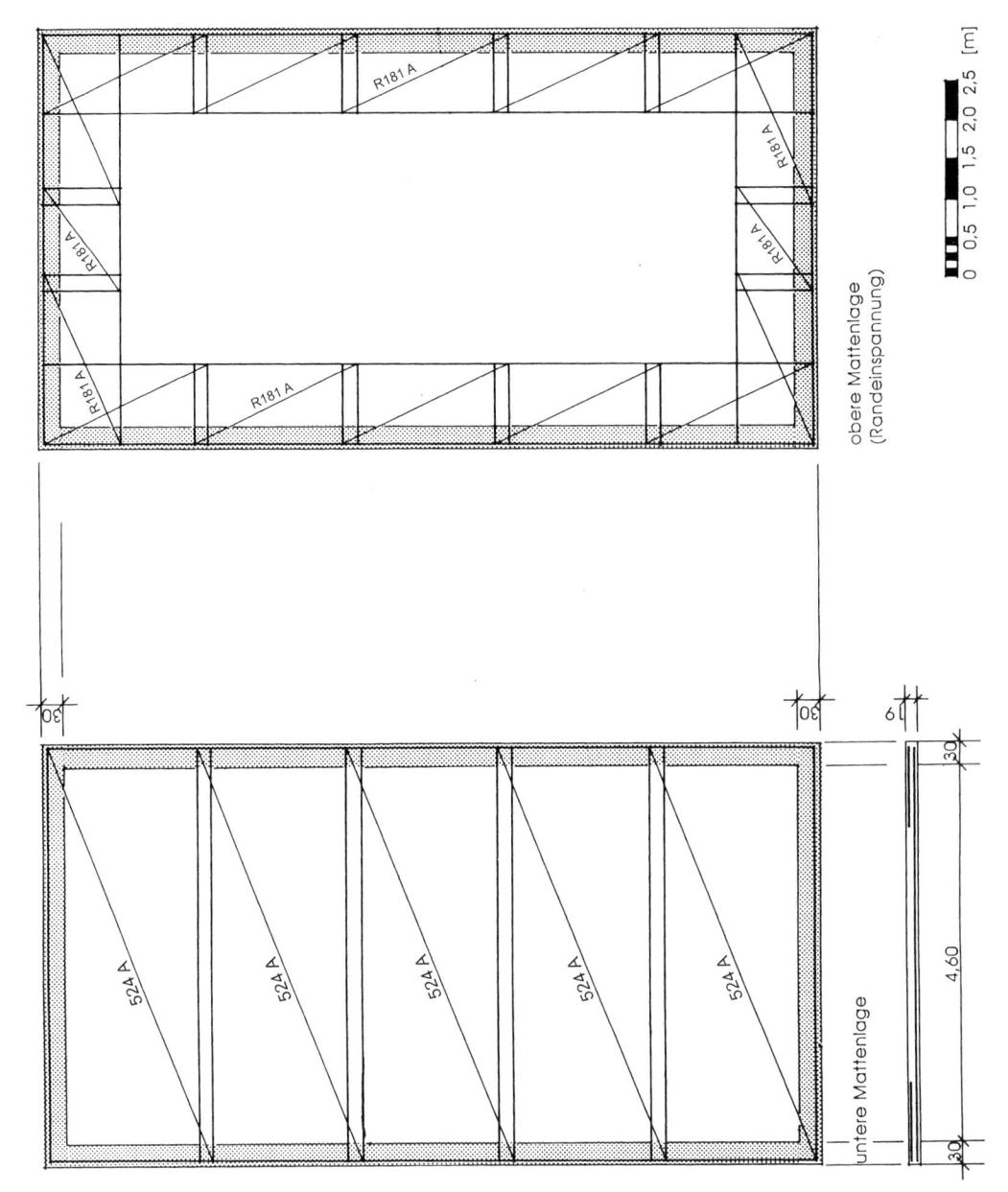

14.4 Plattenbalken

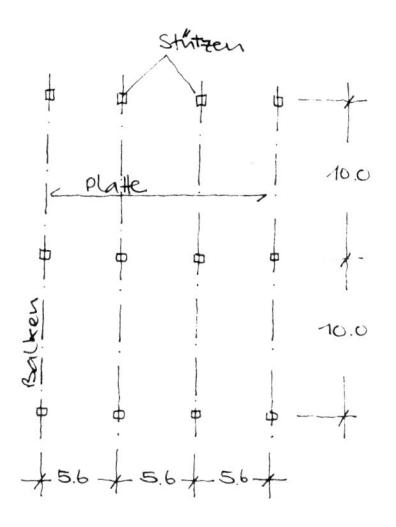

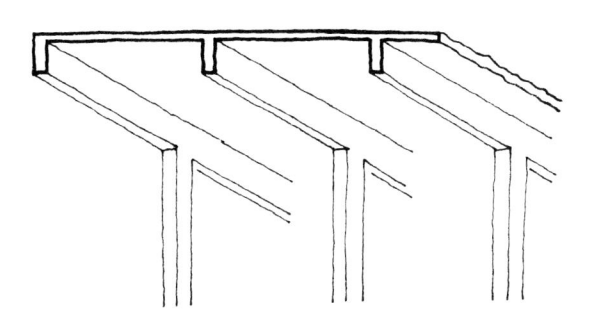

Eine StB-Platte wird zwischen Stb-Balken gespannt. Die Spannweite der Balken ist wesentlich größer als die der Platte. (In unserem Beispiel nahezu doppelt so groß.) Die Platte erfüllt hier zwei Funktionen:

- Sie trägt als Platte von Balken zu Balken.
- Sie vergrößert die Druckzone jedes Balkens.

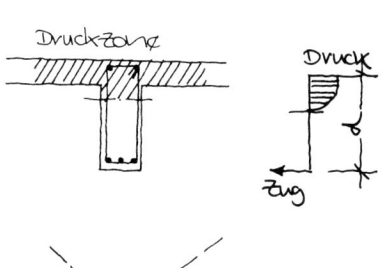

Wenn Balken und Platte eine Einheit bilden – also in einem Betoniervorgang gegossen wurden und durch die Bewehrung verbunden sind –, so breiten sich die Druckspannungen vom Balken her über den angrenzenden Bereich der Platte aus – der Druck verteilt sich über eine breite Druckzone in der Platte, die Druckspannungen werden kleiner.

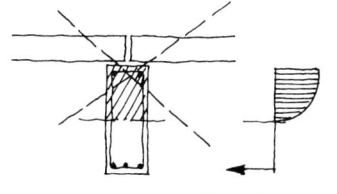

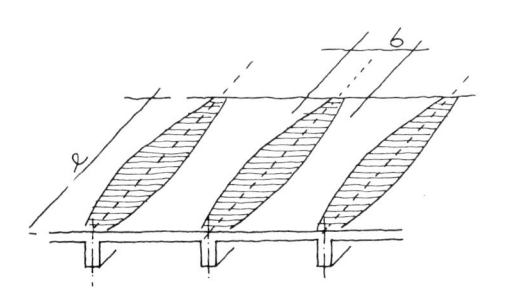

Fertigteilplatten auf Balken ergeben keinen Plattenbalken

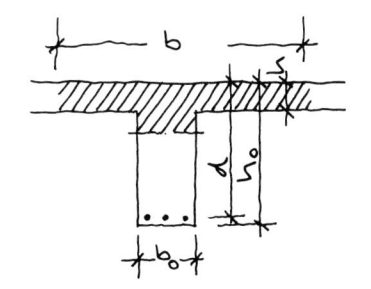

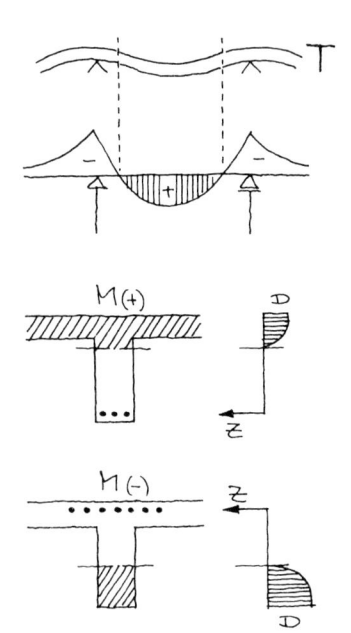

Das gilt allerdings nur im Bereich der positiven Momente (+), dort ist die Druckzone oben, sie kann sich über einen weiten Bereich der Platte ausdehnen.

Im Bereich der negativen Momente (–) hingegen ist die Druckzone unten im Balken. Hier ist keine Platte im Druckbereich – nur die Breite des Balkens selbst wirkt als Druckzone. Die Platte im Zugbereich ist aber von Nutzen für die Unterbringung der Stähle: Sie werden nicht nur in der Breite des Balkens selbst angeordnet, sondern zum Teil auch im angrenzenden Bereich der Platte, in den ja die Zugspannungen übergreifen. Wenn im Balken oben Zug herrscht, er also oben gedehnt wird, so wird auch der benachbarte Bereich der Platte gedehnt. Die Stähle, die hier Platz finden, tun also auch der Platte Gutes: Sie verhindern Risse oder verteilen sie zumindest auf viele kleine Haarrisse.

Beispiel 14.4.1

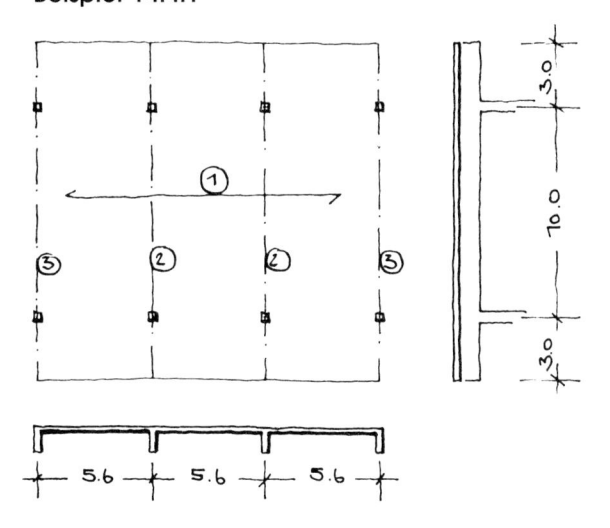

14.3 Stahlbetonplatten

Position 1: Platte

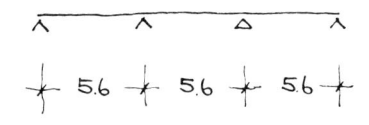

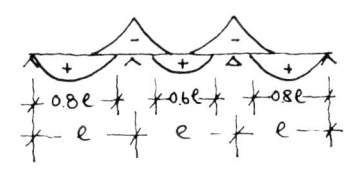

Das ist eine Durchlaufplatte über drei Felder – also ein statisch unbestimmtes System. Hier können wir die Abstände der Momenten-Nullpunkte bei Durchlaufträgern annehmen:

für Endfelder: $l_i \approx 0{,}8\, l$
für Innenfelder: $l_i \approx 0{,}6\, l$

Näheres dazu in »Grundlagen der Tragwerklehre«, Band 2.

Wenn wir das Maß l_i kennen, können wir mit

$$d \geq \frac{l_i}{30} \quad \text{bzw.} \quad d \geq \frac{l_i^2}{150}$$

die Dicke der Platte bestimmen (vgl. Kapitel 14.3).

Die Platte unseres Beispiels sei in allen Feldern gleich dick, maßgebend für die Dicke ist also das Endfeld mit $l_i = 0{,}8\, l$.

Es sind keine leichten Trennwände vorgesehen:

$$d \geq \frac{0{,}8 \cdot 560}{35} = 13 \text{ cm}$$

erf h = 13 + 3,5 + 0,5 = 17 cm

gewählt: h = 18 cm

Gebrauchslasten

Eigengewicht der Platte:
0,18 m · 25 kN/m³ = 4,50 kN/m²
Belag, Unterdecke etc. ca. 1,50 kN/m²

g = 6,00 kN/m²
Verkehrslast p = 5,00 kN/m²

q = 11,00 kN/m²

Hier keine weitere Bemessung. Für den Entwurf genügt: h = 18 cm. Die Lastaufstellung brauchen wir für den Plattenbalken Position 2.

Position 2: Plattenbalken

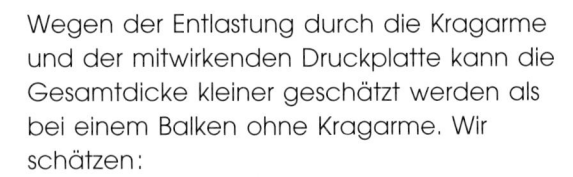

Wegen der Entlastung durch die Kragarme und der mitwirkenden Druckplatte kann die Gesamtdicke kleiner geschätzt werden als bei einem Balken ohne Kragarme. Wir schätzen:

$$\frac{l}{14} = \frac{1000}{14} \approx 70 \text{ cm}$$

Gebrauchslasten

g aus Platte 6,0 kN/m² · 5,6 m	= 33,6 kN/m
Eigengewicht Balken (geschätzt) 0,30 m · 0,52 m · 25 kN/m³	= 3,9 kN/m
(Für die Lastaufstellung wird nur der Teil des Balkens berücksichtigt, der unterhalb der Platte liegt, denn die Dicke der Platte ist schon in Position 1 lastmäßig erfasst.)	
	g = 37,5 kN/m
Verkehrslast aus Platte, Position 1 5,0 kN/m² · 5,6 m =	p = 28,0 kN/m
	q = 65,5 kN/m

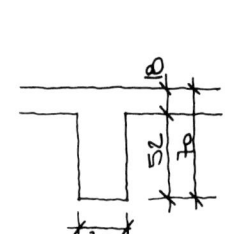

geschätzter Querschnitt

14.3 Stahlbetonplatten

Gebrauchs-Schnittgrößen

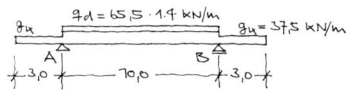

Auflager, Querkräfte

$A = B = 3 \cdot 37{,}5 + 5 \cdot 65{,}5 = 440$ kN

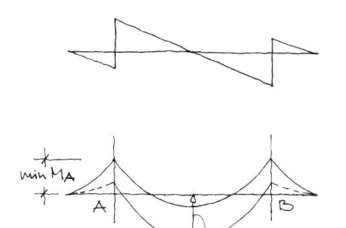

	= 440,0 kN
$V_{Al} = -3{,}0 \cdot 37{,}5$	= −112,5 kN
$V_{Ar} = 5 \cdot 65{,}5$	= 327,5 kN
V_{Bl}	= −327,5 kN
V_{Br}	= 112,5 kN

Kragmomente:

$$\min M_A = \min M_B = -\frac{65{,}5 \cdot 3{,}0^2}{2} = -294{,}8 \text{ kNm}$$

Feldmoment:

$$\max M = \frac{q \cdot l^2}{8} - \frac{g \cdot a^2}{2}$$

$$= \frac{65{,}5 \cdot 10{,}0^2}{8} - \frac{37{,}5 \cdot 3{,}0^2}{2}$$

$$= 818{,}75 - 168{,}75 = 650 \text{ kNm}$$

Bemessungs-Schnittgrößen

$A_d = B_d = 503{,}2 \cdot 1{,}4 \quad = 704{,}5$ kN

$V_{Ard} = -V_{Bld} = 327{,}5 \cdot 1{,}4 \ = 458{,}5$ kN

Ist das Bemessungs-Moment
$M_d = 650 \cdot 1{,}4 = 910$ kNm?

Ⓖ Das wäre ein erster, ziemlich grober Überschlagswert. Genauer ist es, nur die Last q = g + p im Feld mit $\gamma_F = 1{,}4$ zu multiplizieren, nicht jedoch die Last g der beiden Kragarme, die das Feldmoment erheblich verringert. Deshalb ist anzusetzen:

im Feld: $\qquad q_d = 65{,}5 \cdot 1{,}4 = 91{,}7 \text{ kN/m}$

auf den Kragarmen: $\quad g_k \qquad\qquad = 37{,}5 \text{ kN/m}$

$$\max M_d = \frac{q_d \cdot l^2}{8} - \frac{g_k \cdot a^2}{2}$$

$$= \frac{91{,}7 \cdot 10{,}0^2}{8} - \frac{37{,}5 \cdot 3{,}0^2}{2} = \underline{\underline{977{,}5 \text{ kNm}}}$$

$\min M_A = \min M_B = -294{,}8 \cdot 1{,}4 \qquad = \underline{\underline{-412{,}7 \text{ kNm}}}$

14.3 Stahlbetonplatten

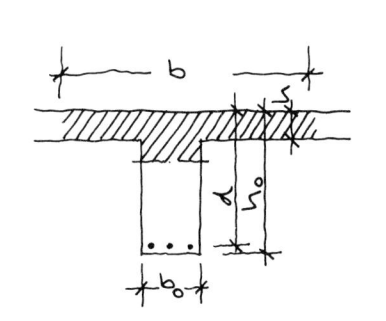

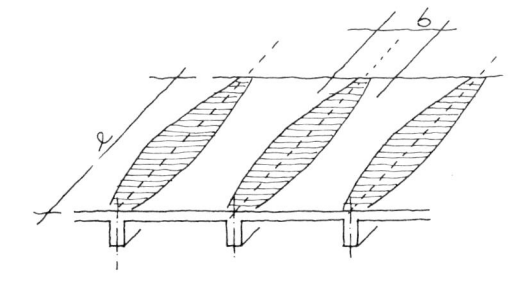

Ⓖ Bemessung

Um Verwechslungen mit den Bezeichnungen der Platte Position 1 zu vermeiden, wird die Bezeichnung h für die Plattendicke auch hier beibehalten. Die Gesamtdicke des Balkens wird mit h_0 bezeichnet. Entsprechend wird die Breite des Balkens selbst mit b_0 und die mitwirkende Breite der Platte mit b benannt.

1. Bemessung im Feld

Wie groß ist die mitwirkende Breite b der Platte? Die Betondruckspannung verteilt sich allmählich über die fragliche Breite. Am Auflager ist die mittragende Breite kaum größer als der Balken selbst, in der Mitte der Feldlänge ist sie am größten. Je länger der Balken ist, umso weiter kann sich die Druckspannung über die Platte verteilen, umso breiter wird die mittragende Breite b sein.

Wir können mit brauchbarer Näherung die Breite b mit einem Viertel der Spannweite ansetzen bzw. bei Trägern mit Kragarm oder bei Durchlaufträgern mit einem Viertel der Nullpunktentfernung l_i.

$$b \approx \frac{l_i}{4}$$

Selbstverständlich kann b in keinem Fall größer werden als die tatsächlich vorhandene Breite, in unserem Beispiel also keinesfalls größer als der Abstand 5,6 m von Balken zu Balken.

Ⓖ Jetzt sind also b und h bekannt. Die anderen Maße müssen wir zunächst schätzen, bzw. wir haben sie bereits für die Lastaufstellung geschätzt.

max M_d = <u>977,5 kNm</u>

$b = \dfrac{900}{4} = 225$ cm C 20/25
BSt 500 S

b_0 = 30 cm
h = 18 cm
h_0 = 70 cm

Voraussichtlich zwei Lagen, daher
d = 70 − 8 = 62 cm

$$k_d = \dfrac{d}{\sqrt{\dfrac{M}{b}}} = \dfrac{62}{\sqrt{\dfrac{977,5}{2,25}}} = 2,97 \Rightarrow k_s = 2,43$$

Wir erkennen auch hier die geringe Betondruckspannung. Sie resultiert aus der großen mittragenden Plattenbreite, auf die sich der Druck verteilt.

$$A_s = 2,43 \cdot \dfrac{977,5}{62} = 38,3 \text{ cm}^2$$

⇒ gew.: 8 Ø 25 = 39,28 cm²   (zwei Lagen)

erf Breite:
erste Lage 5 Ø 25   = 12,5 cm
4 Zwischenräume 4 · 2,5   = 10,0 cm
Bügel 2 Ø 12   = 2,4 cm
Betondeckung 2 · 2,5   = 5,0 cm
                                   ───────
                                   29,9 cm

Wir können also bei der geschätzten Breite bleiben: b_0 = 30 cm

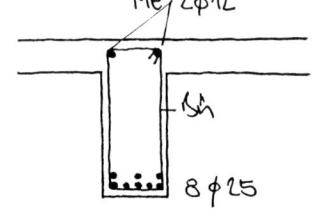

14.3 Stahlbetonplatten

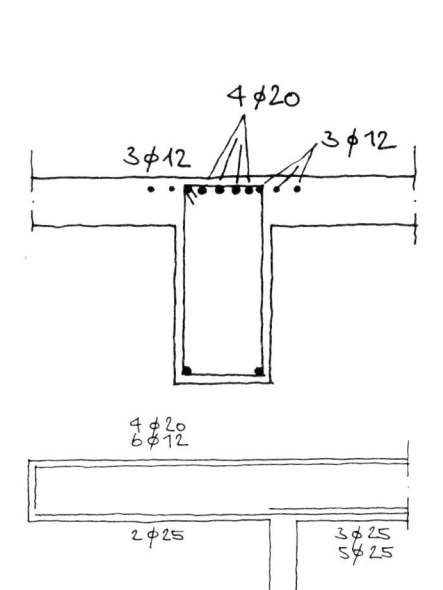

Tabellenbuch StB 1.3

2. Bemessung über der Stütze

Hier steht als Breite nur zur Verfügung. $\quad b_0 = 30$ cm
$\quad h_0 = 70$ cm

Voraussichtlich eine Lage.

Weil über den Längsstählen und Bügeln des Balkens die Matten der Platte (negative Momente) angeordnet werden, ziehen wir für h weitere 2 cm ab.

$\quad h_0 = 70$ cm
Betondeckung − 2,5 cm
Matten − 2,0 cm
Bügel − 1,2 cm
1/2 ∅ − 1,0 cm
$\quad\quad\quad$ 62,3 cm
$\quad\quad\quad d \approx 62$ cm

$M_d = -412,7$ kNm

$$k_d = \frac{62}{\sqrt{\frac{412,7}{0,30}}} = 1,67 \Rightarrow k_s = 2,89$$

$$A_s = 2,89 \cdot \frac{412,7}{62} = 19,24 \text{ cm}^2$$

Gewählt: $\quad\quad$ 4 ∅ 20 ≙ 12,57 cm²
$\quad\quad\quad\quad$ +4 ∅ 12 ≙ 4,52 cm²
Montageeisen $\quad$ 2 ∅ 12 ≙ 2,26 cm²
$\quad\quad\quad\quad\quad\quad\quad\quad$ 19,35 cm²

Die Stähle ∅ 12 und die Montageeisen ∅ 12 liegen innerhalb der Bügel, je 2 ∅ 12 auf jeder Seite in der Platte.

Tabellenbuch StB 1.1

3. Bemessung auf Schub

$V_{Sd} = 458{,}5$ kN

$$\tau = \frac{458{,}5}{30 \cdot 0{,}85 \cdot 62} = 0{,}29 \text{ kN/cm}^2$$

$< \tau_{Rd2} = 0{,}45$ kN/cm^2

Wir nehmen vorläufig an:

Bügel ∅ 12
Abstand e = 20 cm.

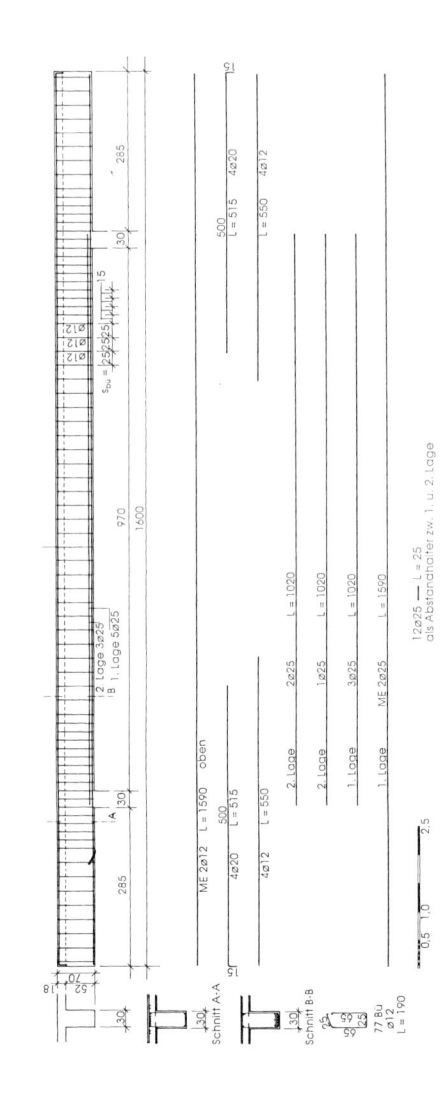

Bewehrungsplan für einen Plattenbalken in C 20/25 BSt 500

Zusammenfassung

Im Plattenbalken verteilt sich im Bereich der *positiven Momente* der Druck über eine große mitwirkende Breite der Platte, die Druckspannungen bleiben deshalb klein. Die zulässige Betonspannung (-stauchung) wird fast nie ausgenutzt. Maßgebend ist, ob der Platz für die Stähle in der Breite b_0 des Balkens ausreicht.

Im Bereich der *negativen Momente*, also über der Stütze, wirkt als Druckzone nur die Balkenbreite b_0. Hier kann die Betondruckspannung kritisch werden. Hingegen ist immer reichlich Platz für Stähle vorhanden, denn sie können auch in der angrenzenden Platte angeordnet werden.

Die *Schubspannung* kann insbesondere für kurze, hochbelastete Plattenbalken maßgebend sein.

Erste Schätzwerte:

$$h_0 \approx \frac{l}{15} \cdots \frac{l}{10}$$

$$b_0 \approx \frac{d_0}{3} \cdots \frac{d_0}{2}$$

14.5 Rippendecke und deckengleiche Träger

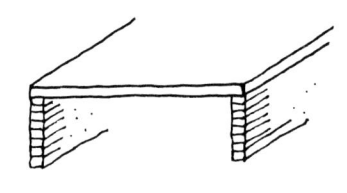

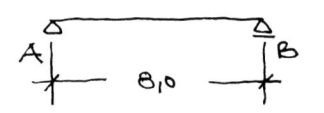

Eine Decke soll über 8,00 m gespannt werden. Für eine Platte ergäbe sich die erforderliche Mindestdicke aus:

$$d \geq \frac{800}{35} = 22{,}9 \text{ cm} \Rightarrow h \geq 27 \text{ cm}$$

bzw.

$$d \geq \frac{8{,}0^2}{150} = 0{,}427 \text{ m} \Rightarrow h = 47 \text{ cm}$$

Eine Massivplatte mit 27 oder gar 47 cm Dicke wäre in den meisten Fällen des Hochbaues unwirtschaftlich. Allein das Eigengewicht einer solchen Platte beträgt

$0{,}27 \cdot 25 = 6{,}75 \text{ kN/m}^2$ bzw.
$0{,}47 \cdot 25 = 11{,}75 \text{ kN/m}^2$.

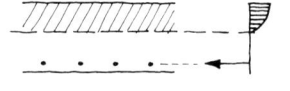

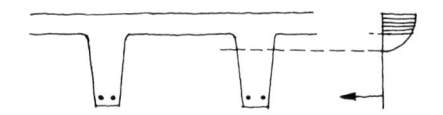

Weniger als die halbe Dicke der Platte würde als Betondruckzone wirksam, der Rest hätte nur die Aufgabe, die Verbindung zu den Zugstählen herzustellen und diese Zugstähle zu umhüllen. Diese Aufgabe aber können auch einzelne Rippen erfüllen, der restliche, überflüssige Beton kann wegfallen. Es ist dabei nicht einmal notwendig, die gesamte Druckzone mit Beton auszufüllen, in der Nähe der Null-Linie ist die Wirkung des Betondruckes ohnehin gering, weil Druckspannung und innerer Hebelarm klein sind. Deshalb kann man beruhigt auch diesen wenig wirksamen Beton weglassen. Nur im obersten, wirksamsten Bereich wird die Platte angeordnet.

14.5 Rippendecke und deckengleiche Träger

Ⓖ Diese Konstruktion heißt »Stahlbeton-Rippendecke«, kurz »Rippendecke«. Eine solche Rippendecke ist gleichsam eine kleine Plattenbalkendecke. Auch bei der Rippendecke werden die Betondruckspannungen von der Platte aufgenommen, die Stähle liegen in verkleinerten Balken – den »Rippen«.

Stahlbeton-Rippendecken sind kleine Plattenbalken. Der Achsabstand der Rippen darf bis zu 1,50 m betragen. Die Dicke h der Platten muss mindestens 1/10 des lichten Rippenabstandes sein, muss mindestens aber den Schallschutz- und Brandschutzanforderungen genügen.

Arten der Rippendecke

Die Räume zwischen den Rippen können gebildet werden

- durch **Hohlkörper**, die nach dem Abbinden des Betons wieder entfernt oder die als verlorene Schalung belassen werden,
- durch **Füllkörper**, d. h. statisch nicht wirksame Zwischenbauteile, die während des Betonierens als Schalung dienen und später eine ebene Untersicht bilden und außerdem die Wärmedämmung der Decke verbessern.

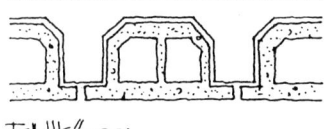

Es gibt auch statisch mitwirkende Füllkörper.

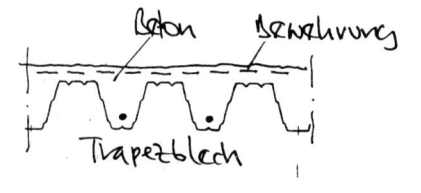

Sowohl Hohlkörper als auch Füllkörper sind genormt. Häufig werden Blechkassetten oder Trapezbleche als wieder zu entfernende Hohlkörper verwendet. Vor der endgültigen Festlegung der Abmessungen einer Rippendecke sollte man erkunden, mit welchen Hohl- oder Füllkörpern die in Frage kommenden Baufirmen arbeiten.

14.5 Rippendecke und deckengleiche Träger

Auch für Rippendecken gilt – wie für Stahlbetonplatten:

$$d \geq \frac{l_i}{35} \quad \text{bzw.} \quad d \geq \frac{l_i^2}{150}$$

Oft ist es jedoch sinnvoll, diese mögliche Schlankheit nicht voll auszunutzen. Eine etwas größere Höhe erfordert nur in den Rippen zusätzlichen Beton. Hingegen spart eine größere Höhe Stahl. Dies kann wiederum zu schlankeren Rippen führen.

Als Richtmaß für die Rippenhöhe dient:
$$d \sim \frac{l_i}{30}$$

Die Breite der Rippen wird so gewählt, dass sie für die Rundstähle mit der erforderlichen Betondeckung genügend Platz bieten. Gebräuchlich ist die Anordnung von zwei Stählen je Rippe. Im Allgemeinen ergeben sich Rippenbreiten von 11 bis 14 cm.

In den Rippen werden Bügel angeordnet.

Im Bereich der *positiven* Momente (im Feld) kann die Platte – oben – über ihre ganze Breite den Druck aufnehmen. Hier ist die Rippendecke sehr leistungsfähig. Die zulässige Betondruckspannung wird bei den im Hochbau gebräuchlichen Belastungen nie überschritten. Auch die Zugstähle lassen sich immer unterbringen, weil die Rippenbreite entsprechend gewählt werden kann.

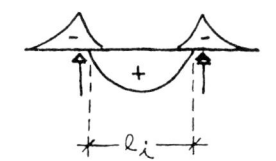

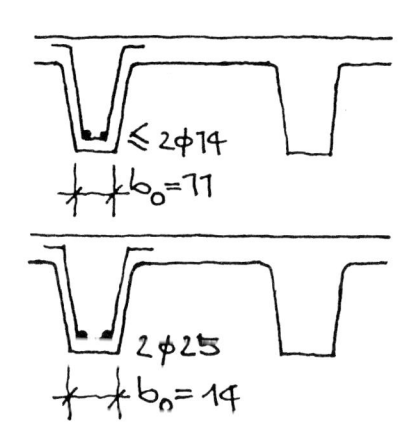

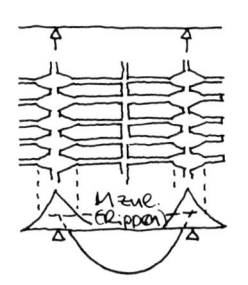

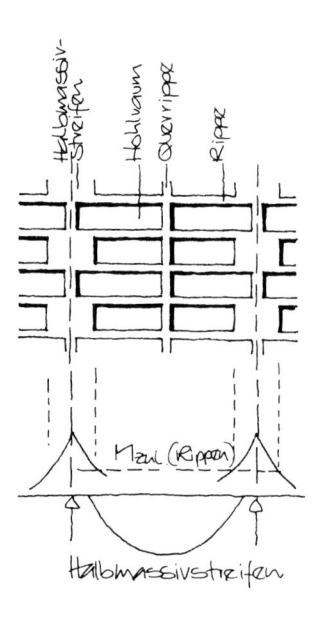

Ⓖ Im Bereich der *negativen* Momente (Stützenmomente bzw. Kragmomente) steht hingegen nur die Breite der Rippen für die Aufnahme des Drucks (unten!) zur Verfügung. Hier kann die zulässige Betondruckspannung leicht überschritten werden. Was tun?

Es bietet sich die Möglichkeit, die Rippen gegen die Auflager so zu verbreitern, dass der Druck aufgenommen werden kann.

Hierfür sind allerdings besondere Hohl- oder Füllkörper notwendig (Sonderanfertigungen); diese Methode ist also aufwendig. Einfacher ist es, Halbmassivstreifen anzuordnen, d. h. abwechselnd einen Hohlraum im Bereich des Stützenmomentes durchzuführen, den anderen jedoch mit Beton auszufüllen und auf diese Weise eine Verbreiterung der Rippen zu schaffen. Selbstverständlich ist dies nur dort notwendig, wo die Rippen allein nicht mehr in der Lage sind, den Druck aus den negativen Momenten aufzunehmen.

Damit ungleichmäßige Lasten – z. B. hohe Einzellasten – gleichmäßig auf mehrere Rippen verteilt werden, sind Querrippen anzuordnen. Außerdem ist in der Platte eine Querbewehrung erforderlich; sie sorgt nicht nur dafür, dass die Platte von Rippe zu Rippe zu spannen vermag, sondern sie vermeidet auch größere Risse zwischen den Rippen.

Ⓖ Sollte in einer Rippendecke die Querkraft so groß sein, dass in den Rippen die zulässige Schubspannung überschritten wird, so ist auch dem durch Anordnung von Halbmassivstreifen leicht abzuhelfen, denn diese vergrößern die für Schub kritische Breite. Halbmassivstreifen sind also nicht nur für die Aufnahme von negativen Momenten notwendig, sondern in seltenen Fällen auch zur Aufnahme der Querkraft.

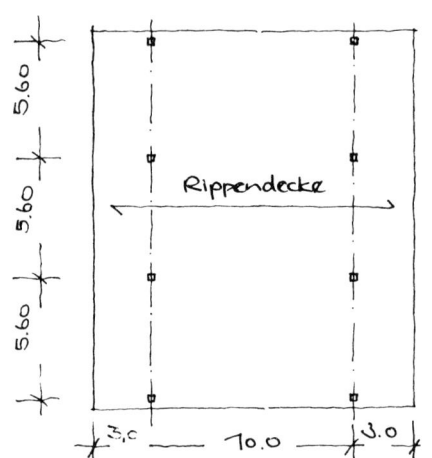

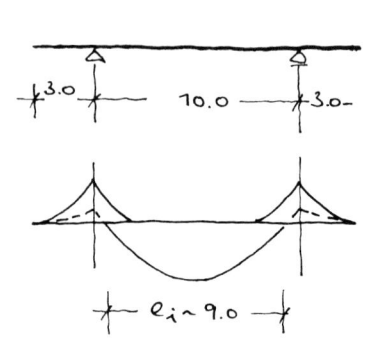

Beispiel 14.5.1
(vgl. auch »Zahlenbeispiele«)

Rippendecke mit deckengleichen Trägern

Dieser Grundriss wurde im Kapitel 14.4 mit einer Platte über die kleine Spannweite (3 × 5,6 m) und einen Plattenbalken über die große Spannweite (10,0 m mit 3,0 m Auskragung) überdeckt. Denselben Grundriss können wir auch mit einer *Rippendecke* über die große Spannweite und *deckengleichen Trägern* über die kleine Spannweite überdecken.

Position 1: Rippendecke

Wir schätzen l_i zunächst mit
$0{,}9 \cdot 10{,}0$ m $= 9{,}0$ m. Daraus ergibt sich

$$d \sim \frac{900}{30} = 30 \text{ cm}$$

Dies führt zu $h_0 \geq 34$ cm.

Aus der nächsthöheren Hohlkörperform ergibt sich

$h_0 = 38$ cm $\Rightarrow d = 34$ cm.

Dieses Maß genügt für den Entwurf.

Eine genaue Berechnung finden wir unter »Zahlenbeispiele«, Position 3b.

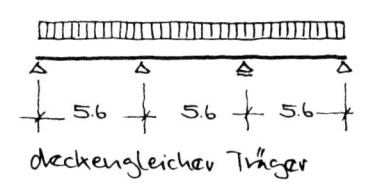

14.5 Rippendecke und deckengleiche Träger

Position 2: Deckengleicher Träger

Über die kleine Spannweite von 3 × 5,6 m kann der Unterzug »in die Decke gedrückt« werden, d. h. auch hier wird nur h = 38 cm gewählt. Um auch für diesen hochbelasteten Träger die relativ geringe Dicke zu ermöglichen, ist eine große Breite erforderlich. Dieser Träger wird breiter als hoch. Wir verstoßen damit gegen die Regel, Träger wesentlich höher als breit zu planen, aber der Vorteil der ebenen Untersicht, d. h. der gleichen Höhe von Decke und Träger, kann diesen Regelverstoß rechtfertigen. Diese Rippendecke mit deckengleichen Trägern ist im Schalplan dargestellt.

Die überschlägliche Berechnung eines ähnlichen Trägers finden wir unter »Zahlenbeispiele«, Position 4b.

Hinweis:

Deckengleiche Träger sind auch in Platten möglich. Die lichte Weite sollte dort etwa die 15-fache statische Höhe d nicht überschreiten.

312   14 Decken und Träger aus Stahlbeton

Schalplan für eine Rippendecke mit deckengleichen Balken in C 20/25 BSt 500

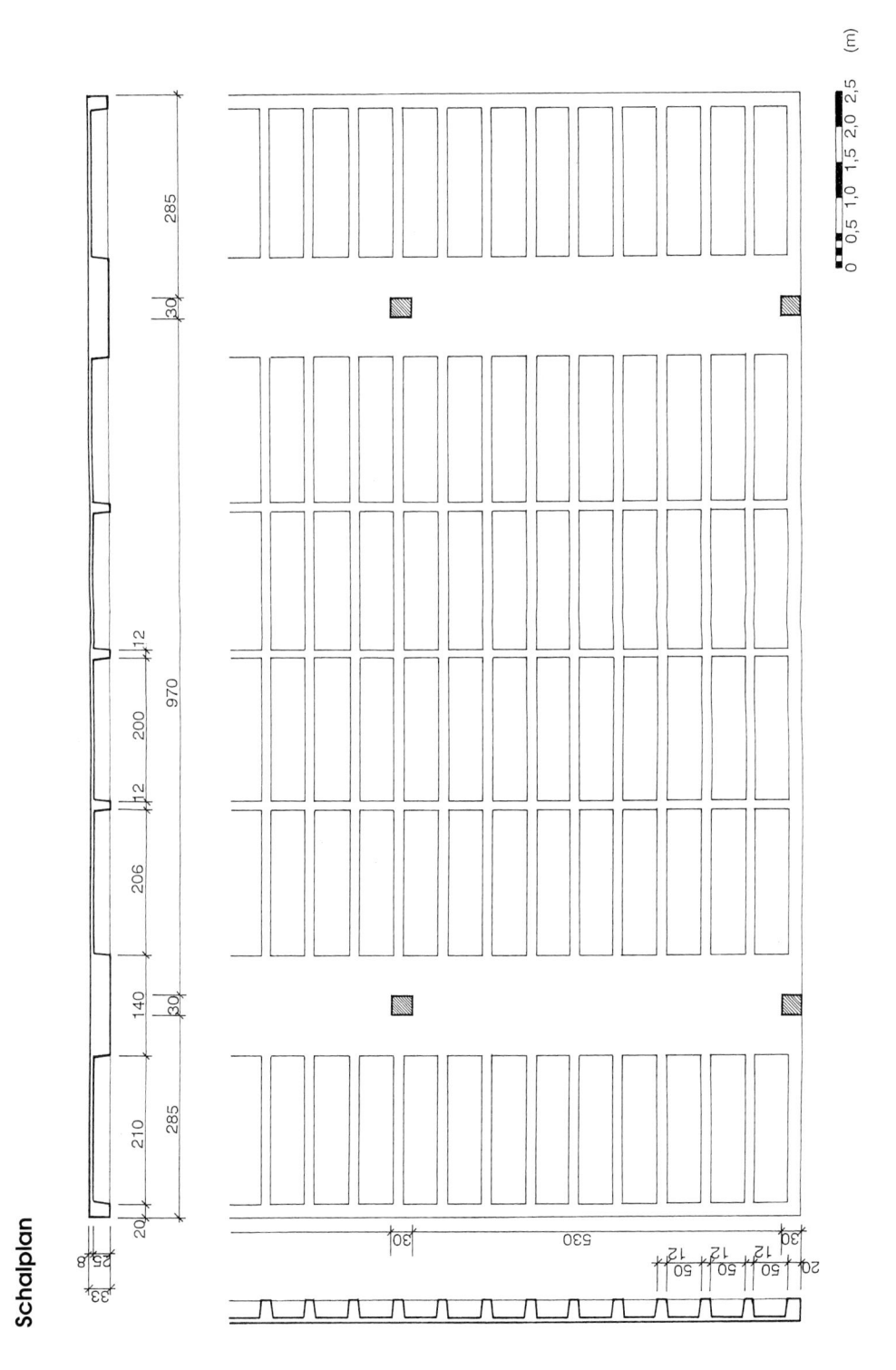

Schalplan

Zusammenfassung

Rippendecken können mit Hohlkörpern oder Füllkörpern hergestellt werden. Rippendecken wirken ähnlich den Plattenbalken. Die Platte ist mindestens $1/10$ des Rippen-Achsabstandes und mindestens 5 cm, meist jedoch ≥8 cm dick, der Abstand der Rippen ist höchstens 150 cm Achsmaß. Im Bereich der positiven Momente nimmt die Platte den Druck auf, die Stähle (meist zwei Rundstähle) liegen in den Rippen. Wenn im Bereich von negativen Momenten die Rippen den Druck nicht mehr allein aufnehmen können, hilft eine Verbreitung der Rippen (aufwendig!) oder die Anordnung von Halbmassivstreifen. Zur gleichmäßigeren Verteilung der Lasten werden Querrippen angeordnet.

Die Dicke d_0 der Rippendecke ergibt sich aus:

$$d \geq \frac{l_i}{35} \cdots \frac{l_i}{30} \quad \text{bzw.} \quad d \geq \frac{l_i^2}{150}$$

Betondruckspannung (-stauchung) und Schubspannung sind für die Gesamtdicke fast nie maßgebend. Die Stähle lassen sich immer unterbringen.

Ist die Rippendecke wesentlich weiter gespannt als die Querträger, so können die Querträger gleich dick ausgebildet werden wie die Rippendecke (deckengleiche Träger). Dies ist fast immer möglich, wenn l des Querträgers $\leq 2/3$ l der Rippendecke ist.

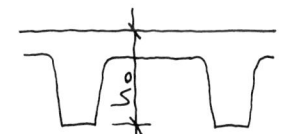

Ⓖ **Vergleich**

Oft hat der Architekt zu entscheiden, welche der beiden Varianten – Platte mit Plattenbalken oder Rippendecke mit deckengleichen Unterzügen – sich besser in die Gesamtplanung einfügt:

Variante a: Platte mit Plattenbalken

ist einfacher zu schalen und zu bewehren als die Variante b, dadurch ist sie billiger.

Aber der Plattenbalken kann den Raumeindruck empfindlich stören, sofern er nicht von einer abgehängten Decke verdeckt wird. Durchbrüche für Installationen sollten nur im mittleren Bereich des Trägersteges angeordnet werden, wo die Querkraft klein ist.

Variante b: Rippendecke mit deckengleichen Unterzügen

erfordert mehr Arbeitsaufwand für Schalung und Bewehrung. Der deckengleiche Unterzug erfordert wegen der geringen Konstruktionshöhe viel Stahl. Diese Variante ist also teurer. Doch kann sie entweder unverkleidet als Deckenkonstruktion gezeigt werden oder verkleidet eine ebene Deckenuntersicht bilden.

Installationen können freier geführt werden.

14.5 Rippendecke und deckengleiche Träger 315

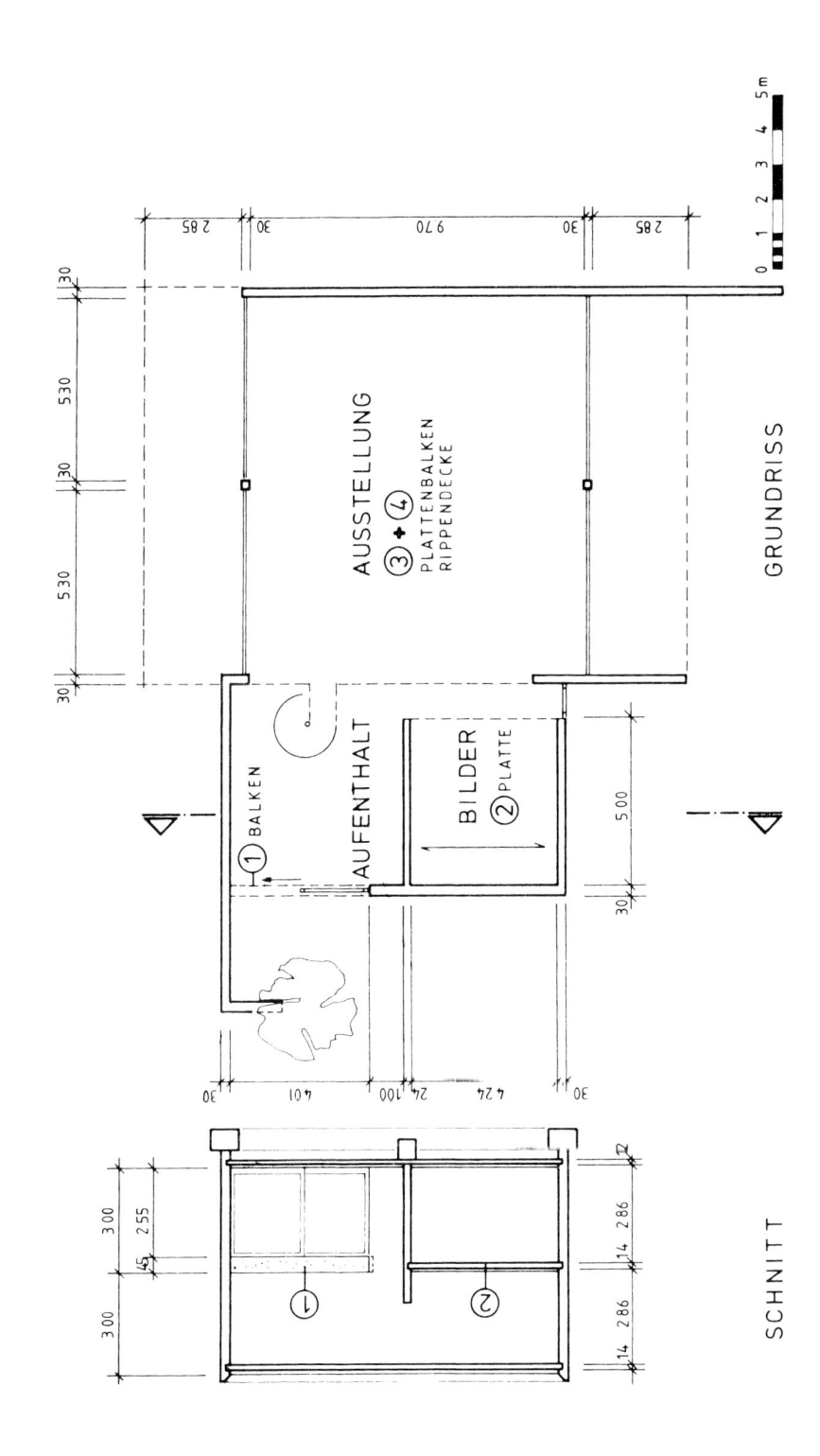

Z Zahlenbeispiele

Auch hier werden wir – wie bei dem Beispiel zu den Kapiteln 1 bis 9 – in folgenden Schritten vorgehen:
- eine maßstäbliche Systemskizze für jede Position,
- Ermitteln der Schnittkräfte für jede Position,
- Bemessung der Bauteile,
- hier – beim Stahlbeton – kommt bei den meisten Positionen eine maßstäbliche Skizze des Querschnittes mit der Bewehrung hinzu,
- Übertragen von Auflagerkräften von einer Position als Belastung auf andere Positionen,
- der Gesamtüberblick über das Zusammenwirken aller Bauteile.

Zum besseren Verständnis sei auch hier empfohlen, die Rechenarbeit zunächst »von Hand« vorzunehmen, auch wenn sie in der Praxis meist vom Computer ausgeführt wird.

14.5 Rippendecke und deckengleiche Träger

Siehe auch Kapitel 14.2

Z Kleine Ausstellungshalle

Dieses Beispiel wird – anders als die bisherigen Beispiele im Text – in praxisüblicher Kurzschreibweise gezeigt. Lasten und Maße wurden denen der Textbeispiele in Kapitel 14 ähnlich oder gleich gewählt, um Rückgriffe auf den Text zu erleichtern.

Bei der Ermittlung der Schnittkräfte werden wir anders vorgehen, als in den bisherigen Beispielen: Wir werden schon die Lasten mit dem Teil-Sicherheitsbeiwert γ_F multiplizieren und so unmittelbar die Bemessungs-Schnittgrößen ermitteln.

Position 1: Stahlbetonbalken
(vgl. Beispiel 14.2.1)

$q = 37{,}0$ kN/m

A ⎯ 4,20 ⎯ B

Die Spannweite l nehmen wir an mit
$l \approx 1{,}05 \cdot 4{,}01 \approx 4{,}20$ m.

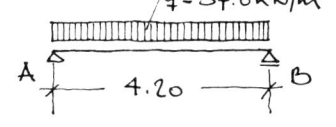

Lasten

aus Mauerwerk und Decke über 1. OG (angenommen)	20,0 kN/m
Eigengewicht $0{,}24 \cdot 0{,}45 \cdot 25$	2,7 kN/m
	g = 22,7 kN/m
aus Decke über 1. OG (angenommen)	p = 14,3 kN/m
	q = 37,0 kN/m

Bemessungs-Schnittgrößen:

$$A_d = B_d = \frac{37{,}0 \cdot 1{,}4 \cdot 4{,}2}{2} = \underline{\underline{108{,}8 \text{ kN}}}$$

$$V_{Ard} = -V_{Bld} = \underline{\underline{108{,}8 \text{ kN}}}$$

$$\max M_d = \frac{37{,}0 \cdot 1{,}4 \cdot 4{,}2^2}{8} = \underline{\underline{114{,}2 \text{ kN} \cdot \text{m}}}$$

Bemessung:

h/d/b = 45/40/24
C 20/25
BSt 500

Tabellenbuch StB 3.1.1

$$k_d = \frac{40}{\sqrt{\dfrac{114{,}2}{0{,}24}}} = 1{,}83 \quad \Rightarrow k_s = 2{,}75$$

$$A_s = 2{,}75 \cdot \frac{114{,}2}{40} = 7{,}85 \text{ cm}^2$$

gew: $\boxed{4 \, \varnothing \, 16}$ ≙ 8,04 cm² > 7,85 cm²

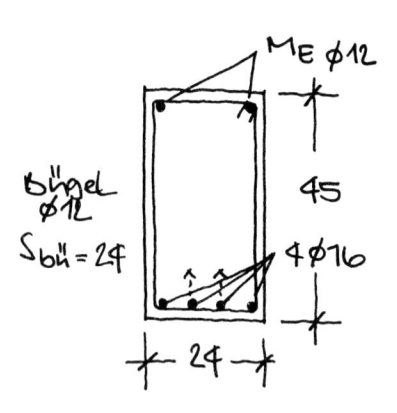

Tabellenbuch StB 1.1

Schub:

$$\tau = \frac{V_d}{b \cdot z} = \frac{108{,}8}{24 \cdot 0{,}85 \cdot 40} = 0{,}13 \text{ kN/cm}^2$$

$$< \tau_{Rd2} = 0{,}45$$

Vorläufig gewählt:

Bügel ⌀ 12, Abstand e = 24 cm

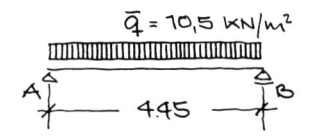

Position 2: Stahlbetonplatte
(vgl. Beispiel 14.3.1)

$l = 1{,}05 \cdot 4{,}24 = 4{,}45$ m

$d = \dfrac{445}{35} = 12{,}7$ cm

$\Rightarrow h = 18$ cm

Lasten:

Eigengewicht $0{,}18 \cdot 25$		= 4,50 kN/m²
Putz und Belag		≈ 1,00 kN/m²
	$\bar{g}$	= 5,50 kN/m²
Verkehrslast	$\bar{p}$	= 5,00 kN/m²
	$\bar{q}$	= 10,50 kN/m²

Bemessungs-Schnittgrößen:
(bezogen auf 1 m Breite)

$A_d = B_d = \dfrac{10{,}5 \cdot 1{,}4 \cdot 4{,}45}{2} = 32{,}7$ kN

$V_{Ard} = -V_{Bld} \qquad\qquad = 32{,}7$ kN

$\max M_d = \dfrac{10{,}5 \cdot 1{,}4 \cdot 4{,}45^2}{8} = 36{,}4$ kNm

Tabellenbuch StB 2.2

📐 **Bemessung:**

C 20/25
BSt 500 M
gew. h/d/b = 18/15/100

$$k_d = \frac{15}{\sqrt{36,4}} = 2,48 \quad \Rightarrow \quad k_s = 2,51$$

$$\text{erf } A_s = 2,51 \cdot \frac{36,4}{15} = 6,1 \, \text{cm}^2$$

gew: Betonstahlmatte $\boxed{\text{K 664}}$

vorh. $A_s = 6,64 \, \text{cm}^2 > \text{erf } A_s$

$$\tau = \frac{32,7}{100 \cdot 0,85 \cdot 15} = 0,026 \, \text{kN/cm}^2$$

$$< \tau_{Rd1} = 0,048 \, \text{kN/cm}^2$$

Deshalb weder Bügel noch Aufbiegungen.

Position 3 und 4: Decke mit Träger

Variante a: Platte mit Plattenbalken

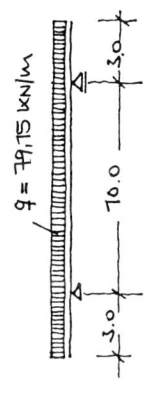

Position 3a: Stahlbetonplatte
(vgl. Beispiel 14.3.1)

$l = 1{,}05 \cdot 5{,}30 = 5{,}60$ m
$l_i = 0{,}8 \cdot 5{,}60 = 4{,}48$ m

erf d = $\dfrac{448}{35}$ = 13 cm $\Rightarrow$ h = 18 cm

Lasten

Eigengewicht: $0{,}18 \cdot 25$	= 4,50 kN/m²
Belag, Unterdecke:	1,25 kN/m²
	$\bar{g}$ = 5,75 kN/m²
Verkehrslast:	$\bar{p}$ = 5,00 kN/m²
	$\bar{q}$ = 10,75 kN/m²

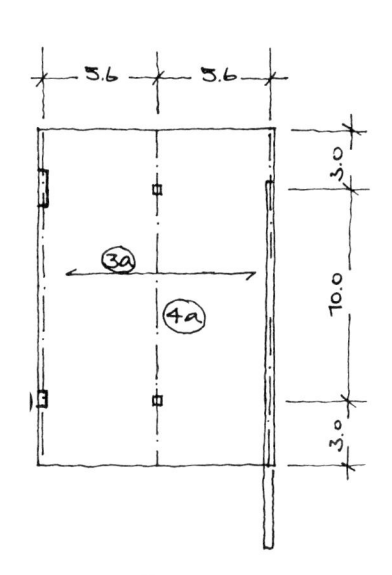

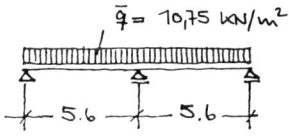

Tabellenbuch StB 3.1.3

Auflager
(Basiswerte)

(Näheres über Durchlaufdecken in Band 2.)

Hier werden Basiswerte ermittelt, weil sie für die Lastaufstellung einer anderen Position gebraucht werden.

$A = C = 0{,}4 \cdot 5{,}6 \cdot 10{,}75 \quad = 24{,}08 \text{ kN}$

$B_g \quad = 1{,}25 \cdot 5{,}6 \cdot 5{,}75 \quad = 40{,}25 \text{ kN}$
$B_p \quad = 1{,}25 \cdot 5{,}6 \cdot 5{,}00 \quad = 35{,}00 \text{ kN}$

$\phantom{B_p = 1{,}25 \cdot 5{,}6 \cdot 5{,}00 \quad\ } B = 75{,}25 \text{ kN}$

(Querkräfte, Momente und Bemessung werden hier nicht ausgeführt. Für den Entwurf und den nachfolgenden Träger genügen h = 18 cm und die Ermittlung der Auflagerkraft B.)

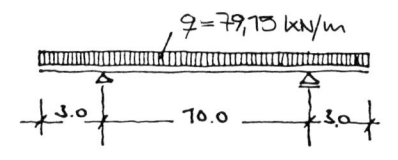

Position 4a: Plattenbalken
(vgl. Beispiel 14.4.1)

Lastaufstellung:

Bei der Übernahme von Lasten aus anderen Positionen (hier der Auflagerkräfte aus Position 3a) ist darauf zu achten, ob dies Basiswerte (ohne γ_F) oder Bemessungswerte (also schon mit γ_F multipliziert) sind.

aus Platte Position 3a, Aufl. B_g	40,25 kN/m
Eigengew., geschätzt	
$0{,}52 \cdot 0{,}30 \cdot 25$	= 3,90 kN/m
	g = 44,15 kN/m
aus Platte Position 3a, Aufl. B_p	35,00 kN/m
	q = 79,15 kN/m

Tabellenbuch TS 1

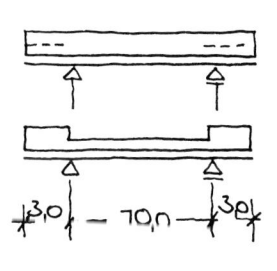

Lastfall min M_A

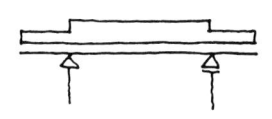

Lastfall max M

Bemessungs-Schnittgrößen:

$$A_d = B_d = 79{,}15 \cdot 1{,}4 \cdot \left(3{,}0 + \frac{10{,}0}{2}\right) = \underline{886{,}5 \text{ kN}}$$

$$V_{Aed} = -V_{Brd} = 79{,}15 \cdot 1{,}4 \cdot 3{,}0 = \underline{332{,}3 \text{ kN}}$$

$$V_{Ard} = -V_{Bld} = 886{,}5 - 332{,}3 = \underline{554{,}2 \text{ kN}}$$

$$\min M_{dA} = \min M_{dB} = -\frac{79{,}15 \cdot 1{,}4 \cdot 3{,}0^2}{2}$$

$$= \underline{-498{,}7 \text{ kNm}}$$

$$\max M_d = \frac{79{,}15 \cdot 1{,}4 \cdot 10{,}0^2}{8} - \frac{44{,}15 \cdot 3{,}0^2}{2}$$

$$= \underline{1186{,}5 \text{ kNm}}$$

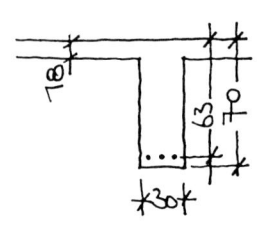

Tabellenbuch StB 3.1.5

Bemessung:

C 20/25
BSt 500

$$b = \frac{0{,}9 \cdot 10{,}00}{4} = 225 \text{ cm}$$

b_0 = 30 cm
h = 18 cm
h_0 = 70 cm
d_{Feld} = 63 cm (2 Lagen)
$d_{Stütze}$ = 63 cm

1. Feldmoment

$$k_d = \frac{63}{\sqrt{\frac{1186{,}5}{2{,}25}}} = 2{,}74 \Rightarrow k_s = 2{,}46$$

$$\text{erf } A_s = 2{,}46 \cdot \frac{1186{,}5}{63} = 46{,}33 \text{ cm}^2$$

gew: $\boxed{10 \oslash 25}$ ≙ 49,10 cm

erf Breite: 5 · 2,5 = 12,5 cm
4 · 2,5 = 10,0 cm
Bü 2 · 1,2 = 2,4 cm
2 · 2,5 = 5,0 cm
_____
29,9 cm < vorh b_0

2. Stützenmoment

$$k_d = \frac{63}{\sqrt{\frac{498{,}7}{0{,}30}}} = 1{,}545 \Rightarrow k_s = 3{,}09$$

$$\text{erf } A_s = 3{,}09 \cdot \frac{498{,}7}{63} = 24{,}46 \text{ cm}^2$$

gew: $\boxed{\begin{array}{l} 4 \oslash 25 \\ 2 \oslash 20 \end{array}}$ ≙ 19,64 cm²
       6,28 cm²
_____
25,92 cm² > erf A_s

Schub:

$$\tau = \frac{554{,}2}{30 \cdot 0{,}85 \cdot 63} = 0{,}34 \text{ kN/cm}^2$$

$$< \tau_{Rd2} = 0{,}45 \text{ kN/cm}^2$$

Vorläufig gewählt: Bügel Ø 12

e = 20 cm

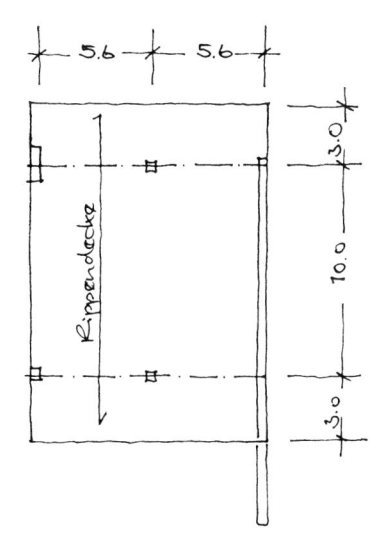

Im Folgenden wird als Variante zu Platte Position 3a und Plattenbalken Position 4a eine deckengleiche Konstruktion untersucht: Rippendecke Position 3b über die große und deckengleiche Träger Position 4b über die kleine Spannweite.

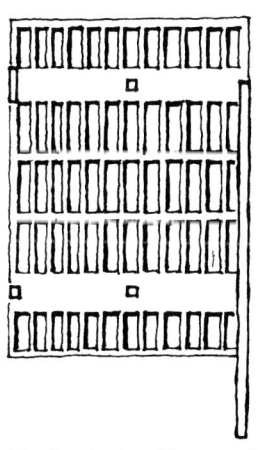

Variante b: Rippendecke mit deckengleichen Trägern

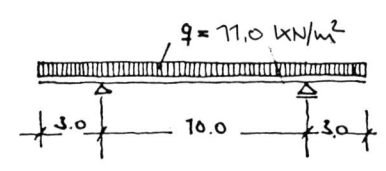

Position 3b: Rippendecke

$l_i \approx 0{,}9 \cdot 10{,}0 = 9{,}0$ m

erf d = $\dfrac{900}{30}$ = 30 cm

gew: Blechhöhe 330 mm
       Blechbreite 500 mm

$h = 8$ cm
$h_0 = 38$ cm

Tabellenbuch StB 3.1.10

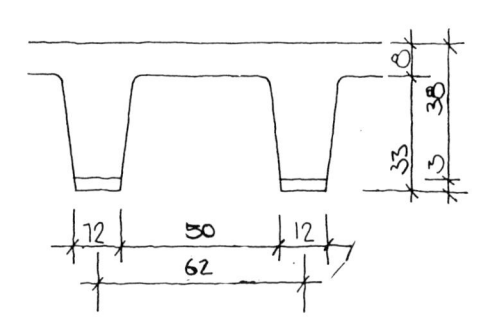

Für den Entwurf genügt es in den meisten Fällen, die Dicke der Deckenkonstruktion zu kennen, hier $h_0 = 38$ cm.

Lastaufstellung:

Eigengewicht, Rippendecke
                          $\approx 0{,}19 \cdot 25$ = 4,8 kN/m²
Fußboden + Unterdecke: $\approx$ 1,2 kN/m²

                                         g = 6,0 kN/m²
Verkehrslast   p = 5,0 kN/m²

                                          q = 11,0 kN/m²

Ƶ **Auflager, Querkräfte, Momente**
(bezogen auf 1 m Breite)

Basis-Auflagerkräfte
(bezogen auf 1 m Breite)

Lastfall 1 (Volllast)

$$A = B = 11{,}0 \left(3{,}0 + \frac{10{,}0}{2}\right) = 88{,}0 \text{ kN}$$

(Hier werden die Basis-Auflagerkräfte ermittelt, weil sie für die Lastaufstellung der folgenden Position gebraucht werden.)

Bemessungs-Schnittgrößen:

Lastfall 1 (Volllast)

$A_d = B_d = 88{,}0 \cdot 1{,}4 \qquad = 123{,}2$ kN
$V_{Ald} = -V_{Brd} = 11{,}0 \cdot 1{,}4 \cdot 3{,}0 \qquad = 46{,}2$ kN
$V_{Ard} = -V_{Bld} = 132{,}2 - 46{,}2 \qquad = \underline{77{,}0 \text{ kN}}$

$$\min M_{dA} = \min M_{dB} = -\frac{11{,}0 \cdot 1{,}4 \cdot 3{,}0^2}{2}$$

$$= \underline{\underline{-69{,}3 \text{ kNm}}}$$

Lastfall 2

$$\max M_d = \frac{11{,}0 \cdot 1{,}4 \cdot 10{,}0^2}{8} - \frac{6{,}0 \cdot 3{,}0^2}{2}$$

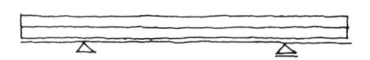

$$= \underline{\underline{165{,}5 \text{ kNm}}}$$

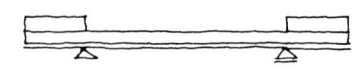

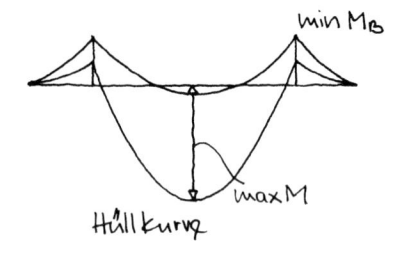

Lastfall 3

Dieser Lastfall ist erforderlich für das Zeichnen der Hüllkurve. Aus ihr ist zu ersehen, wie weit das negative Moment in das Feld ragt. So weit – verlängert um die Haftlänge – müssen die oberen Stähle in das Feld geführt werden.

$$M_{0g} = \frac{g \cdot l^2}{8} = \frac{6{,}0 \cdot 10^2}{8} = 75 \quad \text{kNm}$$

min M_{Feld} = 75 – 69,3 = 5,7 kNm

Die negativen Momente ragen so weit in das Feld, dass es sinnvoll ist, einen Teil der oberen Bewehrung über das Feld durchzuführen.

Z **Bemessung:**

C 20/25; BSt 500
h = 8 cm
h_0 = 38 cm
d = 34 cm
$b_0 = \dfrac{12}{0{,}62} = 19{,}4$ cm

1. Feldmoment   max M_d = 165,5 kNm

$k_d = \dfrac{34}{\sqrt{165{,}5}} = 2{,}64 \Rightarrow k_s = 2{,}47$

erf $A_s = 2{,}47 \cdot \dfrac{165{,}5}{34} = 12{,}02$ cm² je 1 m Breite

$\phantom{\text{erf } A_s\ } = 12{,}02 \cdot 0{,}62 = 7{,}45$ cm² je Rippe

gew: $\boxed{1 \varnothing 20 + 1 \varnothing 25}$ ≙ 8,05 cm² je Rippe

2. Stützenmoment M_{Ad} = − 69,3 kNm

Wegen Matte über Längsstählen: d = 33 cm

$k_d = \dfrac{33}{\sqrt{\dfrac{69{,}3}{0{,}194}}} = 1{,}75 \Rightarrow k_s = 2{,}81$

erf $A = 2{,}81 \cdot \dfrac{69{,}3}{33} = 5{,}90$ cm² je 1 m Breite

$\phantom{\text{erf } A\ } = 5{,}90 \cdot 0{,}62 = 3{,}66$ cm² je Rippe

gew: $\boxed{2 \varnothing 16}$ = 4,02 cm² je Rippe

$\tau = \dfrac{77{,}0}{19{,}4 \cdot 0{,}85 \cdot 34} = 0{,}14$ kN/cm²

$< \tau_{Rd2} = 0{,}45$ kN/cm²

Halbmassivstreifen sind nicht erforderlich. Sowohl für die Betondruckspannung aus den Stützenmomenten als auch für den Schub reicht die Dicke der Rippen.

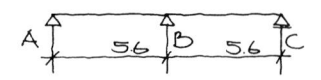

Position 4b: Deckengleicher Träger

Die Spannweiten l = 5,60 m dieses Trägers sind wesentlich kleiner als die der Rippendecke (5,60 < $\frac{2}{3}$ · 10,00). Der Träger lässt sich deshalb deckengleich ausbilden.

Die exakte Berechnung dieses Durchlaufträgers übersteigt unsere bisher erworbenen Kenntnisse. Wir können aber den Träger an der am stärksten beanspruchten Stelle bemessen, wenn wir wissen, dass am Zweifeldträger das Stützenmoment ist:

$$M_B = -\frac{q \cdot l^2}{8}$$ (Näheres in Band 2)

Da wir hierfür nur q brauchen, verzichten wir in der Lastaufstellung auf die Trennung von g und p, wie sie für die exakte Berechnung eines Durchlaufträgers erforderlich wäre.

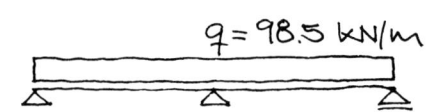

Lastaufstellung:

aus Position 3b:	A = 88,0 kN/m
zusätzliches Eigengewicht des deckengleichen Trägers:	
1,40 m · 0,30 m · 25 kN/m³	10,5 kN/m
⇑	
geschätzte Breite	q = 98,5 kN/m

Z Bemessungs-Stützenmoment:

$$\min M_B = -\frac{98,5 \cdot 1,4 \cdot 5,6^2}{8} = \underline{\underline{540,5 \text{ kNm}}}$$

Bemessung:

C 20/25
BSt 500
h = 38 cm

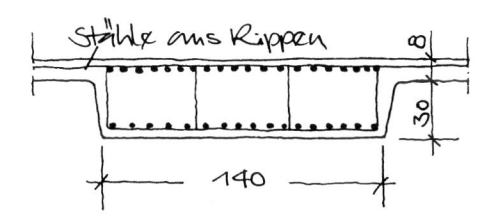

Die Stähle dieses Trägers liegen unter denen der Rippe (beide für negative Momente, also oben).

deshalb: d = 31 cm
geschätzt: b = 140 cm

$$k_d = \frac{31}{\sqrt{\dfrac{540,5}{1,40}}} = 1,57 \quad \Rightarrow \quad k_s = 3,04$$

$$\text{erf } A_s = 3,04 \cdot \frac{540,5}{31} = 53,0 \text{ cm}^2$$

gewählt: $\boxed{17 \oslash 20}$ ≙ 53,4 cm²

15 Stützen und Wände aus Beton und Stahlbeton

15.1 Allgemeines

Betondruckteile – Stützen oder Wände – werden meist mit Stahlbewehrung (Stahlbeton) ausgebildet.

Beton ist von seinen Eigenschaften her – nicht vom Herstellungsvorgang – dem Mauerwerk ähnlich (z. B. fast keine Zugfestigkeit, mäßige Druckspannungen etc.). Deshalb kann unbewehrter Beton etwa in den Grenzen des Mauerwerksbaues (zulässige Spannungen, Geschoßzahlen, Wandlängen, Geschosshöhen etc.) angewandt werden.

Wie alle druckbeanspruchten Bauglieder unterteilen wir auch die Beton- und Stahlbetondruckglieder in *gedrungene* (ohne Knickgefahr) und *schlanke* (mit Knickgefahr).

Die Tragfähigkeit der gedrungenen Stützen oder Wände hängt nur vom Material und der Querschnittsfläche, die der schlankeren Druckglieder von wesentlich mehr Einflussgrößen ab.

Die Verfasser streben an, die notwendigen Berechnungsmethoden so einfach und einheitlich wie möglich zu halten. Deshalb wurde anstelle der verschiedenen in der DIN 1045 vorgesehenen, teils komplizierten Methoden hier ein Näherungsverfahren entwickelt.

15.2 Gedrungene Beton- und Stahlbetonstützen

1. Tragfähigkeit der gedrungenen unbewehrten Betonstütze

Der Nachweis ausreichender Tragfähigkeit einer gedrungenen Betonstütze erfolgt mit Querschnittsfläche und Grenzdruckspannung. Der Widerstand der Tragfähigkeit muss größer oder gleich dem Bemessungswert der Einwirkungen sein:

$$N_{Rd} = \sigma_{Rd} \cdot A \geq N_d$$

Entsprechend muss die Spannung kleiner oder gleich der Grenzdruckspannung sein:

$$\sigma_d = \frac{N_d}{A} \leq \sigma_{Rd}$$

Die Querschnittsfläche ist die Grundrissfläche der Stütze oder eines 1 m langen Wandstückes.

Tabellenbuch BM 1

Grenzdruckspannungen

Beton C	f_{ck} (kN/cm^2)	σ_{Rd} (kN/cm^2)
12/15	1,2	0,57
20/25	2,0	0,94
30/37	3,0	1,42
35/45	3,5	1,65

von unbewehrtem Beton

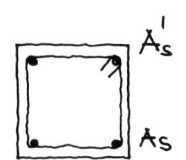

15.2 Gedrungene Beton- und Stahlbetonstützen

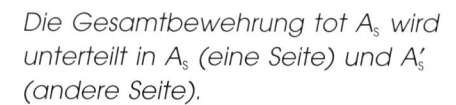

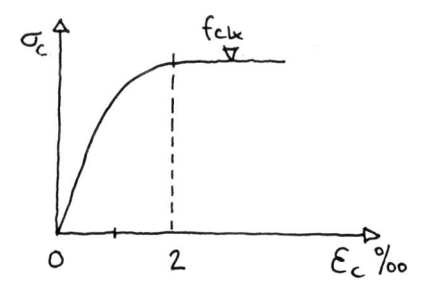

Die Gesamtbewehrung tot A_s wird unterteilt in A_s (eine Seite) und A'_s (andere Seite).

2. Tragfähigkeit der gedrungenen Stahlbetonstützen

Beim Stahlbeton haben wir es mit zwei Materialien – Beton und Stahl – zu tun, die miteinander fest verbunden sind.

Auf der Grundlage von Versuchen ist in der DIN 1045 festgehalten, dass der Grenzzustand der Tragfähigkeit der Stahlbetonstützen bei Längsdruck theoretisch dann eintritt, wenn die Stauchung der Stütze 2 ‰ (2 mm bei einer Stützenlänge von 1 m = 1000 mm) erreicht. Beton und Stahllängsbewehrung haben bei 2 ‰ Stauchung ganz bestimmte Spannungen, die sich aus den Spannungs-Dehnungs-Diagrammen ablesen lassen.

Bei Stahlbetondruckgliedern werden ebenfalls die nach DIN 1045 üblichen Teilsicherheitsbeiwerte γ_M der Materialien Beton und Betonstahl gefordert.

Sie betragen $\gamma_c = 1{,}5$ für Beton und $\gamma_s = 1{,}15$ für Stahl.

Damit werden aus den Festigkeitswerten f_{ck} und f_{yk} die Bemessungswerte für Beton

$$\sigma_{cd} = \frac{0{,}85 \cdot f_{ck}}{1{,}5}$$

($\alpha = 0{,}85$ für Langzeitwirkung)

und Stahl $f_{yd} = \dfrac{f_{yk}}{1{,}15}$.

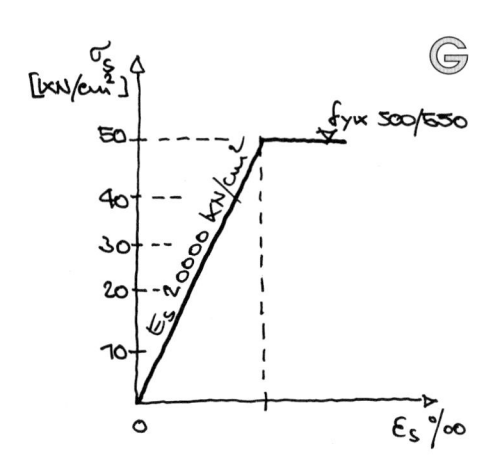

Im Grenzzustand der Tragfähigkeit (2 ‰ Stauchung) ist das Tragvermögen der Materialien daher:

Beton: $N_c = A_c \cdot \sigma_{cd}$ | N_c: Tragfähigkeit des Betons
 | A_c: Querschnitt des Betons
Stahl: $N_s = \text{tot } A_s \cdot \sigma_s$ | N_s: Tragfähigkeit des Stahls

$N_{Rd} = A_c \cdot \sigma_{cd} + \text{tot } A_s \cdot \sigma_s$

Beispiel 15.2.1

Stütze ohne Knickgefahr; **Nachweis** der Bemessungslängskraft (Traglast).

geg: h/b = 40/40; 8 ⌀ 20

C 20/25

BSt 500 S

A_c = 40 · 40 = 1600 cm²

tot A_s = 8 · 3,14 = 25,1 cm²

σ_{cd} = 1,133 kN/cm² (Beton C 20/25)

Stahl: σ_s = 40 kN/cm²

N_{Rd} = 1600 · 1,133 + 25,1 · 40

N_{Rd} = 1813 + 1004 = 2817 kN

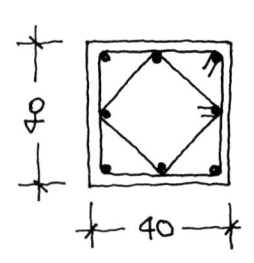

Tabellenbuch StB 2

Tabellenbuch StB 1

15.2 Gedrungene Beton- und Stahlbetonstützen

Ⓖ Bei der umgekehrten Aufgabenstellung – **Bemessung**, d. h. Finden der erforderlichen Beton- und Stahlquerschnitte bei gegebener Belastung – ist es oft zweckmäßig, den Stahlquerschnitt als dimensionslosen Anteil (%) am Gesamtquerschnitt A_c auszudrücken. Hierzu wird aus Betonqualität, Stahlqualität und Bewehrungsgrad eine ideelle Grenzdruckspannung σ_{Ri} gebildet:

Ⓗ Bewehrungsgrad $\rho = \dfrac{\text{tot } A_s}{A_c}$ [%]

Damit wird die Bemessungslängskraft zu

$N_{Rd} = A_c \cdot \sigma_{cd} + \rho A_c \cdot \sigma_s \quad | \quad \text{tot } A_s = \rho \cdot A_c$

$N_{Rd} = A_c (\sigma_{cd} + \rho \cdot \sigma_s)$

und abgekürzt:

$N_{Rd} = A_c \cdot \sigma_{Ri}$

σ_{Ri} ist eine ideelle Grenzspannung, entstehend aus der zulässigen Betongrenzspannung σ_{cd} plus dem auf die gesamte Fläche verteilt gedachten, gleichsam »verschmierten« Traganteil der Stahlstäbe

$\sigma_{Ri} = \dfrac{N_{Rd}}{A_c} =$

$\sigma_{Ri} = \sigma_{cd} + \rho \cdot \sigma_s$

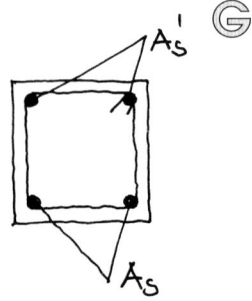

Die ideellen Spannungen σ_{Ri} werden in Abhängigkeit von Bewehrungsgrad, Stahlgüte und Betongüte ausgedrückt.

Wird das vorige Beispiel mittels σ_{Ri} nachgerechnet, so ergibt sich:

$$\rho = \frac{\text{tot } A_s}{A_c} = \frac{25{,}1 \text{ cm}^2}{1600 \text{ cm}^2} = 0{,}0157 = 1{,}57\,\%$$

und aus der Tabelle (siehe Tabellenbuch)
$\sigma_{Ri} = 1{,}76 \text{ kN/cm}^2$

$N_{Rd} = 1600 \cdot 1{,}76 = 2816 \text{ kN}$ (wie vorher).

Die DIN-1045-Vorschriften legen einen Mindestbewehrungsgehalt von $\rho = 0{,}3\,\%$ und einen Höchstbewehrungsgrad von $9\,\%$ von A_c fest.

Zusätzlich wird gefordert, dass $15\,\%$ der Längskraft durch den Stahl aufgenommen wird, was je nach Betongüte zu 0,45 bis 1,0 % Bewehrung führt.

Weil das Einbringen und Verdichten des Betons bei viel Bewehrung schwierig wird, sollten 5 % Bewehrung möglichst nicht überschritten werden.

15.2 Gedrungene Beton- und Stahlbetonstützen

Tabellenbuch StB 3.2

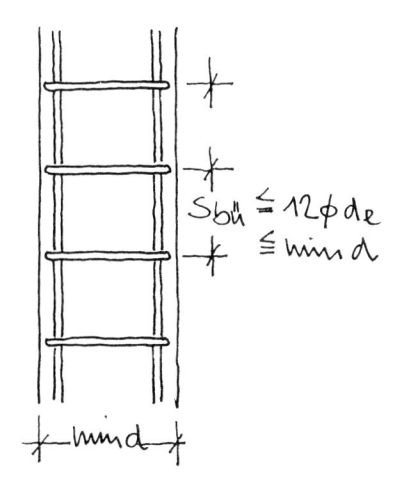

$S_{bü} \leq 12 \phi d_e$
$\leq \min d$

Ⓖ Man sieht an der σ_{Ri}-Tabelle im Tabellenbuch, dass die Tragfähigkeit der Stütze (bei konstantem Querschnitt ausgedrückt durch die Spannung σ_{Ri}) vom Grundtragvermögen (bei Mindestbewehrung) durch Stahleinlagen auf das ca. 2-fache bei 5 % Bewehrung und auf das 2,5-fache bei Höchstbewehrung angehoben werden kann.

Auf jeden Stahlstab entfällt ein Anteil der Längsdruckkraft. Deshalb muss der Stab durch Bügel am Ausknicken gehindert werden. Der Bügelabstand muss gleich oder kleiner dem 12-fachen Durchmesser des Längsstabes sein (weitere Anordnung siehe Beispiele für die Bewehrung im Tabellenbuch).

Beispiel 15.2.2

Stütze ohne Knickgefahr; Bemessung

geg: mittige Längskraft $N_d = -3300$ kN
C 20/25   BSt 500

ges: bügelbewehrte quadratische Stütze mit Mindestbewehrung: ($\rho = 0.5\%$)

Tabellenbuch StB 2

σ_{Ri} = 1,333 cm²

erf A_c = 3300/1,333   = 2475 cm²

= 49,7 · 49,7 cm

$\Rightarrow$ gewählt 50 · 50 cm

erf A_s = 0,005 · 2475   = 12,4 cm²

$\Rightarrow$ gewählt 4 Ø 16 + 4 Ø 16 (16,08 cm²)

Bügel Ø 8, $s_{bü}$ = 20 cm   ≈ 12 · 1,6

Zwischenbügel Ø 8, $s_{bü}$ = 40 cm

(Die Zwischenbügel sind hier unter 45° zu den anderen Bügeln gelegt, sie halten hier die vier mittleren Längseisen.)

Der Wert $\sigma_{Ri} \approx 1,3$ kN/cm² für Mindestbewehrung bei C 20/25 und BSt 420 S oder BSt 500 S ist leicht zu merken. Entsprechend ist der Wert bei hoher Bewehrung ($\rho = 5\%$) $\sigma_{Ri} = 3,1$ kN/cm².

15.3 Schlanke Beton- und Stahlbetonstützen

Die Knickgefahr sehr schlanker Stützen hängt – wie wir wissen – unter Annahme der idealen eulerschen Voraussetzungen – von der Schlankheit und dem Elastizitätsmodul ab.

Nach Euler ist die Knickspannung $\sigma_K = \dfrac{\pi^2 E}{\lambda^2}$

Bei weniger schlanken Stützen ist auch die Druckfestigkeit f_{ck} von Bedeutung. Die Kurve der Knickspannung verlässt im σ-λ-Diagramm bei kleineren Schlankheiten die Euler-Hyperbel und läuft horizontal auf die Druckfestigkeit des Materials zu. Auf diesen Knickspannungskurven beruht das k-Verfahren.

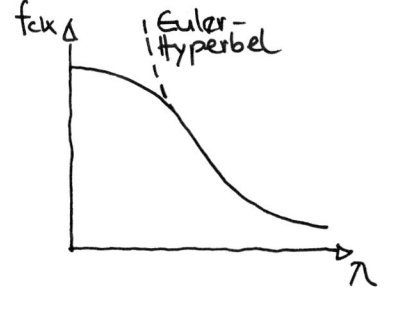

Die Knickberechnung von Beton- und Stahlbetonstützen soll möglichst einfach und ähnlich der bei Stahl und Holz durchgeführt werden können. Weil die idealen eulerschen Voraussetzungen bei Stahlbeton noch weit weniger gegeben sind als bei den genannten anderen Materialien, kann diese Knickberechnung nur ein Näherungsverfahren darstellen.

Als geometrische und strukturelle Unzulänglichkeiten (Imperfektionen) sind zu nennen:

- unvermeidbare Abweichung vom geraden Stützenverlauf (krummes Einschalen),
- ungewollte Ausmittigkeit der Krafteinleitung in der Stütze (z. B. infolge Verdrehung der Balken aus Durchbiegung),

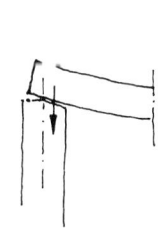

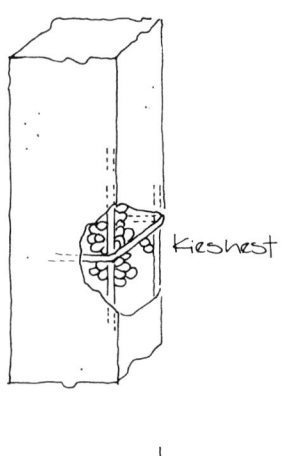

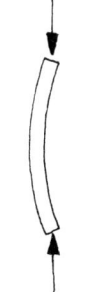

Ⓖ   – ungleiche Festigkeit und inkonstanter
E-Modul über die Querschnittsfläche
(z. B. Kiesnester, schlechte Verdichtung bei
enger Bewehrung),
– unterschiedliche Austrocknung (Schwinden
des Betons) und Stauchung im Laufe der
Zeit (Kriechen).

Infolge der Längskraft und der verschiedenen Imperfektionen entstehen Verkrümmungen der Stütze und damit Biegemomente, die umso größer sind, je schlanker die Stütze und je höher die Last ist.

Bei einer bestimmten Schlankheit und wachsender Längskraft würde – falls man es so weit kommen lassen würde – der Querschnitt irgendwann versagen, oder er würde nicht mehr genügend Widerstand gegen weitere Krümmung aufbringen können, und die Stütze würde so wegen der immer größer werdenden Verformungen zerstört werden.

Wie schon erwähnt, sind die Versagensursachen bei schlanken Beton- und besonders bei Stahlbetonstützen erheblich anders als bei idealgeraden Stahlstützen. Trotzdem kann zum Überschlagen von Querschnittsabmessungen ein **k-Verfahren** wie bei Stahl und Holz angewendet werden.

Bei Stahl und Holz wurde der Nachweis der Tragfähigkeit und die Bemessung mit den Formeln durchgeführt (siehe Kapitel 9.2):

$$\sigma_K = \frac{N_d}{A} \leq \sigma_{Rd} \cdot k$$

bzw.

$$N_{Rd} = k \cdot \sigma_{Rd} \cdot A; \qquad erf\ A = \frac{N_d}{k \cdot \sigma_{Rd}}$$

Ähnlich können wir nach dem hier gezeigten Näherungsverfahren auch für Stahlbeton vorgehen.

15.2 Gedrungene Beton- und Stahlbetonstützen

Ⓖ Zum Näherungsverfahren

Der k-Wert bei Stahl und Holz ist nur von der Schlankheit $\left(\lambda = \dfrac{s_k}{i}\right)$ und dem gewählten Material abhängig.

Was bedeutet bei Stahlbeton $\lambda = \dfrac{s_k}{i}$?

- **Stablänge** und **Auflagerung** (Eulerfälle) ergeben auch im Stahlbetonbau näherungsweise die Knicklänge s_k.
- Der Trägheitsradius $i = \sqrt{\dfrac{I}{A}}$ ist ein Maß für das auf die Querschnittsfläche bezogene Trägheitsmoment. Neben den Abmessungen der Betonfläche geht bei Stahlbeton auch die Bewehrung in das Trägheitsmoment ein.

  In unserem Näherungsverfahren wurden sämtliche Einflüsse der Stahleinlagen (Menge, Anordnung und Stahlgüte der Bewehrung) auf Trägheitsmoment und Schlankheit mit »mittleren« Werten berücksichtigt. Die Aufstellung der k-Tabelle erfolgte für den üblichen Beton C 20/25 und Stahl BSt 500 S und einen Bewehrungsgrad von 2 bis 2,5 %. (Genau genommen bedeutet das, dass bei Mindestbewehrung die Steifigkeit als zu hoch, bei hoher Bewehrung die Steifigkeit als zu niedrig angenommen wurde.)

- Statt der Schlankheit $\dfrac{s_k}{i}$ kann bei Rechteck- und Rundstützen auch die **Außenabmessung** verwandt werden in den Formen:

$$\lambda = 3{,}46 \, \dfrac{s_k}{\min h} \quad \text{(rechteckig)}$$

$$\lambda = 4{,}00 \, \dfrac{s_k}{\varnothing} \quad \text{(rund)}$$

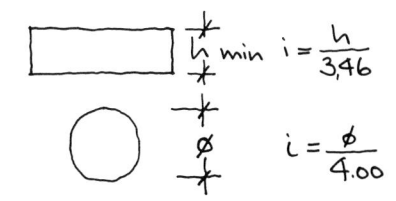

$$h\,\text{min} \quad i = \dfrac{h}{3{,}46}$$

$$i = \dfrac{\varnothing}{4{,}00}$$

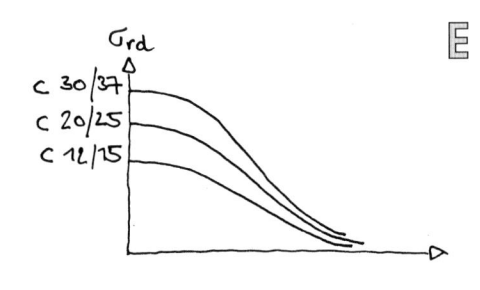

- Im Stahlbau gibt es für die Stahlarten St 37 und St 52 – wie wir gesehen haben – unterschiedliche k-Reihen. Der Grund ist darin zu suchen, dass für alle Stahlsorten zwar der E-Modul gleich, aber die Bruchspannungen ungleich sind.

Für die Betongüten wird hier das Verhältnis $\frac{E_c}{f_{ck}}$ als annähernd konstant angesehen. Die Knickspannungskurven sind sich dadurch alle ähnlich (was nicht ganz exakt ist).

Es ist somit für alle Betongüten nur eine k-Reihe zur Erfassung der Knickgefahr ausreichend.

Die Schlankheit bleibt der einzige unabhängige Parameter für den Knickwert, alle anderen Einflüsse sind mit Mittelwerten in die k-Tabellen eingegangen.

15.2 Gedrungene Beton- und Stahlbetonstützen

1. Knicknachweis der unbewehrten Betonstütze und -wand

Unbewehrte Betonstützen und zweiseitig gehaltene Betonwände sind nach EC 2 zulässig bis:

$$\frac{h_s}{h} = 25 \text{ (Eulerfall 2)}$$

Der Nachweis bzw. die Bemessung wird – wie besprochen – im hier gezeigten Verfahren ähnlich wie bei Holz und Stahl und Mauerwerk vorgenommen.

$$\sigma = \frac{N_d}{A_c} \leq \sigma_{Rd} \cdot k$$

oder

$$N_{Rd} = k \cdot \sigma_{Rd} \cdot \text{vorh } A_c$$

oder

$$\text{erf } A = \frac{N_d}{\sigma_{Rd} \cdot k}$$

Bei den unbewehrten Betonwänden wirkt sich neben der Lagerung oben und unten die Aussteifung der Querwände aus.

Dreiseitig gehaltene Wände (mit einer Querwand) und vierseitig gehaltene Wände (mit zwei Querwänden) werden analog zu den Mauerwerkswänden in Kapitel 10 berechnet. Die Knickzahlen k hängen von der Schlankheit h_s/h und der Proportion b/h_s der Wand ab und sind den Abbildungen im Tabellenbuch zu entnehmen (BM).

Mittig belastete Pfeiler

$\frac{h_s}{h}$	Knickzahl k
4	1,000
6	0,986
8	0,934
10	0,883
12	0,832
14	0,780
16	0,729
18	0,677
20	0,626
22	0,575
25	0,498

Tabellenbuch BM

2. Knickberechnung der rechteckigen Stahlbetonstütze

Das angegebene k-Verfahren wird wegen der Ungenauigkeit bei sehr schlanken Stützen auf

$$l = 140 \left(\frac{s_k}{h} \approx 40 \right) \text{ beschränkt.}$$

Die Mindestdicken der Stützen sind je nach Querschnittsform und Herstellungsvorgang:

	Mindestdicken bügelbewehrter, stabförmiger Druckglieder		
	Querschnittsform	stehend hergestellte Druckglieder aus Ortbeton in cm	Fertigteile und liegend hergestellte Druckglieder in cm
1	Vollquerschnitt, Dicke aufgelöster Querschnitt	≥20	≥14
2	z. B. I-, T- und L-förmig (Flansch- und Stegdicke)	≥14	≥ 7
3	Hohlquerschnitt (Wanddicke)	≥10	≥ 5

Diese Mindestdicke berücksichtigt nicht die Mindestdicken des Brandschutzes. In jedem Querschnitt müssen mindestens vier Stäbe mit einem Mindestdurchmesser nach folgender Tabelle angeordnet werden, und die gesamte Längsbewehrung muss mehr als 0,45 bis 1,0 % von A_c betragen.

	Mindestdurchmesser d_L der Längsbewehrung	
	kleinste Querschnittsdicke der Druckglieder in cm	Mindestdurchmesser d_L in mm bei BSt 420 S (III) BSt 500 S (IV)
	<20	8
	≥10 bis <20	10
	≥20	12

Weitere Konstruktionshinweise siehe Tabellenbuch.

15.2 Gedrungene Beton- und Stahlbetonstützen

Tabellenbuch StB 3.2

Mittig belastete Pfeiler

	λ	k
Schlankheit $\lambda = s_k/i$	25	1,000
	30	0,898
	35	0,861
	40	0,824
	45	0,786
	50	0,749
	55	0,712
	60	0,675
	65	0,640
	70	0,603
	75	0,568
	80	0,535
	85	0,503
	90	0,474
	95	0,447
	100	0,421
	105	0,398
	110	0,376
	115	0,355
	120	0,336
	125	0,318
	130	0,301
	135	0,286
	140	0,271

Ⓖ Unter Verwendung des k-Verfahrens wird der **Nachweis** ausreichender Tragfähigkeit in der Form geführt:

geg: Knicklänge s_k; Querschnitt h, b; Bewehrungsgrad ρ oder tot A_s

errechnet: Schlankheit λ

abgelesen: Knickbeiwert k

errechnet: $N_{Rd} = (A_c \cdot \alpha f_{cd} + \text{tot } A_s \cdot \sigma_s) \cdot k$

oder

abgelesen: σ_{Ri}

errechnet: $N_{Rd} = \sigma_{Ri} \cdot A_c \cdot k \geq N_d$

Beispiel 15.3.1: Stütze mit Knickgefahr

wie bei gedrungener Stahlbetonstütze 15.2.1, jedoch

$s_k = 4{,}0$ m

geg: h/b = 40/40; 8 ⌀ 20
     C 20/25 BSt 420 S bzw. BSt 500 S

$$\lambda = 3{,}46 \cdot \frac{s_k}{\min h} = 3{,}46 \cdot \frac{400}{40} \approx 35$$

k = 0,861

$N_{Rd} = 2817 \cdot 0{,}861 = 2425$ kN

Bei der **Bemessung** wird die Querschnittsaußenabmessung und die Stahllängsbewehrung gesucht. Zweckmäßigerweise wird eine Vorentscheidung getroffen, ob es sich um eine Stütze mit geringer oder mittlerer Bewehrung handeln soll, oder ob die Querschnittsabmessungen (bedingt durch irgendwelche Zwänge) so klein wie möglich werden sollen, d. h. eine hohe Bewehrung erforderlich ist.

15.2 Gedrungene Beton- und Stahlbetonstützen

Beispiel 15.3.2: Stütze mit Knickgefahr

geg: mittige Längsdruckkraft N_d = 1600 kN
Knicklänge s_k = 3,0 m

ges: bügelbewehrte quadratische Stütze
geschätzt 30 · 30 cm

Tabellenbuch StB 3.2

$$\lambda = \frac{300}{0{,}289 \cdot 30} = 34{,}5$$

$\Rightarrow k = 0{,}861$

$$\text{erf } \sigma_{Ri} = \frac{N_d}{A_c \cdot k} = \frac{1600}{30 \cdot 30 \cdot 0{,}861} = 2{,}06 \text{ kN/cm}^2$$

Tabellenbuch StB 3.2

nach der σ_{Ri} Tabelle (siehe Tabellenbuch) ist dafür erforderlich:

$\Rightarrow$ erf ρ = 1,0% bei C 30/37
erf A_s = 0,010 · 900 = 9,0 cm²

$\Rightarrow$ gew: 30 · 30
4 $\varnothing$ 20 (12,6 cm²)
Bügel $\varnothing$ 8, $s_{bü}$ = 24 cm = 12 · 2,0

	Bügelbewehrung in Druckgliedern Mindestbügeldurchmesser $d_{bü}$	$\varnothing$ mm
1	Einzelbügel, Bügelwendel	5
2	Betonstahlmatten als Bügel	4
3	bei Längsstäben mit $\varnothing\ d_L$ > 20 mm	8

Ⓖ **Schätzwerte**

Es erhebt sich die Frage, wie man einen Stützenquerschnitt schätzt.

Beim Festlegen der Außenabmessungen von Stahlbetonstützen ist man relativ frei, weil durch die Ermittlung des Bewehrungsgrades eine exakte Anpassung an die erforderliche Tragfähigkeit möglich ist.

Man kann also entweder

- die Außenabmessungen (in vernünftigen Grenzen) annehmen und den Bewehrungsgrad ermitteln oder
- den Bewehrungsgrad festlegen und danach die Außenabmessungen ermitteln.

Um einen Anhaltspunkt zum ersten Festlegen von Querschnittsabmessungen zu haben, werden folgende weitergehenden Vereinfachungen vorgenommen:

Es wird von den Gebrauchslasten statt von den Bemessungslasten ausgegangen.

Statt der Bemessungsspannung σ_{cd} wird die Betongüte C (erster Wert der Festigkeitsklasse f_{ck} in kN/cm², z. B. 2,0 bei C 20/25, 3,0 bei C 30/37) verwandt. Der Knickbeiwert und zum Teil der Bewehrungsgrad werden zusammen in einem Beiwert erfasst, mit dem sich der erforderliche Querschnitt der Stahlbetonstütze grob angeben lässt.

$$\text{erf } A_c = \frac{\text{vorh N (Gebrauchslast)}}{n \cdot C \ldots}$$

15.2 Gedrungene Beton- und Stahlbetonstützen

Ⓖ Diese Form eignet sich besonders zum Überschlagen bzw. Abschätzen, weil nur die Betongüte C ... und ein Beiwert n verwandt werden, der sich um 0,5 bewegt.

Kommt es dem Entwerfenden nicht auf die Einhaltung eines bestimmten – niedrigen – Bewehrungsgrades an, so kann der Stützenquerschnitt mit:

$$\text{erf } A_c \approx \frac{\text{vorh N (Gebrauchslast kN)}}{0{,}5 \cdot C \ldots \text{ (kN/cm}^2\text{)}}$$

ermittelt werden (cm²).

Die Knickgefahr wird durch den Bewehrungsgrad ausgeglichen.

Für C 20/25 wird daraus die einfache Merkregel (f_{ck} = 2,0 kN/cm²):

$$\text{erf } A_c \text{ (cm}^2\text{)} \approx \text{vorh N (kN) (Gebrauchslast)}.$$

Die erforderliche Querschnittsfläche in cm² ist ungefähr der Stützenlast in kN gleich.

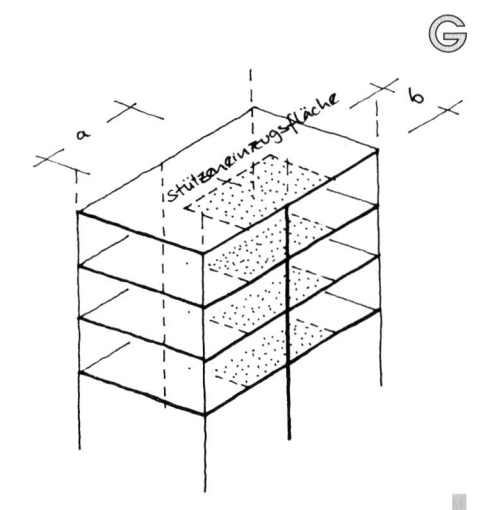

Ⓖ Man kann ferner davon ausgehen, dass bei üblichen Hochbauten die Gebrauchslast je m² Decken- und Dachfläche

aus Eigengewicht
plus Verkehrslast
plus Sonstiges

ungefähr 10 kN/m² beträgt, was einer Bemessungslast von 14 kN/m² entspricht.

Die zu tragenden Decken- bzw. Dachflächen werden errechnet aus Stützeneinzugsfläche · Deckenanzahl.

Je 1 m² Decken- bzw. Dachfläche werden ungefähr benötigt:

bei C 20/25 10 cm² Stützenquerschnitt
bei C 30/37   7 cm² Stützenquerschnitt
bei C 40/50   5 cm² Stützenquerschnitt

Mit diesen einfachen Werten kann der Stützenquerschnitt überschlagen und danach – wenn erforderlich – der Nachweis mit dem k-Verfahren geführt werden.

Der entwerfende Architekt wird mit

> **je m² Deckenfläche ⇒ 10 cm² Stützenquerschnitt**

die Stützenquerschnitte hinreichend genau ermitteln.

Literaturverzeichnis

Allgemein

*	Ackermann, K.	Tragwerke in der konstruktiven Architektur. Stuttgart: DVA, 1988
	Büttner, O.; Hampe, E.	Bauwerk, Tragwerk, Tragstruktur. Bd. 1. Stuttgart: Hatje-Verlag, 1985
	Domke, H.	Grundlagen konstruktiver Gestaltung. 2. Aufl. Wiesbaden; Berlin: Bauverlag, 1982
	Engel, H.	Tragsysteme. 4. Aufl. Stuttgart: Deutsche Verlagsanstalt, 1977
	Faber, C.	Candela und seine Schalen. München: Callwey Verlag, 1965
	Graefe, R. (Hrsg.)	Zur Geschichte des Konstruierens. Wiesbaden: Fourier Verlag, 1997
	Herget, W.	Tragwerkslehre. Stuttgart: Teubner, 1993
	Joedicke, J.	Schalenbau. Stuttgart: Krämer Verlag, 1962
*	Krauss, F.; Führer, W.; Jürges, T.	Tabellen zur Tragwerklehre. 11. Aufl. Köln: Verlagsgesellschaft Rudolf Müller, 2011
*	Krauss, F.; Führer, W.; Willems, C.	Grundlagen der Tragwerklehre 2. 6. Aufl. Köln: Verlagsgesellschaft Rudolf Müller, 2004
	Kuff, P.	Tragwerke als Element der Gebäude- und Innenraum-Gestaltung. Stuttgart/Berlin/Köln: Kohlhammer Verlag, 2001
	Leicher, G. W.	Tragwerkslehre in Beispielen und Zeichnungen. 2. Aufl. Neuwied: Werner, 2006
*	Mann, W.	Entwerfen tragender Konstruktionen. In: DBZ 10/1975
	Mann, W.	Tragwerkslehre in Anschauungsmodellen. Stuttgart: Teubner Verlag, 1985

Minke, G.	Zur Effizienz von Tragwerken. Stuttgart/Bern: Krämer Verlag, 1985
Otto, F.	Natürliche Konstruktionen. 2. Aufl. Stuttgart: Deutsche Verlags-Anstalt, 1985
Otto, F.	Zugbeanspruchte Konstruktionen. Bd. 1. Frankfurt: Ullstein, 1962
Otto, F.	Zugbeanspruchte Konstruktionen. Bd. 2. Frankfurt: Ullstein, 1966
Polónyi, S.	Bauwelt Fundamente: Mit zaghafter Konzequenz. Braunschweig/Wiesbaden: Vieweg Verlag, 1987
* Salvadori, M.; Heller, R.	Tragwerk und Architektur. Braunschweig: Vieweg Verlag, 1977
Schunck, E.; Wessely, H.	Dach-Atlas. Geneigte Dächer. 4. Aufl. München: Birkhäuser Verlag, 2002
* Siegel, C.	Strukturformen der modernen Architektur. München: Callwey Verlag, 1965
Straub, H.	Zur Geschichte der Bauingenieurkunst. 4 Aufl. Basel: Birkhäuser Verlag, 1992
* Torroja, E.; Metzger, G.	Logik der Form. München: Callwey Verlag, 1961
* Wormuth, R.	Grundlagen der Hochbaukonstruktion. Düsseldorf: Werner Verlag, 1977

Bestimmungen

Gottsch, H.; Hasenjäger, S.	Technische Baubestimmungen. Köln: Verlagsgesellschaft Rudolf Müller, 2009

Zur Statik

Gerhardt, R.	Experimentelle Momenten-Darstellung. Aachen: RWTH Aachen Diss., 1989
Wagner, W.; Erlhof, G.	Praktische Baustatik. Teil 1. 19. Aufl. Stuttgart: Teubner Verlag. 1994
Wagner, W.; Erlhof, G.	Praktische Baustatik. Teil 2. 15. Aufl. Stuttgart: Teubner Verlag, 1998
Wagner, W.; Erlhof, G.	Praktische Baustatik. Teil 3. 8. Aufl. Stuttgart: Teubner Verlag, 1997
Werner, E.	Tragwerkslehre, Baustatik für Architekten. Teil 1. 4. Aufl. Düsseldorf: Werner Verlag, 1985
Werner, E.	Tragwerkslehre, Baustatik für Architekten. Teil 2. 3. Aufl. Düsseldorf: Werner Verlag, 1983

Zum Stahlbau

*	Institut für internationale Architektur-Dokumentation, München, und Deutscher Stahlbau-Verband e. V., DSTV, Köln (Hrsg.)	Stahlbau-Atlas. Basel/Boston/Berlin: Birkhäuser Verlag, 2001
	Mengeringhausen, M.	Raumfachwerke aus Knoten und Stäben. 7. Aufl. Berlin: Bauverlag, 1975
*	Resow, L. (Hrsg.)	Stahlbau, Vorschriften, Normen und Profile; Sonderdruck aus dem Stahlbau-Taschenkalender. Köln: Stahlbau-Verlagsgesellschaft, 1985
	Schmiedel, K.	Bauen und Gestalten mit Stahl. 3. Aufl. Renningen-Malmsheim: Expert Verlag, 1975
	Verein Deutscher Eisenhüttenleute (Hrsg.)	Stahl im Hochbau. 13 Aufl. Düsseldorf: Verlag Stahleisen, 1969
*		Merkblätter der Beratungsstelle für Stahlverwendung

Zum Holzbau

	Halasz, R. v.	Holzbau-Taschenbuch. 7. Aufl. Berlin/München/Düsseldorf: Ernst & Sohn Verlag, 1974
	Mönck, W.	Holzbau. 14. Aufl. Berlin: Verlag für Bauwesen, 2000
*	Arbeitsgemeinschaft e. V. (Hrsg.)	Informationsdienst Holz. Holzbau Kalender. Karlsruhe: Bruderverlag, 2002
	Arbeitsgemeinschaft Holz e.V. und Institut für Internationale Architektur-Dokumentation (Hrsg.)	Holzbau-Atlas 2. Basel/Boston/Berlin: Birkhäuser, 2001
*	Institut für internationale Architektur-Dokumentation (Hrsg.)	Holzbau-Atlas. 4. Aufl. Basel/Boston/Berlin: Birkhäuser: Institut für Internationale Architektur-Dokumentation, 2003

Zum Mauerwerksbau

*	Institut für internationale Architektur-Dokumentation München in Verbindung mit Deutsche Gesellschaft für Mauerwerksbau e. V., Berlin (Hrsg.)	Mauerwerk-Atlas. 6. Aufl. Basel/Boston/Berlin: Birkhäuser, 2001
		Mauerwerkskalender. Berlin: Ernst & Sohn
*	Reichert, H.	Konstruktiver Mauerwerksbau. Köln: Verlagsgesellschaft Rudolf Müller, 1999
		Planungsunterlagen, Dokumentationen z. B. der Kalksandsteinindustrie, der Ziegelindustrie

---

* Empfohlene Werke, die nach Lesen dieses Buches im Wesentlichen verstanden werden können.

Zum Stahlbetonbau

*	Bundesverband der Deutschen Zementindustrie e. V., Köln (Hrsg.)	Beton-Atlas. 2. Aufl. Basel/Boston/Berlin: Birkhäuser, 2002
	Bergmeister, K. (Hrsg.)	Beton-Kalender. Berlin: Ernst, Wilhelm & Sohn.
	Führer, W.	Überschlägliche Dimensionierung für das Entwerfen von Druckgliedern. Düsseldorf: Werner Verlag, 1980

Stichwortverzeichnis

A

Abbindezeit 264
Aktion = Reaktion 34, 59
Aktionskräfte 34
Anpralllasten 15
Auflager 39
Auflagerkraft 42, 43, 45, 229
Auflagerreaktion 28, 47, 50, 215, 219
Ausformen 147

B

Balken 26, 176, 293
Basis-Schnittgröße 170, 173, 177
Basismoment 143
Baugrund 33, 34
Baumaterialien 93
Baustahlmatten 285, 290
Bemessung 115, 169
Bemessungs-Moment 105
Bemessungs-Schnittgrößen 172, 173
Bemessungswert 105, 264
Bernoulli 110, 111
Beton 107, 265, 266
Betondeckung 265
Betondruckspannung 299
Betonstabstahl 265
Betonstahl 265
Betonstahlmatten 265
Betonstauchung 267, 283
Betonüberdeckung 270, 273
Beulen 191
Bewehrung 266
Biegedruck 94
Biegemoment 70, 76, 124
Biegeträger 109
Biegezug 94
Biegung 96, 109
Bims 263

Blähton 263
Bogenlinie 244
Bremskräfte 14, 15
Brettschichtträger 140
Bruch 104
Bruchfestigkeit 141
Bruchspannung 94
Bügel 270, 281, 282

C

Cremonaplan 228, 230, 231, 232, 233, 235

D

Dachdecke 26
Dachneigung 23
Dachsparren 251
Dauer 14
Decken 263
Deckenträger 271
Dehnungen 98
Dehnungsdiagramm 267
Diagonalstäbe 225, 232, 243
Differenzialquotient 77
DIN 1055 24
Doppel-T-Profil 118
Doppelstäbe 291
Drehmoment 36, 70
Drehpunkt 238
Dreigelenkrahmen 55, 57
Druck 23
Druckbewehrung 279
Druckfestigkeit 263, 264
Druckkraft 61, 238
Druckspannungen 94, 263, 293
Druckstab 151, 152, 246
Dübel 132, 133, 174

Durchbiegung 85, 109, 120, 128, 141, 142, 143, 286
Durchbrüche 147, 282
Durchhang 221
Durchlaufplatte 295
Durchlaufträger 53, 54
Dynamik 34
dynamischen Lasten 15

E

Eckmoment 254
Eigengewicht 14, 17
Einfeldträger 78, 82, 146
einspannende Auflager 39
Einspannmoment 52
Einspannung 51
Einwirkungen 13, 109
Einzellast 18, 21, 42, 67, 68, 70, 83, 217
Elastizitätsgrenze 95, 103
Elastizitätsmodul 98, 141, 156
Endfelder 295
Erdbeben 15
Erddruck 15
Euler 155
Euler-Hyperbel 160
Eulerfall 2 155, 157
Expositionsklassen 273

F

Fachwerk 223, 224, 229, 238
Fachwerkanalogie 280
Fachwerkträger 227, 233, 244
Faserrichtung 165
Feldmoment 79, 86
Festigkeitsklassen 264
Flächenlast 17, 21
Flächenmoment 114, 119, 131
Fließbereich 103
Fließgrenze 101, 102, 103
Form 220, 255, 256, 257
Füllkörper 306
Fußeinsparung 256
Fußpfette 153

G

Gebrauchsfähigkeitsnachweis 141, 143
Gebrauchslasten 105
Gebrauchstauglichkeitsnachweis 286
Geländerholm 50
Gelenkträger 56
Gerberträger 56
Gleichgewicht 33
Gleichgewichtsbedingungen 37, 42, 53
Gleichstreckenlast 68
Grenzspannung 94, 141

H

Haarrisse 266
Halbmassivstreifen 308, 313
Hirnholz 166
Hohlkörper 306, 313
Holz 100, 107, 109
Holzhaus 25
Holzstützen 165, 166
Hooke 99, 111
Hookesche Gesetz 98, 103, 110
Horizontalkraft 21, 35, 50
Hüllkurve 85, 87

I

Indices 109
Innenfelder 295
innere Kräfte 59

K

k_d-Verfahren 268
Kies 263
Kippgefahr 89
Kippmoment 48
Knicken 120, 153, 191
Knickformel 160
Knicklängen sk 155, 156, 157, 167

Knicklast 156, 157
Knicksteifigkeit 158
Knoten 229, 230, 232, 235
Kopfplatten 167
Kräfte 33, 93, 206
Krafteck 210, 213, 214, 217, 229, 230
Kräftepaar 36
Kräfteplan 207, 209, 210, 212, 213, 214, 218, 219, 228
Kraftpfeile 205
Kragarm 47, 78, 80, 86, 252
Kragmomente 308
Kragträger 146
Kriechen 96, 97

L

Lageplan 207, 209, 210, 212, 213, 214, 218, 219, 229
Lagermatten 291
Längskraft 60, 61, 62, 63
Last (Einwirkungen) 105
Last-Sicherheitsfaktor 105
Lastaufstellung 25
Lasten 13, 14, 21, 22
Lastfall 48, 85, 86, 87, 89
Leeseite 23, 24
Leichtbeton 263
Leim 132
Linienlasten 17
Luvseite 23, 24

M

Material-Sicherheitsfaktoren 106
Materialeigenschaft 106, 154
Materialfestigkeit 152
Matten 265, 285
Maximalmoment 75, 79
Maximum 77
Minimum 77
Moment 60, 76, 84
Momenten-Nullpunkt 85, 286
Momentenlinie 77, 220, 221
Momentenverlauf 74

Montageeisen 270
Mörsch 280

N

Navier 111
Nennfestigkeit 264
Niete 133
Normalbeton 263
Normalkraft 61, 63
Null-Linie 113, 120, 122, 123, 140, 267
Nullstab 242, 244, 245

O

Obergurtstäbe 225, 228, 232, 242, 243, 244
Ortbeton 263

P

Parabel 74, 75, 81, 82
Parallelogramm 206
Pendelstab 259
Pfeilspitzen 228
Pfetten 30
Platte 285, 293, 295, 314
Plattenbalken 293, 296, 303, 313, 314, 323
Plattenbreite 300
Plattendecke 287
Pol 213, 222
Poleck 211, 214, 218
Polonceau 246
Polstrahlen 213, 214, 218
Position 26, 169
Positionsplan 26, 315

Q

Querkraft 60, 63, 65, 66, 68, 69, 76, 77, 83, 84, 88, 89, 280, 282, 283
Querkraftfläche 84

Querrippen 308, 313
Querschnittsfläche 152, 154
Querschnittsform 152, 154
Querträger 313
Querverteilung 22

R

Rahmen 55
Randbalken 29
Randbewehrung 291
Randspannung 114
Reaktionskraft 34
Reaktionsmoment 51
Rechteckquerschnitt 112, 113, 114, 117, 127, 138, 140
Rippen 304, 308
Rippendecke 304, 305, 306, 307, 310, 313, 314
Rippung 265
Rittersches Schnittverfahren 236
Rödeldrähten 270
Rundstahl 265

S

Schalung 270, 306
Schätzwerte 283
Schlankheit 129, 160, 187
Schlusslinie 81, 218
Schnee 14
Schneelast 15, 23
Schnitt 60
Schnittkräfte 60, 169
Schnittstelle 60
Schub 132, 280
Schubbemessung 88
Schubfestigkeit 148
Schubfläche 137
Schubkraft 132, 133, 270
Schubspannung 134, 138, 140, 281, 309
Schubspannungs-Grenzwert 282
Schweißnaht 133, 137, 140
Schwellen 165

Schwerlinie 123
Schwinden 96, 97
Schwingungen 15, 142
Seil 93, 220
Seildurchhang 222
Seileck 211, 214
Seillinie 220, 221
Sicherheitsfaktor 104, 106, 107
Sog 23, 24
Spannung 93, 109, 160
Spannungsdiagramm 121
Spannungshypothese 111
Splitt 263
Stabachse 61
Stäbe 235
Stabkraft 228, 229, 230, 236, 238, 239, 242
Stablänge 152
Stahl 101, 109, 118, 265, 266
Stahlbeton 103, 118, 263
Stahlbetonbalken 270
Stahlbetonfertigteile 263
Stahlbetonplatte 284, 289
Stahldehnung 267
Stähle 275
Stahlquerschnitt 283
Stahlstäbe 263
Stahlträger 185
ständige Lasten 21
Standmoment 49
Statik 34
statische Bestimmtheit 53, 55, 56
statische Unbestimmtheit 227
Statisches Moment 135, 137
Staudruck 23
Steinerscher Satz 130
Streckenlast 17, 21, 27, 45, 46
Streckgrenze 265
Stütze 31, 175, 184
Stützenmomente 308
Systemskizze 169, 316

T

Tangenten 75
Teil-Sicherheitsbeiwert 143

Teilresultierende 209
Teilsicherheitsfaktoren 104
Träger 42, 47, 263
– deckengleiche 304
– verleimte 117, 129, 133
Tragfähigkeitsnachweis 115
Trägheitsmoment 110, 119, 120, 122, 128,
  129, 130, 131, 141, 142, 156
Trägheitsradius 159
Traglastverfahren 266
Trapezbleche 306
Treppen 251, 252

U

Überschlagsmethode 241
Umfahrungssinn 229, 235
Umweltbedingungen 273
Untergurt 242
Untergurtstäbe 225, 228, 232, 244, 245
Unterzüge, deckengleiche 311, 314

V

Verformung 96
Verkehrslast 15, 17, 21
Vertikalkräfte 35
Vertikalstab 225, 232, 243, 246
Vollholz 129

Volllast 48, 87
Vordach 259
Vorzeichen 71

W

Wandscheibe 167
Wendepunkt 85, 155
Widerstandsfähigkeit 95, 107, 109
Widerstandsmoment 110, 112, 114, 118,
  119, 120, 122, 125, 127, 128, 129, 141
Wind 14, 17, 21, 23
Winddruck 19
Windlasten 15, 23
Windsog 19
Wirkungslinie 204, 205, 206, 209, 215, 217

Z

Zange 173, 182
Zapfenloch 166
Zugkraft 61, 238
Zugspannungen 94, 263
Zugstab 151, 152, 246
Zugstähle 270
Zugzone 263
Zuschlagstoff 263
Zweigelenkrahmen 55, 57

Drei wichtige Fachbücher zum Entwurf tragender Konstruktionen

Grundlagen der Tragwerklehre 1
Von Univ.-Prof. em. Dr.-Ing. Franz Krauss, Univ.-Prof. em. Dr.-Ing. Wilfried Führer, Prof. Dipl.-Ing. Architekt Hans Joachim Neukäter, Prof. Dr.-Ing. Holger Techen, Prof. Dipl.-Ing. Claus-Christian Willems, 11., überarbeitete Auflage 2010. Ca. 370 Seiten mit über 550 Abbildungen und 21 Tabellen. Kartoniert. Format 17 x 24 cm.
ISBN: 978-3-481-02734-6
€ 40,–

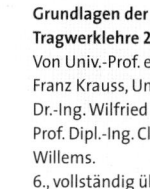

Grundlagen der Tragwerklehre 2
Von Univ.-Prof. em. Dr.-Ing. Franz Krauss, Univ.-Prof. a.D. Dr.-Ing. Wilfried Führer, Prof. Dipl.-Ing. Claus-Christian Willems.
6., vollständig überarbeitete Auflage 2004. 372 Seiten mit über 700 Abbildungen und 5 Tabellen. Kartoniert. Format 17 x 24 cm.
ISBN: 978-3-481-02090-3
€ 40,–

Tabellen zur Tragwerklehre
Von Univ.-Prof. em. Dr.-Ing. Franz Krauss, Univ.-Prof. em. Dr.-Ing. Wilfried Führer, Prof. Dr.-Ing. Thomas Jürges. 11., überarbeitete Auflage 2010. Ca. 190 Seiten. Kartoniert. Format 17 x 24 cm.
ISBN: 978-3-481-02735-3
€ 34,–

Der Entwurf von tragenden Konstruktionen gehört zur Kerntätigkeit jedes Architekten und hat einen hohen Stellenwert im Studium und in der Praxis.

In Band 1 „Grundlagen der Tragwerklehre" erhalten Architekten und Studenten erforderliches Fachwissen für den Vorentwurf und die Zusammenarbeit mit Tragwerksplanern. Aufbauend auf Band 1 vermittelt Band 2 ergänzendes Fachwissen, wobei das Gebäude als Ganzes im Vordergrund steht.

Die „Tabellen zur Tragwerkslehre" enthalten als Nachschlagwerk die am häufigsten benötigten Kenngrößen für die Bemessung. Wirtschaftliche Querschnitte können mit Hilfe von Bemessungsdiagrammen direkt abgelesen und vorbemessen werden.

baufachmedien.de
DER ONLINE-SHOP FÜR BAUPROFIS

DAMIT SIE BESCHEID WISSEN
Rudolf Müller

Verlagsgesellschaft
Rudolf Müller GmbH & Co. KG
Postfach 410949 • 50869 Köln
Telefon 0221 5497-120
Fax 0221 5497-130
Service@rudolf-mueller.de
www.rudolf-mueller.de